职业教育本科土建类专业融媒体系列教材

Revit建筑建模教程

胡永骁　徐德峰　王咸锋　主编

中国建筑工业出版社

图书在版编目（CIP）数据

Revit 建筑建模教程/胡永骁，徐德峰，王咸锋主编.
—北京：中国建筑工业出版社，2018.7（2023.12 重印）
职业教育本科土建类专业融媒体系列教材
ISBN 978-7-112-22157-8

Ⅰ.①R… Ⅱ.①胡… ②徐… ③王… Ⅲ.①模型（建
筑)-计算机辅助设计-应用软件-高等职业教育-教材
Ⅳ.①TU205-39

中国版本图书馆 CIP 数据核字（2018）第 089524 号

随着我国新型建筑工业化的发展，BIM 技术作为数字化建设和运维的基础性技术工具，在工程建设领域得到了广泛应用。本书以 Autodesk Revit 2020 版软件为基础，对接"1＋X"建筑信息模型（BIM）初级技能考核标准，详细讲解了 Revit 软件的基础操作和建筑、结构三维模型创建的流程与方法。

本书分为 6 个项目：项目 1 介绍了 BIM 发展和 Revit 软件等内容；项目 2 介绍了标高和轴网的创建方法；项目 3 介绍了族模型的创建方法；项目 4 介绍了体量模型创建方法；项目 5 介绍了墙体、门、窗、楼板、屋顶、天花板、楼梯、坡道以及结构构件的创建方法；项目 6 介绍了建筑综合建模方法。

本书配套完整的项目图纸和模型，关键知识点处均配备微课视频二维码。

本书可作为建筑工程技术专业群及相关专业 BIM、智能建造方向教学用书，也可作为建筑从业人员"1＋X"建筑信息模型（BIM）初级考试备考用书和自学用书。

为方便教学，作者自制课件资源，索取方式为：

1. 邮箱：jckj@cabp.com.cn；2. 电话：（010）58337285；3. 建工书院：http://edu.cab-plink.com。

责任编辑：王予芊
责任校对：张惠雯

职业教育本科土建类专业融媒体系列教材
Revit 建筑建模教程
胡永骁 徐德峰 王咸锋 主 编
*
中国建筑工业出版社出版、发行（北京海淀三里河路 9 号）
各地新华书店、建筑书店经销
霸州市顺浩图文科技发展有限公司制版
北京圣夫亚美印刷有限公司印刷
*
开本：787 毫米×1092 毫米 1/16 印张：11¾ 字数：289 千字
2023 年 1 月第一版 2023 年 12 月第二次印刷
定价：**36.00** 元（赠教师课件）
ISBN 978-7-112-22157-8
（32047）

前言

2020 年 8 月住房和城乡建设部等 9 部门联合发布的《关于加快新型建筑工业化发展的若干意见》（建标规〔2020〕8 号）的文件中提出，大力推广建筑信息模型（BIM）技术，加快推进 BIM 技术在新型建筑工业化全生命期的一体化集成应用。充分利用社会资源，共同建立、维护基于 BIM 技术的标准化部品部件库，实现设计、采购、生产、建造、交付、运行维护等阶段的信息互联互通和交互共享。试点推进 BIM 报建审批和施工图 BIM 审图模式，推进与城市信息模型（CIM）平台的融通联动，提高信息化监管能力，提高建筑行业全产业链资源配置效率。

作为新型建筑工业化的数字化建设和运维的基础性技术工具，建筑信息模型（BIM，即 Building Information Modeling）技术的广泛应用，使我国工程建设逐步向工业化、标准化方向发展，实现了工程建设各阶段、各专业主体之间的资源共享，体现了新型建筑工业化的优势。BIM 技术应用的基础则是建筑三维模型的创建，即 BIM 建模。

为了响应国家新型建筑工业化发展的战略部署，培养具有建筑信息技术应用能力的技术技能人才，全国各高职院校土建类相关专业均相继开设了 BIM 建模相关课程。随着"建筑构造与识图""建筑施工技术""建筑施工组织"等专业课程改革，BIM 建模逐渐成为土建类专业的专业基础课程，为专业核心课程开设提供了有力支撑。

本教材由湖北城市建设职业技术学院联合武汉必慕智联科技有限公司、南通理工学院等单位合作编写。本书的软件应用、方法、技巧介绍融合了高校教师和 BIM 设计人员多年积累的教学和实践经验。对接 BIM 建模员与 BIM 工程师的岗位职责和标准，依托最常用的 Revit 2020 软件，紧扣 1＋X 技能考核标准，结合实际工程项目案例，详细介绍了如何使用 Revit 软件进行建筑、结构构件及综合项目实例建模、参数化族与概念体量的创建方法。本教材编写突出了如下特点：

1. 深入挖掘思政元素，将课程思政与 BIM 技术技能有机融合。例如，通过严格遵守国家标准规范，将严谨规范、精益求精的工程意识和工匠精神贯穿其中。

2. 充分体现以证融课、以赛促课要求。依据"1＋X"建筑信息模型（BIM）初级技能考核标准，知识点讲解同时穿插多个详细的例题讲解，使读者能够快速达到证书考核要求。在最后章节以实际项目案例为载体，介绍综合项目建模过程，为技能竞赛积累软件操作方法和技巧。

3. 注重贯彻我国 BIM 建模相关标准规范，指导读者依照标准规范进行模型创建与设计。

4. 配有大量的操作图片、醒目的标记、二维码微课资源。

本教材为高水平专业群规划建设教材，由浙江建设职业技术学院沙玲担任主审，胡永骁、徐德峰、王咸锋担任主编；湖北城市建设职业技术学院孟德颖、武汉必慕智联科技技术有限公司华国担任副主编；南通理工学院邓凌、湖北城市建设职业技术学院陈天旭、卢娜娜、李澍参与编写。

由于编者水平有限，书中难免存在疏漏之处，恳请广大读者批评、指正，以便于修订。

目录

项目 1

BIM 与 Revit 简介   1

任务 1.1   BIM 简介   1

    1.1.1   BIM 的概念与发展   1

    1.1.2   BIM 的特点与价值   8

    1.1.3   BIM 系列软件简介   13

任务 1.2   Revit 简介   13

    1.2.1   Revit 软件概述   13

    1.2.2   Revit 基本术语   14

    1.2.3   Revit 界面介绍   15

项目 2

标高与轴网的创建   23

任务 2.1   标高与轴网的创建   23

    2.1.1   绘制标高   23

    2.1.2   编辑标高   25

    2.1.3   创建标高与楼层平面   27

任务 2.2   轴网的创建   28

    2.2.1   绘制轴网   28

    2.2.2   编辑轴网   30

任务 2.3   拓展训练   32

项目 3

参数化族   35

任务 3.1   族的基本概念   35

    3.1.1   族类型   35

    3.1.2   族样板文件   36

任务 3.2   族的创建   36

3.2.1 轮廓族的创建   36

3.2.2 三维模型族的创建   40

任务3.3 族 参 数   48

3.3.1 添加族参数   48

3.3.2 关联族参数   50

任务3.4 族实例拓展训练   52

项目 4

概念体量   62

任务4.1 体量的基本概念   62

4.1.1 可载入体量   62

4.1.2 内建体量   62

任务4.2 体量的创建   63

4.2.1 工作平面、模型线、参照线和参照平面   63

4.2.2 体量的创建   65

任务4.3 体量转建筑实体模型   70

4.3.1 体量模型创建   70

4.3.2 体量模型转换为建筑实体   71

项目 5

建筑局部的创建   75

任务5.1 墙体的创建   75

5.1.1 绘制墙体基本操作   75

5.1.2 基本墙的创建   79

5.1.3 叠层墙的创建   85

5.1.4 复合墙的创建   87

5.1.5 墙饰条与分割缝的应用   95

5.1.6 幕墙的创建   100

任务5.2 门、窗的创建   107

5.2.1 门、窗的放置   107

5.2.2 门、窗的标记   111

5.2.3 修改门、窗标记名称   112

5.2.4 门、窗尺寸标注   114

任务5.3 楼板、屋顶、天花板的创建   114

5.3.1 楼板的创建   114

5.3.2　屋顶的创建　　118

5.3.3　天花板的创建　　128

任务5.4　楼梯坡道的创建　　129

5.4.1　楼梯的创建　　129

5.4.2　栏杆扶手的创建　　146

5.4.3　坡道的创建　　148

任务5.5　结构构件的创建　　153

5.5.1　结构柱的创建　　153

5.5.2　结构梁的创建　　154

5.5.3　结构基础的创建　　155

项目 6

建筑综合　　156

任务6.1　建模环境的设置　　156

任务6.2　标高与轴网的绘制　　157

任务6.3　建筑模型主要构件的绘制　　160

任务6.4　场地的创建　　163

6.4.1　地形表面　　164

6.4.2　地形子面域　　164

6.4.3　建筑地坪　　165

6.4.4　场地构件　　165

任务6.5　后期处理　　166

6.5.1　平面图、立面图、剖面图的创建　　166

6.5.2　明细表的创建　　170

6.5.3　房间配色与图片输出　　171

6.5.4　漫游和渲染　　173

参考文献　　178

项目 1　BIM 与 Revit 简介

任务 1.1　BIM 简介

1.1.1　BIM 的概念与发展

1. BIM 技术的概念

BIM 的全称是"建筑信息模型"（Building Information Modeling），这项技术是以创建、收集建筑工程项目的各项相关信息数据作为基础建立建筑模型，为项目决策、设计、施工和运维提供信息协调、内部一致的共享信息资源，是一项应用于建筑设施全生命周期的基于三维模型的数字化技术。

BIM 技术是一种多维（三维空间、四维时间、五维成本、N 维更多应用）模型信息集成技术，可以使建设项目的所有参与方（包括政府主管部门、业主、设计、随工、监理、造价、运营管理、项目用户等）在项目从概念产生到完全拆除的整个生命周期内都能够在模型中操作信息和在信息中操作模型，从根本上改变从业人员依靠符号文字形式图样进行项目建设和运营管理的工作方式，实现在建设项目全生命周期内提高工作效率和质量以及减少错误和风险的目标（图 1-1）。

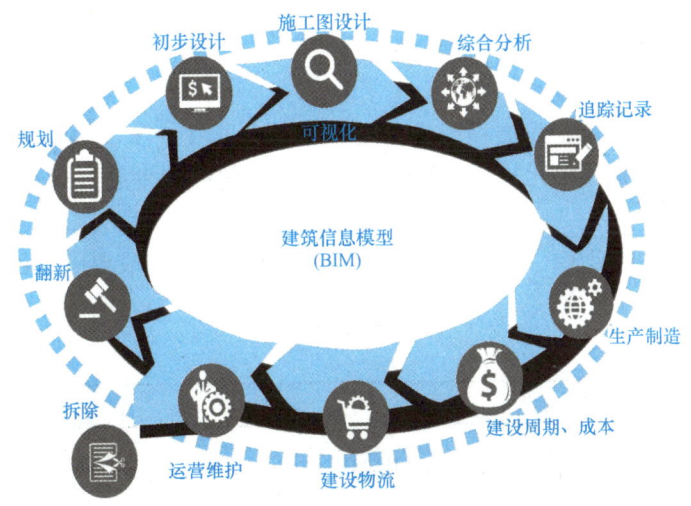

图 1-1

在《建筑信息模型应用统一标准》GB/T 51212—2016 中，将 BIM 定义如下：建筑信息模型（Building Information Modeling）是指，在建设工程及设施全生命期内，对其物理和功能特性进行数字化表达，并依此设计、施工、运营的过程和结果的总称。简称模型。

针对"BIM"的理解，行业内，包括一些相关组织，如国际智慧建造组织（Building SMART International，简称BSI）认为，对BIM的定义应包括以下三个层次的涵义：

（1）建筑信息模型层次

BSI对这一层次的解释为：建筑信息模型是一个工程项目物理特征和功能特性的数字化表达，可以作为项目相关信息的共享知识资源，为项目全生命期内的所有决策提供可靠的信息支持，是一个静态的模型。

（2）建筑信息模型应用层次

BSI对这一层次的解释为：建筑信息模型应用是创建和利用项目数据在其全生命期内进行设计、施工和运营的业务过程，允许所有项目相关方通过不同技术平台之间的数据互用在同一时间利用相同的信息，表达的是一个动态的过程。

（3）建筑信息管理层次

BSI对这一层次的解释为：建筑信息管理，是指通过使用建筑信息模型内的信息支持项目全生命期信息共享的业务流程组织和控制过程，建筑信息管理的效益包括集中和可视化沟通、更早进行多方案比较、可持续分析、高效设计、多专业集成、施工现场控制、竣工资料记录等。

目前，针对BIM的理解，普遍的理解还在前两个层次上，但是伴随BIM技术的发展，人们已经渐渐发现了基于BIM技术的信息管理能给行业和社会带来更大的价值，而且拥有广阔的应用和发展空间，因此也逐渐接受"BIM"更高级的涵义为"建筑信息管理"的解读。

BIM不仅仅是传统的建筑、结构、设备的设计，传统的施工以及物业管理等，其所涉及专业众多，是设计、施工、运维、管理、互联网、物联网、人工智能等技术融合，也成为建筑信息化技术以及智慧城市、数字城市、数字孪生的基础。

2. BIM领域常用术语

（1）模型精细度（LOD）

LOD，是指BIM模型的发展程度或精细程度（Level Of Development/Detail），LOD描述了一个BIM模型构件单元从最低级的近似概念化的程度发展到最高级的演示级精度的步骤。

美国建筑师学会CAIA，为规范BIM参与各方及项目各阶段界限，将LOD定义为五个等级。见表1-1。

表 1-1

序号	等级	简称	阶段	阶段用途
1	100级精细度	LOD100	勘察/概念化设计	项目可行性研究； 项目用地许可
2	200级精细度	LOD200	方案阶段	项目规划评审报批； 建筑方案评审报批； 设计概算

续表

序号	等级	简称	阶段	阶段用途
3	300 级精细度	LOD300	初步设计/施工图设计	专项评审报批； 节能初步评估； 建筑造价估算； 建筑工程施工许可； 施工准备； 施工招标投标计划； 施工图招标控制价
4	400 级精细度	LOD400	虚拟建造/产品预制/ 采购/验收/交付	施工预演； 产品选用； 集中采购； 施工阶段造价控制
5	500 级精细度	LOD500	项目竣工/运维	精装修； 竣工结算； 运营维护

在我国的《建筑工程设计信息模型交付标准》中对建筑工程设计信息各组成系统的各类信息颗粒度及建模精细度做了具体要求，划分为四个等级，见表1-2。

表 1-2

模型精度	英文名	简称	说明
1 级	Grade1	G1	满足二维化或者符号化识别需求的建模精度
2 级	Grade2	G2	满足空间占位、主要颜色等粗略识别需求的建模精度
3 级	Grade3	G3	满足建造安装流程、采购等精细识别需求的建模精度
4 级	Grade4	G4	满足展示、产品管理、制造加工准备等高精度识别需求的建模精度

（2）Clash Detection 碰撞检查

Clash Detection 即碰撞检查。专门用于空间协调的过程，实现不同学科建立的 BIM 模型之间的碰撞规避或者碰撞检查。

（3）CDE 公共数据环境

CDE 即公共数据环境。这是一个中心信息库，所有项目相关者可以访问。同时对所有 CDE 中的数据访问都是随时的，所有权仍旧由创始者持有。

（4）COBIE 施工运营建筑信息交换

COBIE，即施工运营建筑信息交换（Construction Operations Building Information Exchange）。COBIE 是一种以电子表单呈现的用于交付的数据形式，为了调频交接包含了建筑模型中的一部分信息（除了图形数据）。

（5）Data Exchange Specification 数据交换规范

Data Exchange Specification 即数据交换规范。不同 BIM 应用软件之间数据文件交换的一种电子文件格式的规范，从而提高相互间的可操作性。

（6）IFC 工业基础类

IFC，即 Industry Foundation Class。IFC 是一个包含各种建设项目设计、施工、运营

各个阶段所需要的全部信息的一种基于对象的、公开的标准文件交换格式。目前 IFC 标准的数据格式已经成为全球不同品牌、不同专业的建筑工程软件之间创建数据交换的标准数据格式。世界著名的工程软件开发商如 Autodesk、Bentley、Graphisoft、GeryTechnologies、Tekla 等为了保证其软件所配置的 IFC 格式的正确性，并能够与其他品牌的软件通过 IFC 格式正确地交换数据，都需将开发的软件进行 IFC 认证。

（7）Information Manager

Informatien Manager，即为雇主提供一个"信息管理者"的角色，本质上就是一个负责 BIM 程序下资产交付的项目管理者。

（8）LCA 全生命周期评估

LCA，即全生命周期评估（Life-Cycle Assessment）或全生命周期分析（Life-Cycle Analysis），是对建筑资产从建成到退出使用整个过程中对环境影响的评估，主要是对能量和材料消耗、废物和废气排放的评估。

（9）BEP——BIM 实施计划

BEP，即 BIM 实施计划（BIM Execution Plan），BIM 实施计划分为合同前 BEP 及合作运作期 BEP，合同前 BEP 主要负责雇主的信息要求，即在设计和建设中纳入承包商的建议，合作运作期 BEP 主要负责合同交付细节。

3. BIM 的发展历程

BIM 的出现是与当今时代科技的发展的必然产物，现在听到 BIM 的声音也越来越多。其实，在属于 BIM 诞生前，计算机 3D 绘图和建模技术已经非常成熟了，已经可以在计算机上应用参数化技术实现 3D 建模并将有关的信息附加在构件上。不过到现在，人们才更加熟练地应用 3D 模型和构件信息。人们在没有 BIM 之前，就一直在思考在计算机上建立起一个虚拟的建筑物，这个虚拟建筑物上的每一个构件都具有一一对应的几何属性、空间属性、物理属性等，这个虚拟的建筑物就是一个信息化的建筑模型。这样，在建筑工程项目的整个设计和施工过程中可以利用这个信息化的建筑模型进行工程分析和科学管理，在设计和施工过程中都可以利用这个信息化的建筑模型进行真实建筑物的建造，从而减少施工错误以及施工过程中的技术问题的出现，从而保证工期和工程质量，本质就是应用这样的建筑信息模型来实现工程的高效、优质和低耗，这里的建筑信息模型就是 BIM 模型的雏形。

（1）BIM 概念起源

20 世纪 70 年代，美国加州大学伯克利分校（University of California，Berkelry）建筑系的查理斯·伊斯曼博士（Charles Eastman，Ph. D. ）提出了 BIM 的概念，并做了大量的研究。伊斯曼先后在美国多所大学任教，一直从事 CAAD（计算机辅助建筑设计，Computer Aided Architectural Design）的研究，其研究领域包括设计认知与协作、实体和参数化模型、工程数据库、产品模型和互用性等多个方面，正是伊斯曼具有横跨建筑学、计算机科学两个学科的广博知识，使他在 20 世纪 70 年代就对 BIM 技术做了开创性研究。

BIM 作为一种独具创新的操作技术和生产方法，自从 2002 年由欧特克公司首次发布产品后，经过十几年的发展，现在已在欧洲、美洲等地产生了革命性的影响，以星火燎原之势迅速在全世界范围内蔓延。美国等发达国家，率先由政府指导和推动制定了 BIM 实施标准，这些实施标准也受到各国建筑工程师的强烈关注并被大量应用，现在在国外工程中，BIM技术已经应用到工程的全生命周期中，大大提高了生产效率，降低了项目管理的成本。

（2）国外发展现状

国外对BIM技能的研讨和开发起步早，运用较早，并已验证BIM技能的运用潜力。时至今日美国大多修建项目都已运用BIM，且BIM运用品种繁复，在政府的引导推进下，已构成各种BIM标准与规范以及组织部门。日本、新加坡的BIM开展态势、运用水平都很不错。

综合来看，国外运用BIM技术的特征有两点。

第一点，BIM技能已受到广泛注重，成为规划和施工企业接受项目的必要才能。一批BIM技能专业咨询公司应运而生，为中小企业运用BIM技能提供了有力的支撑。

第二点，BIM技能运用构成了新的作业形式。BIM技能不只直接运用于工程的部分环节，如规划单位进行的各种剖析和模仿，且已构成新的作业形式，如施行IPD（集成项目交给）形式，即业主、规划、总包、分包等参与方在规划阶段就参加到项目中，经过运用BIM技能进行虚拟缔造，共同对规划进行改善，进而分享收益或风险，这种形式现在已经树立规范合同条款。

（3）国内应用现状

我国建设体量大，施工企业面对更严峻的竞争。在这个背景下，我们看到了国内建造行业与BIM关联的必然性。在BIM成为建筑领域大势所趋的今日，国内许多规划院修建规划选用的仍是全2D工程制图，仅在需求进行特定剖析核算时（比如日照、节能）重复建立并不非常精准的三维（体量）模型。尽管一些项目首先运用了BIM，如2008北京奥运会奥运村空间规划及物资办理信息系统、南水北调工程以及香港地铁项目等，不过相对于我国的建造大潮，BIM的运用还不广泛，尽管从技能上到达相当程度并不难，但要遵循到整个工业链，使BIM真实运用到职业实践，还需要不断地发展。

2009年，香港成立了香港BIM学会，香港房屋署发布了BIM应用标准。香港的BIM技术应用已经完成从概念到实用的转变，处于全面推广的最初阶段。

2009年，台湾大学土木工程系成立了工程信息仿真与管理研究中心，促进了BIM相关技术与应用的经验交流、成果分享、人才培训与产学研合作。2010年11月，BIM中心与淡江大学工程法律研究发展中心合作，出版了《工程项目应用建筑信息模型之契约模板》一书，并特别提供合同范本与说明，补充了现有合同内容在应用上的不足。高维应用科技大学土木工程系也于2011年成立了工程资讯整合与模权（BIM）研究中心。此外，台湾交通大学、台湾科技大学等对BIM进行了广泛的研究，推动了BIM的认知与应用。

自2009年以来，BIM在建筑业逐渐形成热潮，除了前期软件厂商的大声呼吁外，政府相关单位、各行业协会与专家、设计单位、施工企业、科研院校等也开始重视并推广BIM。2010～2011年，中国房地产业协会商业地产专业委员会、中国建筑业协会工程建设质量管理分会、中国建筑学会工程管理研究分会、中国土木工程学会计算机应用分会率先组织并发布了《中国商业地产BIM应用研究报告2010》和《中国工程建设BIM应用研究报告2011》，用于指导和跟踪商业地产领域BIM技术的应用和发展。

2011 年住房和城乡建设部发布的《2011—2015 建筑业信息化发展纲要》中明确指出，在施工阶段开展 BIM 技术的研究与应用，推进 BIM 技术从设计阶段向施工阶段的应用延伸。降低信息传递过程中的衰减。研究基于 BIM 技术的 4D 项目管理信息系统在大型复杂工程的工程过程中的应用。实现对建筑工程可视化管理等。这拉开了 BIM 在中国应用的序幕。

2012 年 1 月，住房和城乡建设部《关于印发 2012 年工程建设标准规范制订修订计划的通知》宣告了中国 BIM 标准制定工作的正式启动，其中计划编制五项 BIM 相关标准（现均已实施）：《建筑工程信息模型应用统一标准》GB/T 51212—2016、《建筑信息模型存储标准》GB/T 51447—2021、《建筑设计模型设计交付标准》GB/T 51301—2018、《建筑信息模型分类和编码标准》GB/T 51269—2017、《制造工业工程设计信息模型应用标准》GB/T 51362—2019。其中，《建筑工程信息模型应用统一标准》GB/T 51212—2016 的编制采取"千人千标准"的模式，邀请行业内相关软件厂商、设计院、施工单位、科研院所等近百家单位参与研究。至此，工程建设行业的 BIM 热度日益高涨。

2013 年 8 月，住房和城乡建设部发布《关于征求〈关于推荐 BIM 技术在建筑领域应用的指导意见（征求意见稿）〉意见的函》，征求意见稿中明确，2016 年以前政府投资的 2 万平方米以上大型公共建筑以及省报绿色建筑项目的设计、施工采用 BIM 技术；截至 2020 年，完善 BIM 技术应用标准、实施指南，形成 BIM 技术应用标准和政策体系。

2014 年，各地方政府关于 BIM 的讨论与关注更加活跃，上海、北京、广东、山东、陕西等各地区相继出台了各类具体的政策，推动和指导 BIM 的应用与发展。

2015 年 6 月，住房和城乡建设部《关于推进建筑信息模型应用的指导意见》中，明确发展目标：到 2020 年末，建筑行业甲级勘察、设计单位以及特级、一级房屋建筑工程施工企业应掌握并实现 BIM 与企业管理系统和其他信息技术的一体化集成应用。

综合而言，自 2011 年至今，与 BIM 相关的国家、地方、行业标准、意见稿、政策、指导价不断颁布。均在住房和城乡建设部官网公开。

同时各省市正加快速度推出相应的 BIM 标准与收费指导价标准。截至 2021 年 12 月，全国共有 17 个省市和部门发布了 BIM 服务计费指导价标准。既有行业协会，也有省级主管部门，更有区级责任部门。如深圳市福田区 2019 年 5 月发布政府 BIM 计费指导价，早于深圳市统一指导价的发布时间。

（4）BIM 的发展现状

当前，中国已经成为世界上工程建设活动最多、最活跃的地区。随着超高层、超大跨度建筑等大型复杂土木工程在我国大量涌现，行业计算机应用的前沿人士不约而同地挖掘 BIM 的潜在价值，使之更好地造福人类。下面将 BIM 技术的未来发展趋势作一个简单的概括。

1）BIM 技术与绿色建筑

绿色建筑，是指在建筑全生命周期内，最大限度地节约资源（节能、节地、节水、节材），保护环境，减少污染，为人们提供健康、适用和高效的使用空间与自然和谐共生的建筑。BIM 技术的重要意义在于它重新整合了建筑设计的流程，所涉及的建筑生命周期管理，是绿色建筑设计的关键和影响对象。真实的 BIM 数据和丰富的构件信息给各种绿色分析软件以强大的数据支持，确保了结果的准确性。

2）BIM 技术与预制装配式建筑

装配式建筑，是指用预制的构件在工地装配而成的建筑。这种建筑的优点是建造速度快，受气候制约小，节约劳动力，并可提高建筑质量，是我国建筑发展的重要方向之一。它有利于我国建筑工业的发展，提高生产效率节约资源，发展绿色环保建筑，并且有利于提高和保证建筑工程质量。与现浇施工法相比，装配式更符合节能、节地、节水、节材和环境保护等要求，降低对环境的负面影响。利用 BIM 技术能有效提高装配式建筑的生产效率和工程质量，将生产过程中的上下游企业联系起来，真正实现以信息化促进产业化。BIM 技术的使用能够为预制装配式建筑的生产提供有效帮助，使得装配式工程精细化这一特点更容易实现，进而推动现代建筑产业化的发展。

3）BIM 技术与数字化加工

数字化是将不同类型的信息转变为可以度量的数字，将这些数字保存在适当的模型中，再将模型引入计算机进行处理的过程。数字化加工则是在应用已经建立的数字模型基础上、利用生产设备完成对产品的加工。

BIM 技术与数字化加工集成应用，意味着将 BIM 模型中的数据转换成数字化加工所需的数字模型，制造设备可根据该模型进行数字化加工。目前，主要应用在预制混凝土构件生产、管线预制加工和钢结构加工三个方面。采用此方式的优点：一方面，工厂精密机械自动完成建筑物构件的预制加工，不仅制造出的构件误差小，生产效率也可大幅提高；另一方面，建筑中的门窗、整体卫浴、预制混凝土结构和钢结构等许多构件，均可再被运到施工现场进行装配，既可缩短建造工期，也容易掌控质量。

4）BIM 技术与虚拟现实

虚拟现实是一种三维环境技术，集先进的计算机技术、传感与测量技术、仿真技术微电子技术等为一体，产生仿真的视、听、触、力等三维感官环境，形成的一种虚拟世界 BIM 技术与虚拟现实技术集成应用，主要包括虚拟场景构建、施工进度模拟、复杂局部施工方案模拟、施工成本模拟、多维模型信息联合模拟以及交互式场景漫游。传统的二维、三维表达方式，只能传递建筑物单一尺度的部分信息，使用虚拟现实技术可展示一栋活生生的虚拟建筑物，使人产生身临其境之感。并可以将任意相关信息整合到已建立的虚拟场景中，进行多维模型信息联合模拟。可以实时、任意视角查看各种信息与模型的关系，指导设计、施工，辅助监理、监测人员开展相关工作。

5）BIM 技术与物联网

BIM 技术与物联网集成应用，实质上是建筑全过程信息的集成与融合。BIM 技术发挥上层信息集成、交互、展示和管理的作用，而物联网技术则承担底层信息感知、采集、传递、监控的功能。二者集成应用可以实现建筑全过程"信息流闭环"，实现虚拟信息化管理与实体环境硬件之间的有机融合。

在工程建设阶段，二者集成应用可提高施工现场安全管理能力，确定合理的施工进度，支持有效的成本控制，提高质量管理水平。如在施工现场，高空作业人员的安全帽、安全带、身份识别牌上安装的无线射频识别，可在 BIM 系统中实现精确定位，如果作业行为不符合相关规定，身份识别牌与 BIM 系统中相关定位会同时报警，管理人员可精准定位隐患位置，并采取有效措施避免安全事故发生。

在建筑运维阶段，二者集成应用可提高设备的日常维护维修工作效率，提升重要资产的监控水平，增强安全防护能力，并支持智能家居。

1.1.2 BIM 的特点与价值

1. BIM 的特点

BIM 技术作为建筑业第二次信息革命，实现了从二维设计到三维全生命周期的变革，与现行 CAD（计算机辅助设计）技术相比有诸多优势，单从其自身技术特点来看，主要有具有如下特点：

（1）可视化

可视化即"所见即所得"，对于建筑行业来说，可视化真正运用在建筑业的作用非常大。当前世界经济快速发展，我国建筑业也进入高速发展期，人们标新立异的审美观越来越强，造成建筑格局越来越多样化，建筑设计越来越复杂，传统的二维建筑设计很难满足设计师对复杂异形空间结构设计灵感表现的要求。例如经常拿到的施工图纸，只是通过图纸上的线条来表达各个构件的信息，但是其真正的构造形式就需要建筑业从业人员去理解和想象。随着建筑业不断发展，建筑形式日新月异，复杂造型愈发增多，施工难度和挑战随之增大。BIM 提供了可视化的思路，让人们将以往的线条式的构件形成一种三维的立体实物图形展示在人们的面前，不同于建筑业中的效果图，BIM 技术的可视化能够在同构件之间形成互动和反馈。在 BIM 建筑信息模型中，由于整个过程都是可视化的，BIM 技术可视化可以方便效果图的展示及报表的生成。同时，创建建筑信息模型的整个过程都是可视化的，其用带的构件信息如几何信息、关联信息、技术信息等，为可视化操作提供了有力的支持，不但使一些比较抽象的信息如应力、温度、热舒适性等可以用可视化方式表达，还可以将设施建设过程及相互关系动态地表现出来。由于信息完备性的保证，可视化的效果不仅可以用作效果图的展示及报表的生成，也就是说，建设项目设计、建造、运营过程中的沟通、讨论、决策都可以在可视化的状态下进行。

（2）协调性

建设工程项目各参建方和相关单位在工程项目管理中最重要的一个环节就是协作，各方信息协调的好坏直接决定项目管理的效率。"协调"一直是建筑业工作中的重点内容，不管是施工单位还是业主及设计单位，无不在做着协调及相配合的工作。基于 BIM 进行工程管理，可以有助于工程各参与方进行组织协调工作。通过 BIM 建筑信息模型可在建筑物建造前期对各专业的碰撞问题进行协调。生成并提供协调数据。

设计协调，是指通过 BIM 三维可视化控件及程序自动检测，可对建筑物内机电管线和设备进行直观布置模拟安装，检查是否碰撞，找出问题所在及冲突矛盾之处，还可调整楼层净高、墙柱尺寸等。从而有效解决传统方法容易造成的设计缺陷，提升设计质量。减少后期修改，降低成本及风险。在方案设计阶段，建筑、结构、机电相关专业设计人员基本上都是各自设计，没有很好地沟通、交流和协同，导致在施工时经常出现图纸错误问题，相关方对出现的问题再过行讨论协商，最终提出解决方案或变更方案。如果施工单位发现不及时还会造成返工、材料浪费，并向业主索赔，这种事后处理的方式会造成大量的人力、财力、物力损失。如何将事后处理转化成事前预防？BIM 的协调性可以很好地解决这一问题。

除了设计协调，BIM 协调性还可以用于整体进度规划协调。整体进度规划协调，是指基于 BIM 技术，对施工进度进行模拟、同时根据经验和知识进行调整，极大地缩短施工前期的技术准备时间，并帮助各类各级人员对设计意图和施工方案获得更高层次的理解。以前施工进度通常是由技术人员或管理层敲定的，容易出现下级人员信息断层的情况。如今，BIM 技术的应用使得施工方案更高效。

（3）模拟性

在建筑设计阶段，BIM 技术可以对设计方案的能耗、日照、节能、紧急疏散以及热能传导等进行建筑物性能仿真分析，基于 BIM 技术，建筑师在设计过程中赋予所创建的虚拟建筑模型大量建筑信息（几何信息、材料性能、构件属性等），然后将 BIM 模型导入相关性能分析软件，就可得到相应分析结果。从而大大缩短了工作周期，提高了设计质量。

1）在招标投标阶段和施工阶段，BIM 4D（空间＋时间），合理布置施工场地，优化钢筋下料与排布，优化施工方案，更好地指导施工。对于项目投资者和承包商而言，最重要的一个环节莫过于成本控制，基于 BIM 5D（空间＋时间＋工序）成本控制，可以在各节点查看和统计资金使用和投入状况，便于把控实际成本。

2）施工阶段：①施工方案的模拟、优化。施工方案模拟优化，是指通过 BIM 可对项目重点及难点部分进行可建性模拟，按月、日、时进行施工安装方案的分析优化，验证复杂建筑体系（如施工模板、玻璃装配、锚固等）的可建造性，从而提高施工计划的可行性。对项目管理方而言、可直观了解整个施工安装环节的时间节点、安装工序及疑难点。而施工方也可进一步对原有安装方案进行优化和改善，以提高施工效率和施工方案安全性。②工程量自动计算。BIM 模型作为一个富含工程信息的数据库，可真实地提供造价管理所需的工程量数据，基于这些数据信息，计算机可快速对各种构件进行统计分析，大大减少了繁琐的人工操作和潜在错误，实现了工程量信息与设计文件的统一。通过 BIM 所获得准确的工程量统计，可用于设计前期的成本估算、方案比选、成本比较，以及开工前预算和竣工后决算。③消除现场施工过程干扰或施工工艺冲突。随着建筑物规模和使用功能复杂程度的增加，设计单位、施工单位、业主单位对于机电管线综合出图要求越高，通过搭建各专业 BIM 模型，设计师能够在虚拟三维环境下快速发现并及时排除施工中可能遇到的碰撞冲突，显著减少由此产生的变更申请单，更大大提高施工现场作业效率，降低了因施工协调造成的成本增长和工期延误。④施工进度模拟，施工进度模拟即通过将 BIM 与施工进度计划相链接，把空间信息与时间信息整合在一个可视的 4D 模型中，直观、精确地反映整个施工过程。当前建筑工程项目管理中常以表示进度计划的甘特图，专业性强，但可视化程度低，无法清晰描述施工进度以及各种复杂关系（尤其是动态变化过程）。而通过基于 BIM 技术的施工进度模拟可直观、精确地反映整个施工过程，进而可缩短工期、降低成本、提高质量。

运维阶段：①虚拟设备运行监控。设备运行监控即采用 BIM 技术实现对建筑物设备的搜索、定位、信息查询等功能。在运维 BIM 模型中，通过对设备信息集成的前提下，运用计算机对 BIM 模型中的设备进行操作，可以快速查询设备的所有信息，如生产厂商、使用寿命期限、联系方式、运行维护情况以及设备所在位置等。通过对设备运行周期的预警管理，可以有效地防止事故的发生，利用终端设备和二维码、RFID 技术，迅速对发生故障的设备进行检修。②模拟能源管理。能源管理即通过 BIM 模型对租户的能源使用情况进行监控与管理，默予每个能源使用记录表以传感功能，在管理系统中及时做好信息的收集处理，通过能源管理系统对能源消耗情况自动进行统计分析，并且可以对异常使用情况进行警告。③模拟建筑空间管理。建筑空间管理即基于 BIM 技术业主通过三维可视化直观地查询定位到每个租户的空间位置以及租户的信息，如租户名称、建筑面积、租约区间、租金情况、物业管理情况；还可以实现租户的各种信息的提醒功能，同时根据租户信息的变化，实现对数据的及时调整和更新。

（4）优化性

一个好的建筑设计方案不是一蹴而就的，而是设计师根据工程实际需求不断优化而成的。而且，许多建筑设计的空间复杂程度超过了设计，施工人员的图纸理解极限，纯粹靠手绘模型和二维平面制图很难完成，设计师需要借助更加先进的信息技术才能更好地胜任这样的设计任务。BIM 技术及与其配套的各种优化工具使复杂项目的优化成为可能，使设计人员可以从模型中提取建筑物的信息、构件的几何信息等作为设计优化的基础，设计人员可以利用 BIM 核心建模软件和相关配套软件的实时模拟平台对设计方案做进一步优化，从而更高效、高质量地完成设计方案的优化。对于施工平面布置，施工组织优化而言，BIM 技术也是不可小觑的，它能更好地利用现有的场地空间合理布置临时设施等，更能合理安推施工组织，提高工效、降低成本。出图方面，相较传统的二维绘图软件，BIM 实现的是建筑设计图加上经过碰撞检查和设计修改后的综合施工图；在工程量统计和造价的精确可控性方面，BIM 技术利用 Revit、Tekla、MagiCAD 等已经搭建完成的模型，可直接统计生成主要材料的工程量，辅助工程管理和工程造价的概预算，有效地提高工作效率。同时对预制加工提供支持，有效地提高设备参数的准确性和施工协调的管理水平。

（5）可出图性

BIM 出图与现在设计院出图有很大区别，当前设计院出具的图纸基本上都是建筑、结构图，安装图和节点详图等，各个图纸间没有太紧密的联系，而且图纸间容易出错；BIM 出具的图纸为综合施工图，是已经优化过的设计图，是包括设计图、管线综合、碰撞报告、方案改进建议、构件加工图等相关信息的图纸。相比于设计院出图，BIM 出图更具有可操作性，更贴近工程实际。

除此外，人们还经常说 BIM 技术具有信息完备性、参数化建模、一体化性等特点。信息完备性，是指 BIM 技术可对工程对象进行 3D 几何信息和拓扑关系的描述以及完整的工程信息描述，如对象名称、结构类型、建筑材料、工程性能等设计信息；施工进度、成本、质量以及人力、机械、材料资源等施工信息；工程安全性能、材料耐久性能等维护信息；对象之间的工程逻辑关系等。参数化建模，是指通过参数（变量）而不是数字建立和分析模型，简单地改变模型中的参数值就能建立和分析新的模型。在参数化设计系统中，设计人员根据工程关系和几何关系来指定设计要求。参数化设计的本质是在可变参数的作用下，系统能够自动维护所有的不变参数。因此，参数化模型中建立的各种约束关系，体现了设计人员的设计意图。参数化设计可以大大提高模型的生成和修改速度。一体化性，是指基于 BIM 技术可进行从设计到施工再到运营即贯穿了工程项目的全生命周期的一体化管理。BIM 的技术核心是一个由计算机三维模型所形成的数据库，不仅包含了建筑师的设计信息，而且可以容纳从设计到建成使用，甚至是使用周期终结的全过程信息。BIM 可以持续提供项目设计范围、进度以及成本信息，这些信息完整可靠并且完全协同。BIM 能在综合数字环境中保持信息不断更新并可提供访问，使建筑师、工程师、施工人员以及业主清楚全面地了解项目。这些信息在建筑设计、施工和管理的过程中能使项目质量提高、收益增加。BIM在整个建筑行业从上游到下游的各个企业间不断完善，从而实现项目全生命周期的信息化管理，最大化地实现BIM的意义，BIM这场信息革命，对于工程建设各个环节将产生深远的影响。

2. BIM对项目参建各方的价值

综合以上技术特点，无疑可以发现相比二维时代，BIM技术具有明显的跨时代的优势，那么BIM技术的应用价值如何呢？建设工程项目是一个系统的、庞大的、复杂的工程，在全生命周期管理中涉及的参与方众多，这些参与方直接或间接地参与工程项目的管理，共同推进工程项目的顺利进行。在整个工程项目管理中，各个参与方的BIM技术应用主要如下：

（1）政府机构

BIM技术应用是一个系统的、全生命周期的过程，涉及工程项目的全面管理，因此政府机构可以利用BIM技术对整个城市的工程项目进行精细化管理，提高城市建设的项目管理水平。对于城市重点工程政府管理机构，利用BIM技术可以优化方案、进度、质量和成本等控制目标。对于城市工程建设行业管理部门，可通过法规、技术规程颁布和政策引导，大力推广BIM技术在行业的应用，提升建设工程行业的精细化、信息化管理水平。例如，住房和城乡建设部在2014年7月1日颁布《关于建筑业发展和改革的若干意见》提出，大力推进BIM（建筑信息模型）等信息技术在工程设计、施工和运行维护全过程的应用。随之，上海市、深圳市、山东省、辽宁省等部分省市先后出台指导意见和实施办法，以促进BIM技术的进一步推广应用。

（2）业主方

当前的房屋建筑设计施工图纸是核心，若图纸出现问题，会引发施工方停工、待工、返工等，并对后续工作的整个过程造成大量的人财物力的损失。BIM技术的出现，业主方是最大的受益方，因此应该成为BIM技术推广应用的表率。通过应用BIM技术，业主方可以更好地表达想法、构思，能与项目相关参与方更好地协调和沟通。在项目规划和实施阶段，BIM技术可以帮助业主协调各方意见，优化设计、施工方案和组织，确保项目按计划实施，提高项目管理效率。BIM技术的应用成本相对于项目投资而言可以说是微乎其微，但是其给项目管理带来的价值却不可估量，包括提升项目抗风险性、优化方案、协调办公、提升管理效率、方便运营维护等诸多方面，具有较高的性价比和广泛的应用前景，因此更多的业主会主动认识BIM、应用BIM和推广BIM技术。

（3）设计方

方案设计水平的高低很大程度上决定了后期施工阶段的项目管理难度水平，设计人员BIM技术应用的普及程度，决定着整个社会对其的认同度，因为设计人员是BIM技术应用的主力军和先锋队。当今的信息革命决定了建筑设计师不能仅仅是完成设计方案，而更应该从节能减排、绿色施工以及改善室内环境等角度设计出更加优质的建筑方案，力求品质完美并为项目管理增值。

BIM协调设计可以克服当前设计领域各专业设计间孤立、串行的缺点，改变设计院的工作方式，使得设计方案的数据、图形等的修改更加便捷和联动，让各个相关参与方的工作方式更加融合和交互，并且更加直观地展示设计方案，使各方面更加快捷高效。

BIM三维设计模型相对于当前广泛应用的二维图纸，大幅减少了理解差异，更有利于加强设计院与施工单位的协作配合，让设计与成果更直接地转化为实际建筑成果。

（4）施工方

BIM技术对于施工方而言，也有巨大应用价值，其主要应用如下：

1）现场施工模拟：对于施工方来说，现场施工模拟的优点在于施工方可以进行三维平面布置方案模拟、施工进度计划与实际对比校拟分析、施工技术方案实施模拟等相关施工模拟。让各参建方能够提前更直观地了解项目的基本情况及存在的问题，减少施工质量问题和安全隐患，降低施工成本、提高施工效率。

2）三维碰撞检查：由于二维图纸空间展示存在的缺陷性，施工中设备管线经常发生碰撞，这势必造成返工和人财物力的浪费，严重时会造成几十万元甚至上百万元不等的经济损失。BIM三维碰撞检查技术的应用，可以消除图纸设计中的设备碰撞，优化设计方案，大大减少图纸和施工问题导致的返工和损失，并且通过碰撞检查还可以优化各种管线的布置，提高空间综合利用率。

3）三维模型校验：BIM技术的可视化应用可以将建筑模型和实际工程进行对比分析，从而分析判断理论和实际的差异。除此之外，还可以让建设方评估建筑物的各种功能，以便提前预知，并及时对相关功能问题作出调整。

（5）预制加工商

建筑构件化、产业化施工是建筑业未来发展的趋势，预制加工商是工程建设参建方之一，在目前以二维图纸为基准的预制构件加工中，预制构件加工难度大，施工效率非常低，难以实现规模化、产业化生产。

BIM技术应用使得构件模型智能化，并且可以数控加工；其精度和效率远大于二维图纸预制构件加工；同时BIM模型中包含了构件的全都信息。因此，预制加工商通过采集这些标准构件信息，可以预制加工标准化构件，施工现场只需将预制构件吊装装配施工即可，从而可节约施工工期、减少施工现场环境污染，提高施工效率。随着产业化的深入，预制加工商将逐渐成为工程项目的重要参与方之一。

（6）材料设备供应商

工程项目材料设备的及时、高效供应是保证项目顺利进行的基础，目前工程项目材料供应普遍达不到上述要求，这或多或少地影响工程的正常施工。而BIM技术4D和5D模拟应用以后，施工现场各阶段材料和设备需求与供应是实时的，BIM导出的材料和设备需求与供应计划更具有合理性，从而避免了材料和设备的大量积压或者急缺，确保了工程的顺利进行。

通过BIM技术应用，供应商可以在项目前期就参与其中，提前了解工程项目的概况、特点、难点、施工进度、工艺流程和材料设备需求计划，也可以根据工程项目特点有针对性地安排材料或设备生产，从而最大限度地满足项目材料和设备的需求和供应，更好地做好工程项目服务工作。

1.1.3　BIM 系列软件简介

BIM 作为支撑工程建设行业的新技术，涉及不同应用方、不同专业、不同项目阶段的不同应用。这绝不是一个软件或一类软件就可以解决的。因此，BIM 的应用需求催生了一大批与之相关的软件产品。现在很多软件都标榜自己是 BIM 软件。严格来说，只有在 Building SMART International（BSI）获得 IFC 认证的软件才能称得上是 BIM 软件。这些软件一般具有前文所讲的 BIM 技术特点，即操作的可视化、信息的完备性、信息的协调性、信息的互用性。有许多在 BIM 应用中的主流软件如 Revit、MicroStation、Archi-CAD 等就属于 BIM 软件这一类软件。还有一些软件，并没有通过 BSI 的 IFC 认证，也不完全具备以上的四项技术特点，但在 BIM 的应用过程中也常常用到，它们和 BIM 的应用有一定的相关性。这些软件，能够解决设施全生命周期中某一阶段、某个专业的问题，但它们运行后所得的数据不能输出为 IFC 的格式，无法与其他软件进行信息交流与共享。这些软件，只称得上是与 BIM 应用相关的软件而不是真正的 BIM 软件。在本节中介绍的软件既包括严格意义的 BIM 软件，也包括与 BIM 应用相关的软件。

1. BIM 核心建模软件

"BIM 核心建模软件"，它负责创建 BIM 这种结构化信息，提供 BIM 应用的基础、正是因为有了这些软件才有了 BIM，也是从事 BIM 的同行要碰到的第一类 BIM 软件。常用的 BIM 核心建模软件有 4 大系列。例如在国际上认可度高的 Autodesk、Benley 公司、Neme-tschek Graphicof（图软）公司、Gery Technology Dassault（达索）公司提供的软件为主。

2. BIM 工具类软件

BIM 工具类软件，是指利用 BIM 基础类软件提供的 BIM 数据，开展各种工作的应用软件，主要目的是为了提高单个或者部分应用点的效率。例如在能耗分析、结构分析、施工模拟、成本管理等单点应用上，BIM 工具类软件均能发挥重要的作用。

3. BIM 平台类软件

BIM 平台类软件，是指能对各种 BIM 基础类软件及 BIM 工具类软件产生的 BIM 数据进行有效的管理，以便支持建筑全生命期 BIM 数据的共享应用的应用软件。也是单点应用类软件的集成，以协同和综合应用为主，针对不同的应用点以及 BIM 目标，综合选取适合的 BIM 平台软件，将有效提高项目管理效率、降低施工成本、保证工程进度。在技术应用层面，BIM 平台的特点为着重于数据整合及操作，主要的平台软件有 Navisworks 等。

任务 1.2　Revit 简介

1.2.1　Revit 软件概述

目前 BIM 技术发展迅猛，在施工、建设、设计等方面得到了广泛的应用，许多推动

BIM技术应用的政策相继发布。BIM技术的应用已经成为建筑行业发展的必然趋势 BIM 信息模型作为 BIM 技术应用的基础，对 BIM 在应用过程中的价值有直接的影响。

Revit 作为一款 BIM 建筑信息模型设计的常用软件，是最先被引入建筑业，是一款支持建筑设计、文件管理等的软件。且其基础技术、建筑信息化模型、参数化变更引擎等，在经过设计和优化后，可以为整个建筑企业的信息建立和管理提供便利。建筑信息化模型作为一种先进的数据库基础结构，可以满足建筑设计、制作团队的信息需求。Revit 软件可以将信息基础结构的功能扩大到建筑项目的厂房设计、机电空调水电、结构配置、施工四维模拟等设计工作中，为业主提供单位可视化和数据化的决策依据。Revit 作为目前主要的 BIM 建模软件，它不但功能强大且操作简单，可以为设计提供灵活的解决方案。

1.2.2　Revit 基本术语

1. 项目

在 Revit 中创建一个文件就是新建一个"项目"文件，这和 AutoCAD 中的文件"新建"不同，AutoCAD 中的新建，指新建一个平面图或者立面图等，而 Revit 中新建的"项目"是单个设计信息数据库——建筑信息模型。项目文件中包含了所有的设计信息。这些信息包括用于设计模型的构件、设计图纸和项目视图。通过使用单个项目文件，Revit 不仅可以轻松地修改设计文件，而且还修改了所有关联区域（平面视图、剖面视图、立面视图、明细表等），从而达到"一处修改，处处更新"的效果。

项目就是我们实际建模项目，项目需基于项目样板进行创建，格式为".rvt"，模板项目的格式为".rte"。

项目样板是一个已经设置部分参数的模板，例如载入了一些符号线、标注符号等族；已经设置好的项目样板可在日后的项目上应用，无须重复设置参数，文件格式为".rvt"。

2. 图元

在项目中，Revit 包括 3 种类型的图元：模型图元、基准图元、视图专有图元。

（1）模型图元：常见的模型图元有墙、柱、楼板、门窗等。他们代表建筑的实际三维几何图形。Revit 按照类型、族和类别对图元进行分级。

（2）基准图元：协助定义项目范围，如轴网、标高和参照平面。

1）轴网：有限平面，可以在立面视图中拖拽其范围，使其与标高线相交或不相交。轴网可以是直线，也可以是弧线。

2）标高：无限水平平面，用作屋顶、楼板和天花板等以层为主体的图元的参照。大多用于定义建筑内的垂直高度或楼层。要放置标高，必须处于剖面或立面视图中。

3）参照平面：精确定位、绘制轮廓线条等重要辅助工具。参照平面对于族的创建非常重要，有二维参照平面及三维参照平面，其中三维参照平面显示在概念设计环境（公制体量".rft"）中。在项目中，参照平面能出现在各楼层平面中，但在三维视图中不显示。

4）视图专用图元：对模型图元进行描述或归档，只显示在放置这些图元的视图中，如尺寸标注、标记和二维详图等。

参数化是 Revit 图元的最大特点。参数化大大提高了设计的灵活性，是 Revit 实现协调、修改和管理功能的基础。用户可直接利用 Revit 进行图元的创建或者修改，无须进行编程。

3. 类别

类别是用于对设计建模或建档的一组图元。例如，模型图元的类别包括家具、门窗、卫浴设备等。注释图元的类别包括标记和文字注释等。

4. 族和族样板

族是某一类别中图元的类。族根据参数（属性）集的共用、使用上的相同和图形表示的相似来对图元进行分组。一个族中不同图元的部分或全部属性可能有不同的值，但是属性的设置（其名称与含义）是相同的。

5. 类型

族可以有多个类型。类型用于表示同一族的不同参数（属性）值。如某个窗族"双扇平开—带贴面 . rfa"，包含"900mm×1200mm""1200mm×1200mm""1800mm×900mm"（宽×高）三个不同类型。

1.2.3　Revit 界面介绍

1. Revit 系统设置

在使用"Revit2020"之前我们首先对软件进行一些系统设置，方便后面的使用。双击打开"Revit2020"软件，将出现 Revit 主页，如图 1-2。使用 Revit 主页可以用来访问和管理模型相关的信息。Revit 主页在启动软件时显示，通过在"快速访问"工具栏上单击 ▤（界面左上角）或按"Ctrl＋D"键可随时返回到主页。在此界面可以完成以下几个操作：单击 ▤（界面左上角）或按"Ctrl＋D"键可以转到功能区和活动 Revit 模型；打开或创建模型或族；查看或访问最近使用的文件。

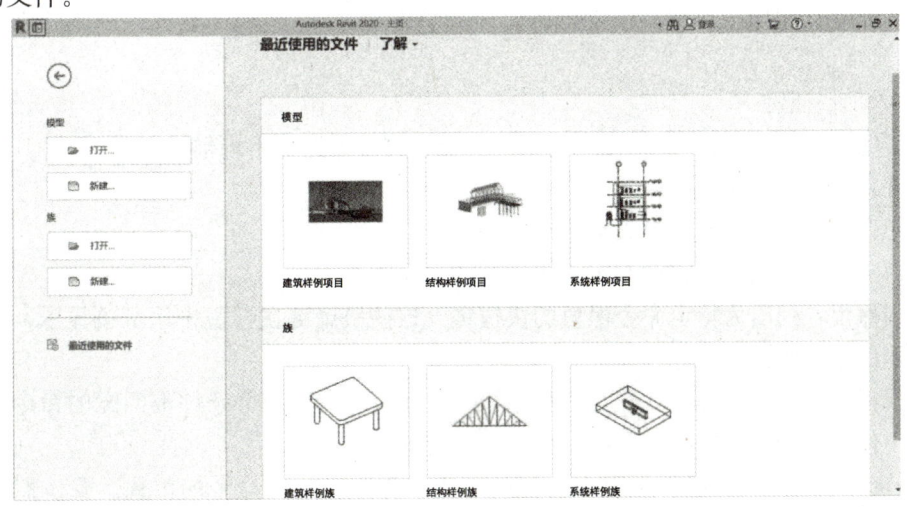

图 1-2

单击 （界面左上角）或按"Ctrl＋D"键，切换出"应用程序菜单"即文件菜单。单击右下角"选项"按钮，打开"选项"对话框。

（1）"常规"选项卡设置说明

1）通知

保存提醒间隔：设置文件保存提醒的间隔时间。"与中心文件同步"提醒间隔：在工作协同设计模式下，本地的设计文件与项目中心文件同步地提醒间隔时间。

2）用户名

用户名是 Revit 将其与某一特定任务关联的标识符，该功能在多用户"工作集"协同设计时非常有用，通过此处，设计师可以设置自己的用户名称。

3）日志文件清理

日志文件是记录 Revit 任务中每个步骤的文本文档。这些文件主要用于软件支持进程。要检测问题或重新创建丢失的步骤或文件时，可运行日志。在每个任务终止时，会保存这些日志。此处可设置自动删除日志文件的条件：如果日志数量超过设定的数量，则删除存在时间超过以下天数的日志。

4）工作共享的更新频率

软件更新工作共享显示模式的频率时间的设定。

5）视图选项

对于不存在默认视图样板，或存在视图样板但未指定视图规程的视图，指定其默认规程。对当前选择的修改也将改变"Revit. ini"文件中的使用情况参数。

（2）用户界面（图 1-3）

单击"用户选项卡"的"自定义"按钮，将弹出"快捷键"对话框的设置，如图 1-4所示。对话框中默认显示"全部"功能命令，可从"过滤器"中选择"应用程序菜单"等过滤器显示部分功能命令。在"快捷键"对话框中，使用下列两种方法中的一种或两种找到所需的 Revit 工具或命令。

在搜索字段中，输入命令的名称。按键入时，"指定"列表将显示与单词的任何部分相匹配的命令。例如，"all"与"Wall""Tag All"和"Callout"都匹配。该搜索不区分大小写。

1）添加快捷键

对于"过滤器"，选择显示命令的用户界面区域，或选择下列值之一。

全部：列出所有命令。

全部已定义：列出已经定义了快捷键的命令。

全部未定义：列出当前没有定义快捷键的命令。

全部保留：列出为特定命令保留的快捷键。这些快捷键在列表中以灰色显示，无法将这些快捷键指定给其他命令。

如果指定搜索文字和过滤器，"指定"列表将显示与这两个条件都匹配的命令。如果没有列出任何命令，可选择"全部"作为"过滤器"。

"指定"列表的"路径"可以在功能区或用户界面中找到命令的位置。要按照路径或其他列对列表进行排序，可单击列标题。

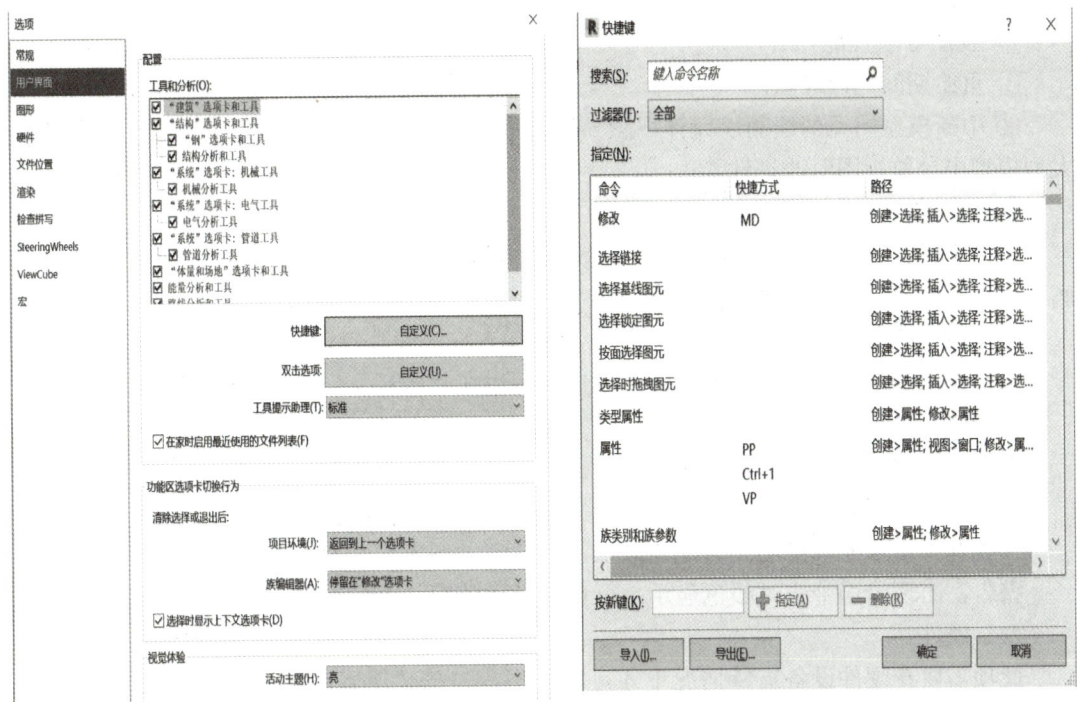

图 1-3

2）将快捷键添加到命令

从"指定"列表中选择所需的命令。

光标移到"按新键"字段。

注意如果"按新键"字段灰显，则无法为选定命令定义快捷键。该命令是带有保留快捷键的保留命令。但是，每个保留命令都有可以为其指定快捷键的相应命令。在搜索字段中，输入命令名称以找到相应的命令。

按所需的键序列。

按键时，序列将显示在字段中。如果需要，可以删除字段的内容，然后再次按所需的键。请参见快捷键的规则。

所需的键序列显示在字段中后，单击"指定"。

3）导入快捷键

在"快捷键"对话框中，单击"导入"或"导出"，定位到所需的快捷键文件，选择该文件，然后单击"打开"即可。

4）导出快捷键

在"快捷键"对话框中，单击"导出"，定位到所需文件夹，指定文件名，然后单击"保存"。

5）删除快捷键

在"命令"列中，选择所需的命令，在"快捷键"列中，选择要删除的快捷键，如果要删除多个快捷键，按住 Ctrl 键时选择各个快捷键，单击"删除"。

（3）图形

图形主要包括以下几个选项：

1）视图导航性能

① 重绘期间允许导航。

② 中断模型图元的绘制以允许视图导航（平移、动态观察和缩放）。使用此选项以在大型模型中导航视图时改进性能。

③ 在视图导航期间简化显示。

④ 在操纵相机期间，挂起特定图形效果并降低细节：填充与排线、阴影、隐藏线、底图、小型对象（LOD）。

2）图形模式

勾选"使用反走样平滑线条"用以改进视图中线的质量。

3）颜色

背景：更改绘图区域中背景和图元的显示，可自定义颜色。

选择：选择图元时颜色显示，可自定义颜色。

预先选择：预先选择图元时颜色显示，可自定义颜色。

警告：出现错误警告时颜色显示，可自定义颜色。

（4）硬件

此项需要在硬件设备支持情况下才可以使用。勾选"使用硬件（Dire3DB）"，提供了以下性能改进，刷新时可以更快地显示大模型与在视图窗口之间更快地切换。

使用反失真：可以提高所有视图中的线条质量，使边显示得更平滑。默认情况下此选项为关闭。

在使用反失真时为体验最佳性能，应启用硬件加速。如果使用 WindowsXP 系统，必须启用硬件加速才能使用反失真。如果使用的是 Windows7 系统并禁用硬件加速，但启用了反失真，则在缩放、平移和操纵视图时可能会注意到性能降低。

（5）文件位置

文件位置选项说明如下。

在 Revit2020 版本中，自带四种样板文件如图 1-4 所示，分别为构造样板、建筑样板、结构样板、机械样板，在设计相关专业时，选择不同的样板文件。在这里要说明的一点是

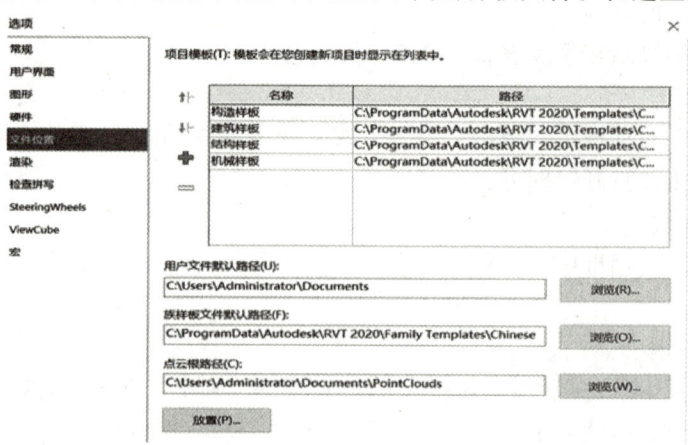

图 1-4

此样板的标高符号、剖面标头、门窗标记等符号不符合我国国标出图的要求。因此要求设置符合我国设计要求的样本文件，然后开始项目设计。

（6）其他对话框

其他如"渲染""检查拼写""SteeringWheels""ViewCube""宏"的设置对象对设计影响不大，都采用系统默认设置就可以了。

2. 新建与保存项目

在设置好"选项"对话框以后，即可开始项目的绘制，首先新建项目。新建项目有三种方式：

（1）使用图 1-5 应用程序菜单的"新建"下的"项目"，打开 Revit2020 已设置好的样本文件"建筑样板 .rte"为项目样本，新建一个项目文件。

（2）使用图 1-5 应用程序菜单的"打开"下的"项目"，也可打 Revit2020 已设置好的样本文件"建筑样板 .rte"为项目样本，新建一个项目文件。

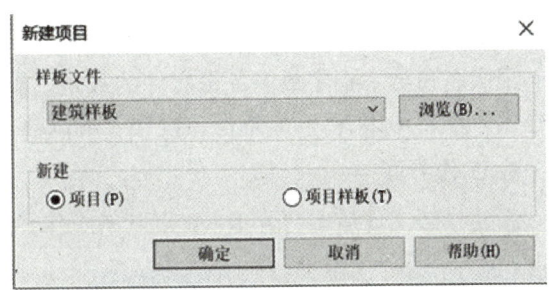

（3）使用主界面中的"打开"或"新建"同样也能够完成此项操作。

3. 保存项目

图 1-5

打开样本文件后，首先另存一下项目文件，以免破坏样本文件，点击应用程序菜单的"另存为"下的"项目"，此时，样本文件从扩展名为".rte"变为扩展名".rvt"的项目文件。项目另存为对话框如图 1-6 所示。用鼠标左键单击"选项"按钮，文件保存选项对话框如图 1-7 所示。

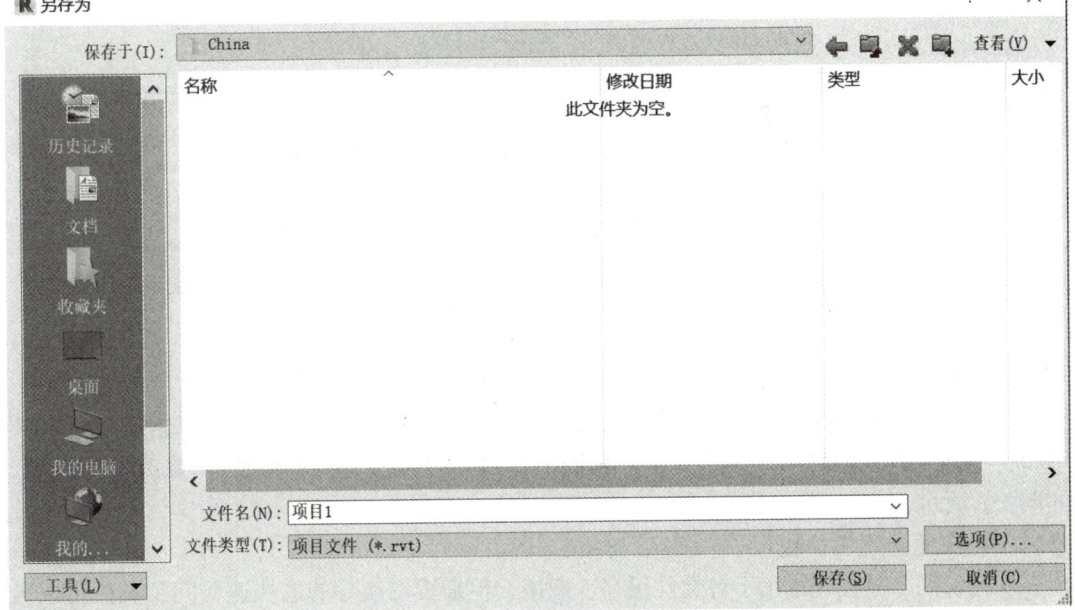

图 1-6

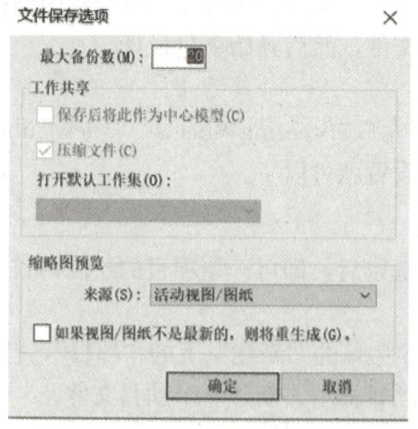

图 1-7

最大备份数：指定最多备份文件的数量。默认情况下，非工作共享项目有 3 个备份，工作共享项目最多有 20 个备份。设计者可以根据情况输入数目。其他设置按默认。

4. 工作界面

新建样板文件后，打开 Revit2020 的工作界面如图 1-8 所示，主要包括以下几个部分：

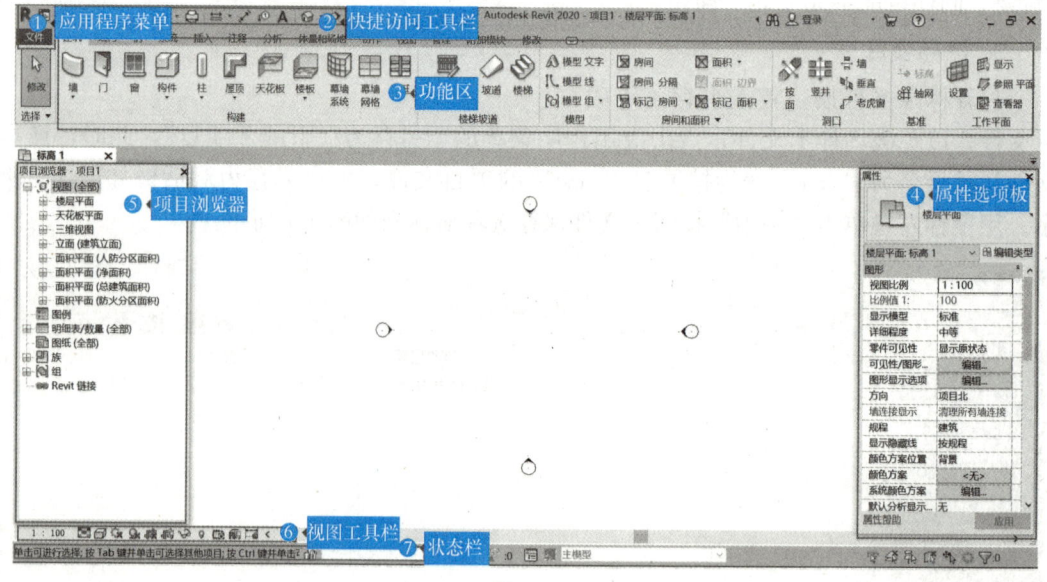

图 1-8

（1）选项栏和功能区

选项栏和功能区是建模的基本工具，包含建模的全部功能命令，包括"建筑""结构""系统""插入""注释""分析""体量和场地""协作""视图""管理""修改"等选项，如图 1-9 所示。

（2）快速访问工具栏

快速访问工具栏显示用于对文件保存、撤销、粗细线切换等的选快速访问工具栏可以自行设置，只要在需要的功能按钮上右击，选择加到快速访问工具栏即可，如图 1-10 所示。

图 1-9

图 1-10

（3）应用程序菜单

应用程序菜单提供了"新建""打开""保存""另存为""导出""发布""打印""授权""关闭"等各种常用的文件操作和设置"选项""退出 Revit"命令等。前面已经阐述，此处不再重复。

（4）项目浏览器

项目浏览器用于组织和管理当前项目中包含信息，包括项目中所有"视图""明细表/数量""纸""族""组""Revit 链接"等项目资源。Revit 按逻辑层次关系组织这些项目资源，方便用户管理。

选择"视图"选项卡，单击工具面板上的"用户界面"按钮，在弹出的用户界面下拉菜单中勾选"项目浏览器"复选框，即可重新显示"项目浏览器"。在"项目浏览器"面板的标题栏上按住鼠标左键不放，移动鼠标指针至屏幕适当位置并松开鼠标，可拖动该面板至新位置。当"项目浏览器"面板靠近屏幕边界时，会自动吸附于边界位置。用户可以根据自己的操作习惯定义适合自己的项目浏览器位置，如图 1-11 所示。单击"项目浏览器"右上角的"关闭"按钮，可以关闭项目浏览器面板，以获得更多的屏幕操作空间。

（5）属性

"属性"对话框默认显示在界面左侧，通过"属性"对话框可以查看和修改用来定义图元属性的参数，如图 1-12 所示。

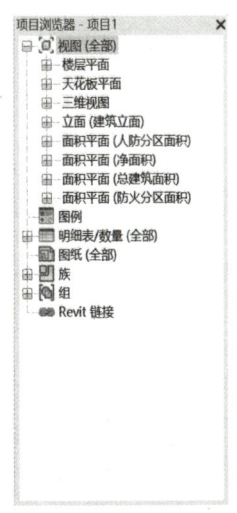

图 1-11

图 1-12

（6）状态栏

状态栏沿应用程序窗口底部显示。使用某一工具时，状态栏左侧会提示一些技巧或告诉操作者做些什么。例如，启动一个命令，状态栏会显示有关当前命令的后续操作的提示；高亮显示图元或构件时，状态栏会显示族和类型的名称。

（7）视图控制栏

视图控制栏位于窗口底部，状态栏上方，可以快速访问影响绘图区域的功能。视图控制栏的命令包括"比例""详细程度""视觉样式""打开裁剪视图/关闭裁剪视图""显示裁剪区域/隐藏裁剪区域""保存方向并锁定视图/恢复方向并锁定视图/解锁视图（仅 3D 视图显示该按钮）""临时隐藏/隔离""显示隐藏的图元"等，如图 1-13 所示。

图 1-13

项目 2　标高与轴网的创建

标高和轴网是建筑物的重要定位信息，可以反映建筑模型中各构件水平和垂直方向上的空间定位关系。我们一般绘制的顺序是先绘制标高，再绘制轴网，如果先绘制轴网再绘制标高，则在新建标高的楼层平面上无法自动显示轴网。标高只能在立面视图中创建和编辑，轴网是在平面视图中创建和编辑。

任务 2.1　标高与轴网的创建

标高反映了建筑构件在高度上的定位。在建立模型前，应对项目的层高和标高信息做好整体规划；建立模型时，通过标高确定建筑构件的高度和空间位置。在 Revit 中，标高是在空间高度上的一组相互平行的平面，Revit 会在其立面、剖面等视图中显示标高的投影。因此，我们仅需在一个立面视图中绘制和修改标高，在其他立面、剖面视图中会自动关联标高信息。

2.1.1　绘制标高

1. 新建项目

在建模前，首先要新建项目。选择【文件】>【新建】>【项目】选项，在弹出的【新建项目】对话框中，一般可选择【样板文件】下拉列表中的【建筑样板】选项，选择"项目"，单击【确定】，如图 2-1 所示。

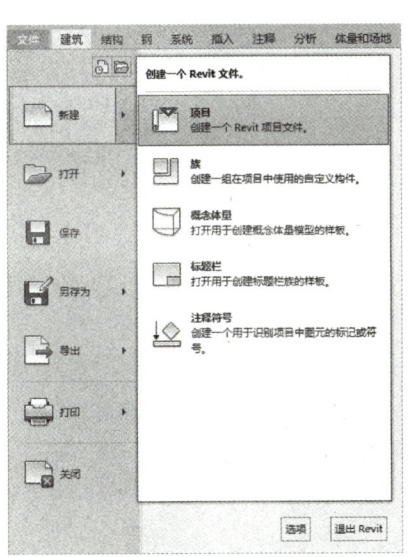

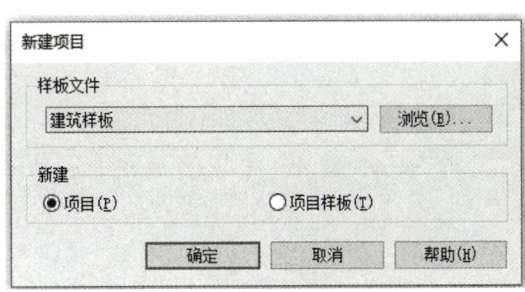

图 2-1

2. 绘制标高

（1）在【项目浏览器】中，双击鼠标左键【立面（建筑立面）】视图中任意方向，例如【东】立面，视图切换至东立面，如图 2-2（a）所示。

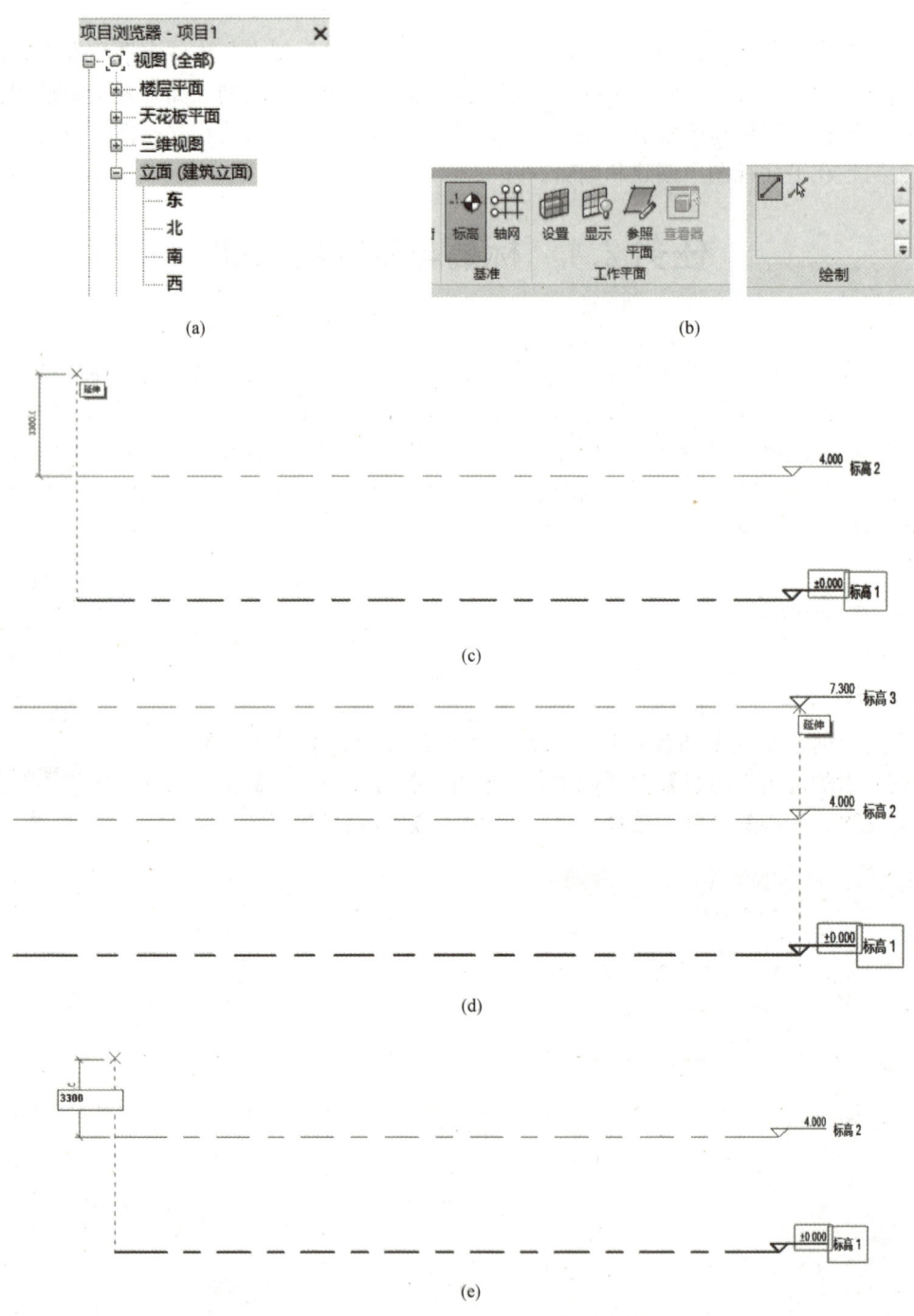

（a）

（b）

（c）

（d）

（e）

图 2-2

（a）切换立面视图；（b）选择标高选项、绘制标高；（c）捕捉标高起点；

（d）捕捉标高终点；（e）输入尺寸捕捉起点

（2）选择【建筑】>【基准】>【标高】选项，这时状态栏会显示"单击以输入标高起点"提示信息，如图2-2（b）所示。

（3）任意绘制标高：移动光标可出现临时尺寸，移动到"标高2"左侧标头正上方，当出现蓝色标头对齐虚线时，使用鼠标左键单击捕捉标高起点，如图2-2（c）所示。从左向右移动光标至"标高2"右侧标头上方，出现蓝色标头对齐虚线时，单击鼠标左键，捕捉到标高终点，创建"标高3"，如图2-2（d）所示。

（4）按尺寸绘制标高：同（3），移动光标到视图中"标高2"左侧标头正上方，当出现蓝色标头对齐虚线时，输入"3600"，使用鼠标左键单击捕捉标高起点。从左向右移动光标到"标高2"右侧标头上方，当出现蓝色标头对齐虚线时，再次使用鼠标左键单击捕捉终点，创建标高"标高3"，如图2-2（e）。

标高的默认单位为"m"，建筑样板中，默认有两个标高，标高1是设计室内地坪，标高2是4.000m处。

微课

3.编辑标高

2.1.2 编辑标高

单击任一标高线会出现标高相关信息，如图2-3所示。

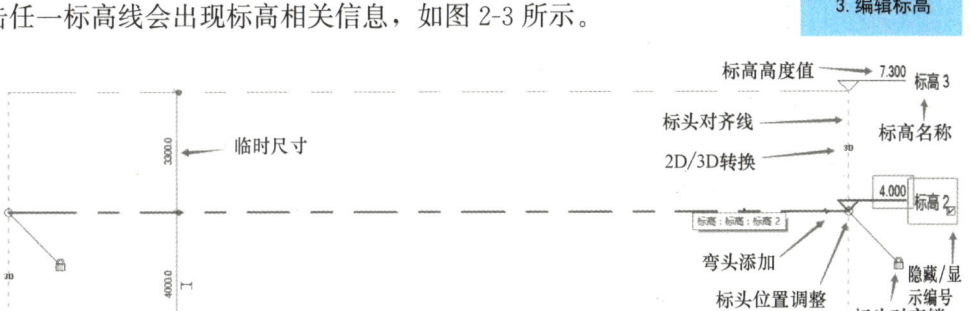

图 2-3

（1）修改标高：单击临时尺寸数字或标高数值，可完成对间隔的修改。例如将4000改为3600，或者将标高2的标高数值4.000改为3.600，都会将标高2位置修改为3.600处。

（2）标头隐藏和显示：点击"隐藏/显示编号"，可实现两侧标头的隐藏和显示。

（3）偏移标头：单击"弯头添加"的折线符号，可偏移标头，用于标高间距过小的调整。

（4）调整标头位置：单击蓝圈点，可调整标头位置，在模型中拖动标高的范围。标头对齐锁为锁定状态时，拖动蓝圈点可以调整对齐的所有标头位置，为打开状态，只能拖动选中标高标头的位置。

（5）对名称和样式的修改：可通过编辑标高标头族文件来实现，也可在属性栏完成相关操作。

1）单击标高线，在【属性】面板中可修改标高名称、高度。其中，对于标高名称的修改，可在随后弹出的提示框中确认是否重命名相应视图。单击【是（Y）】按钮，则与之相关的视图名称同步更新，如图 2-4（a）所示。

　　2）单击标高【属性】面板中的【编辑类型】按钮，在弹出的【类型属性】对话框中，可完成对标高的线宽、颜色、线型图案、符号等参数的修改，如图 2-4（b）所示。

　　3）修改标高名称，完成 F1~F3 标高的创建，如图 2-4（c）所示。

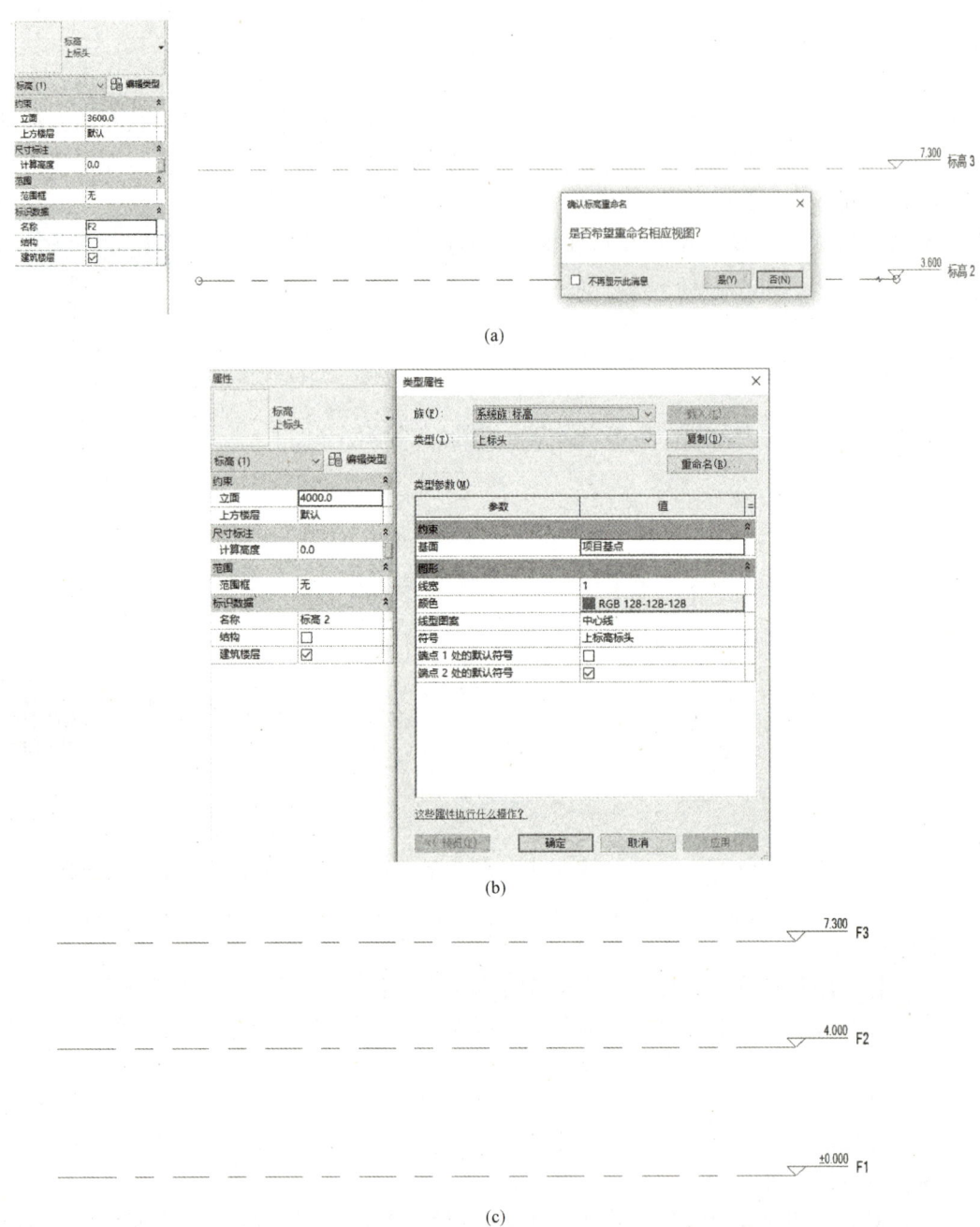

（a）

（b）

（c）

图 2-4

（a）标高名称、高度修改；（b）标高的属性面板与编辑类型；（c）F1~F3 标高绘制

2.1.3 创建标高与楼层平面

1. 标高的复制

选择绘制好的标高，单击【复制】按钮，并在选项栏中勾选【约束】及【多个】复选框，如图 2-5（a）所示。移动光标在标高"F3"上单击捕捉一点作为复制参考点，然后垂直向上移动光标，输入间距值"3300"，按 Enter 键确认，依次复制出标高"F4""F5""F6"，按 2 次 Esc 键退出，如图 2-5（b）所示。

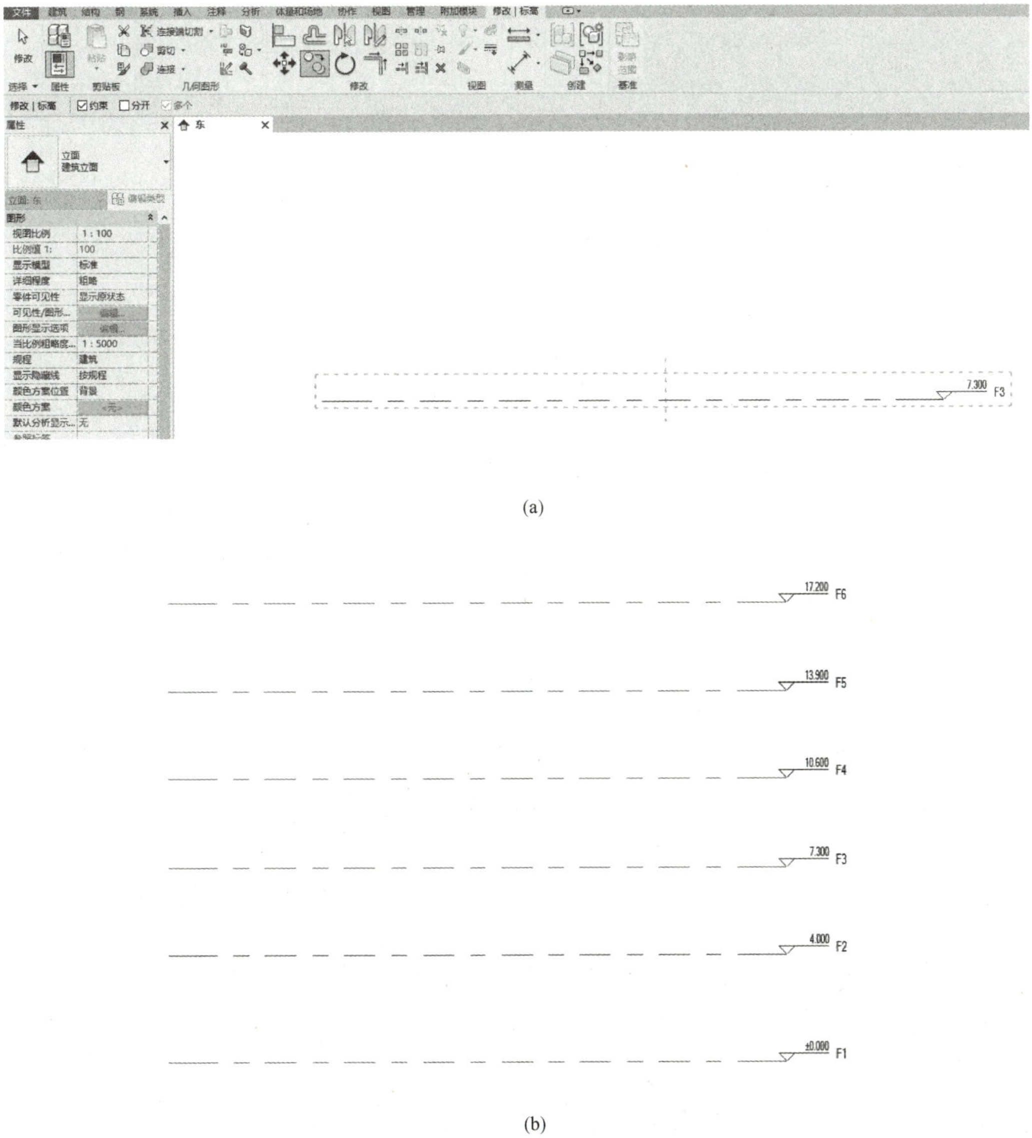

(a)

(b)

图 2-5

（a）标高复制操作；（b）复制后的标高

2. 生成楼层平面

在【项目浏览器】中【楼层平面】选项，可以看到通过绘制方式生成的 F1～F3 标高已有楼层平面，而通过复制方式生成的 F4～F6 标高没有楼层平面，如图 2-6（a）所示。

选择【视图】＞【平面视图】＞【楼层平面】选项，弹出【新建楼层平面】对话框，按住 Ctrl 键，选择 F4、F5、F6，按确定按钮，即可完成对 F4、F5、F6 楼层平面的添加，如图 2-6（b）和图 2-6（c）所示。

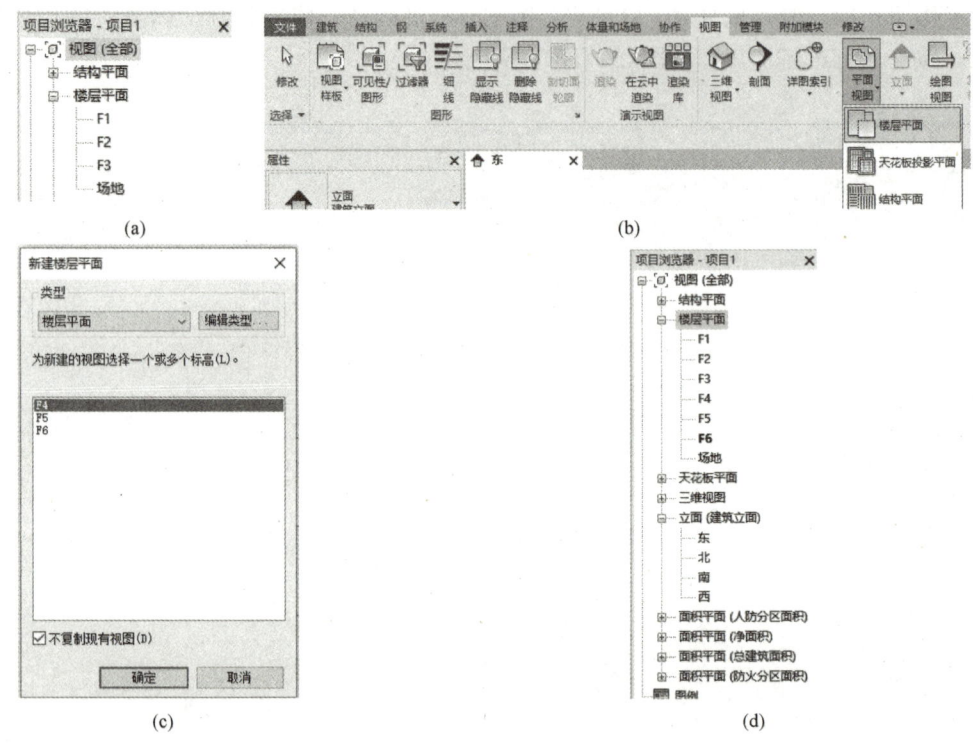

图 2-6
（a）未完成的楼层平面；（b）新建楼层平面命令；（c）新建楼层平面；（d）完成后的楼层平面

任务 2.2　轴网的创建

标高创建完成后，切换至任意平面视图（如"楼层平面"）来创建轴网，轴网用于平面视图中定位项目图元。Revit 中提供了【轴网】工具，用于创建轴网对象。

2.2.1　绘制轴网

（1）在【项目浏览器】中【楼层平面】下选择【F1】视图，打开一层平面视图。选择【建筑】＞【基准】＞【轴网】选项，进入轴网绘制状态，如图 2-7 所示。

微课

4. 绘制轴网

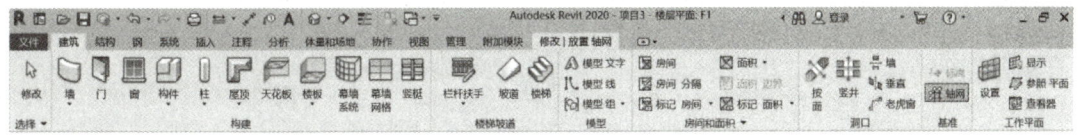

图 2-7

此时状态栏显示"单击可输入轴网起点"提示信息。移动光标到视图中，单击捕捉一点作为轴线起点，从下向上移动光标一段距离后，单击捕捉轴线终点，按 2 次 Esc 键退出，创建第一条垂直轴线，轴号为"1"。

（2）单击 1 号轴线，单击工具栏中【复制】按钮，在选项栏勾选【约束】和【多个】，如图 2-8 所示。在 1 号轴线上捕捉一点作为复制基点，向右移动光标，输入轴线间距值后按"Enter"键，确认后可复制纵向定位轴线。

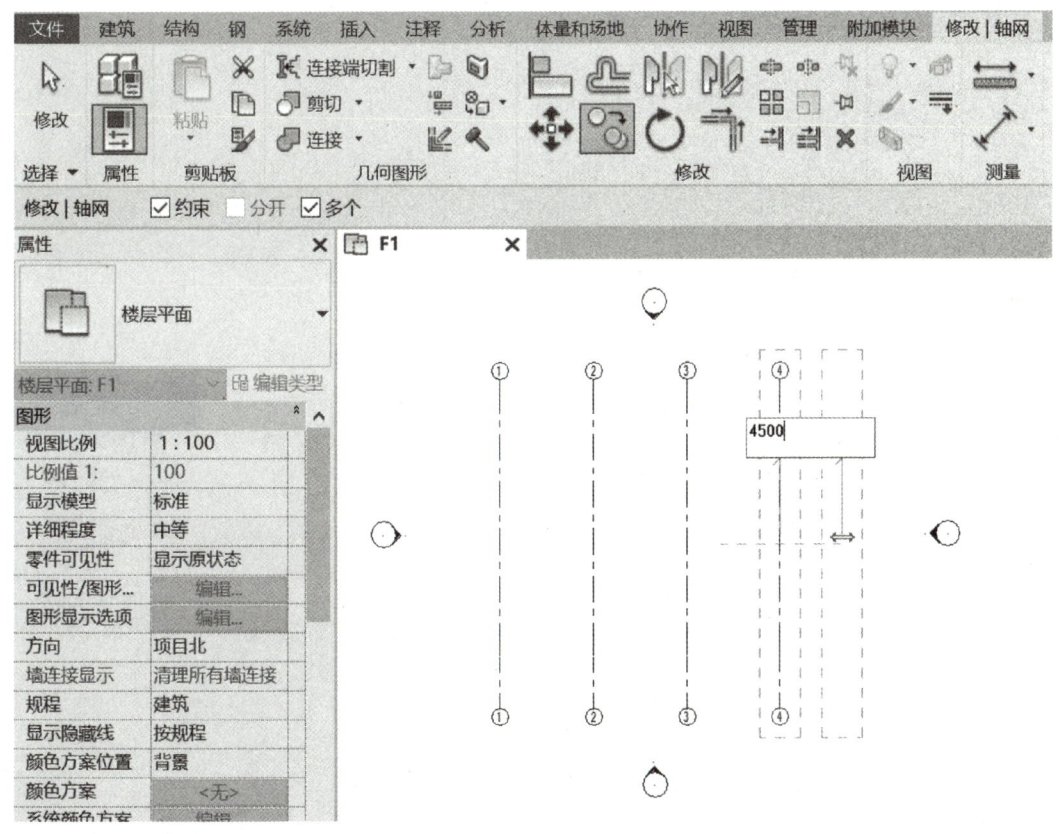

图 2-8

（3）同理绘制横向定位轴线。绘制第一条横向轴线时，其编号为顺延纵向轴线的编号，可以选择该轴线，在【属性】面板中的【名称】选项中进行参数修改，将最下面一条轴线名称修改为"A"，如图 2-9 所示。

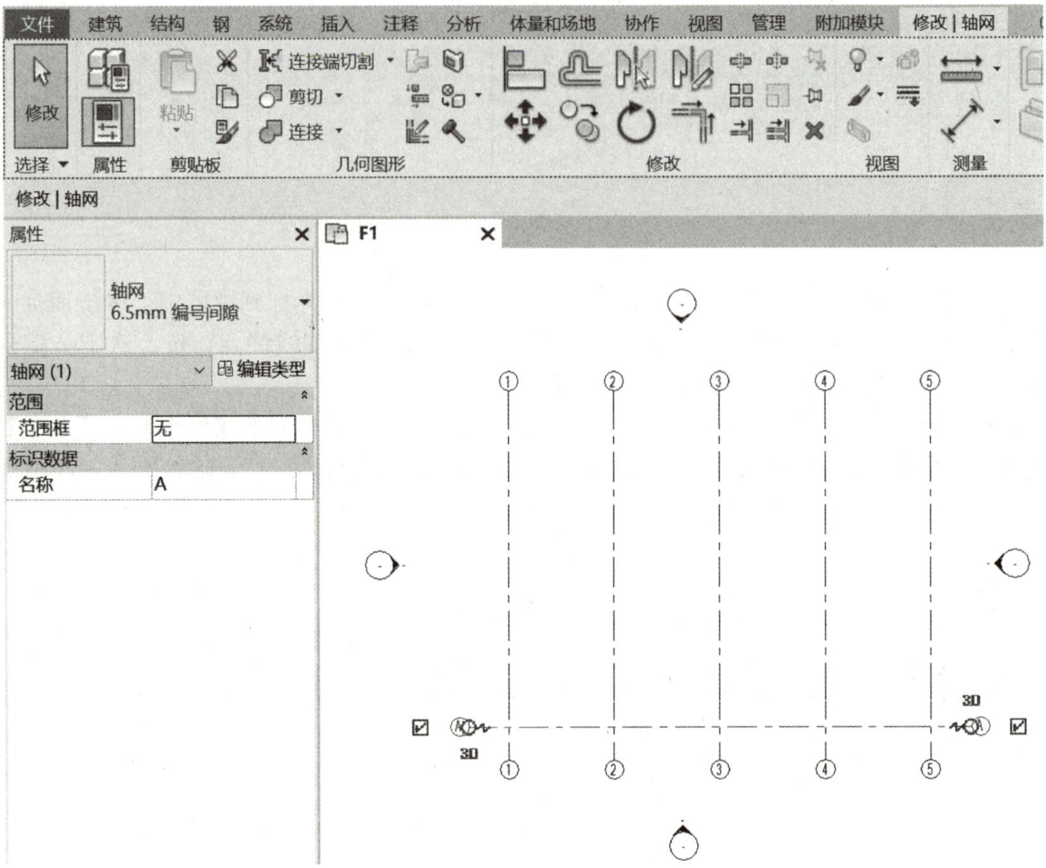

文件
建筑
结构
钢
系统
插入
注释
分析
体量和场地
协作
视图
管理
附加模块
修改 | 轴网
修改
粘贴
连接端切割
剪切
连接
选择
属性
剪贴板
几何图形
修改
视图
测量
修改 | 轴网
属性
F1
轴网
6.5mm 编号间隙
轴网 (1)
编辑类型
范围
范围框
无
标识数据
名称
A
3D

图 2-9

2.2.2 编辑轴网

微课

5. 编辑轴网

单击任一轴线会出现轴线相关信息，如图 2-10 所示。

显示/隐藏编号
标头对齐锁
2D/3D转换
3D
标头对齐线
弯头添加
标头位置调整
4500.0
4500.0
临时尺寸
拖拽修改轴网间隙

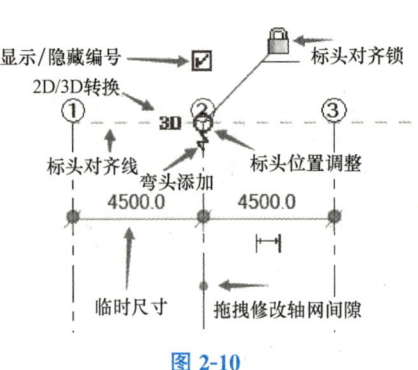

图 2-10

(1) 轴号显示编辑：选择任意一根轴线，勾选或取消勾选“隐藏/显示编号”可以控制该轴线轴号的显示与隐藏。如需调整所有轴网的信息，可选择任意一根轴线，选择【属性】面板>【类型属性】，在弹出如图 2-11 所示【类型属性】对话框中“平面视图轴号端点"处，通过勾选或取消勾选来修改轴号的可见性。

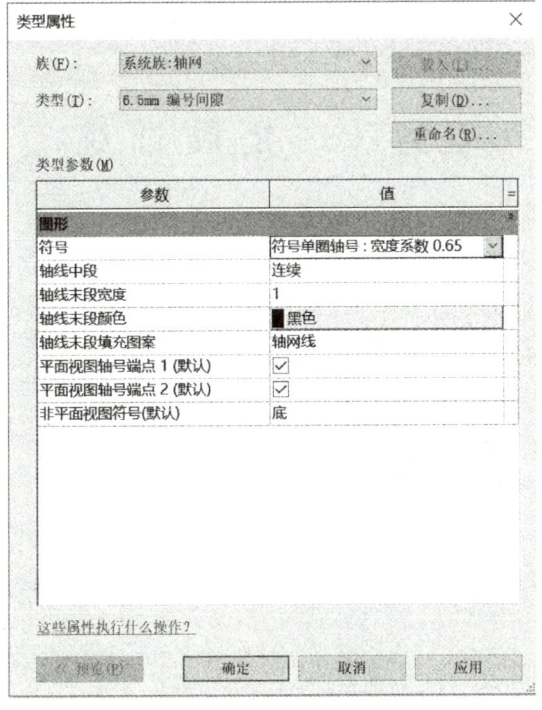

图 2-11

（2）2D/3D 状态切换：轴线呈"3D"状态时，所作修改在所有平行视图中均生效，即 F1 平面所做修改，在 F2～F6 平面同步修改。切换为"2D"状态后，拖动轴线标头，只改变当前视图的端点位置，其余视图仍维持原状。

（3）调整轴线位置：单击任意一根轴线，会出现本轴线与相邻轴线间的临时尺寸，单击尺寸值，可修改所选轴线的位置；也可单击平行拖拽调整位置。

（4）修改轴线编号：单击任意一根轴线，单击轴线名称，可输入数字或字母，可以修改轴线编号；也可以在【属性】面板上输入"名称"属性值，可修改轴线编号。

（5）调整轴号位置：相邻轴线间距较近时，需要将某条轴线的编号位置进行调整。选择轴线，单击"添加弯头"拖拽，可将编号从轴线中移开，可通过拖拽模型端点修改轴号位置，如图 2-12 所示。

（6）轴网锁定：轴网绘制完成后，选中全部轴线，选择【修改/轴网】>【锁定】选项，确保轴网固定于原位，这样就不会因误操作偏离规定位置。

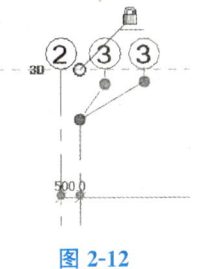

图 2-12

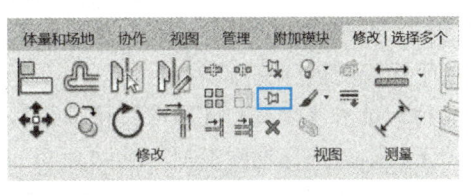

图 2-13

（7）轴网标注：轴网的标注只针对一个楼层。如果需要对其他楼层进行标注，可以使用复制楼层的方法来完成。通常我们只对建筑一层进行标注，目的是检查轴网的准确性，在最后出施工图时再进行其他平面的轴网标注。

任务2.3　拓展训练

标高轴网训练题目：根据下图给定数据创建轴网，并创建南立面图与标高，尺寸标注无需绘制，标头和轴头显示方式以图 2-14 为准。请将模型以"标高轴网"为文件名，保存到新建文件夹中。

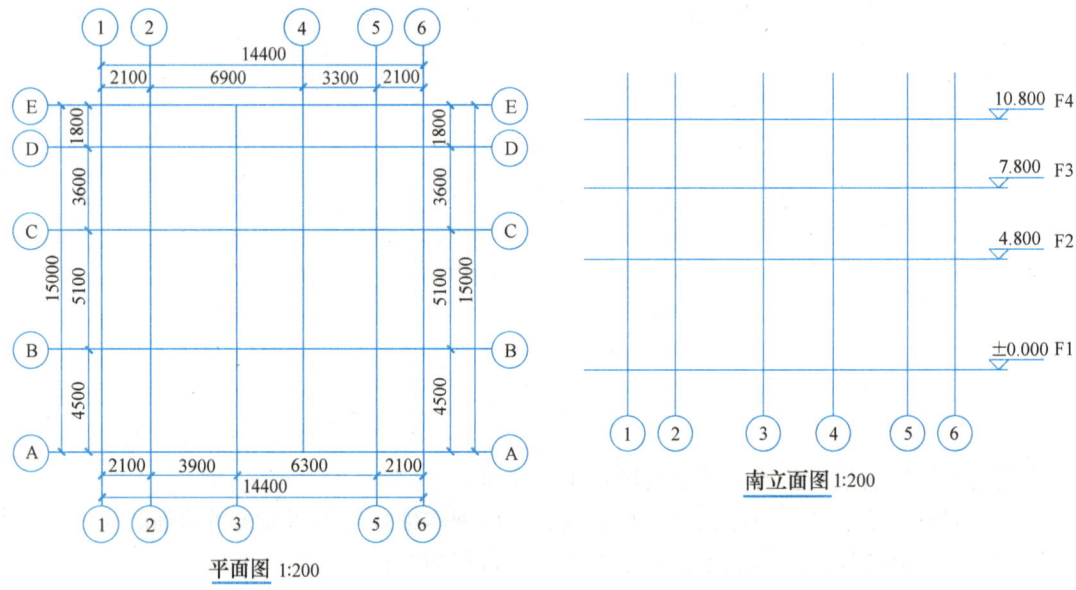

平面图 1:200　　　南立面图 1:200

图 2-14

（1）打开 Revit2020 软件，选择【建筑样板】，新建一个项目。切换到【南】立面视图，双击【标高 1】名称改为"F1"，弹出【是否希望重命名相应视图】对话框，单击【是】；双击【标高 2】数值 4.000 改为 4.800，名称改为"F2"；单击【修改】＞【复制】，选项栏勾选【约束】和【多个】，选择一个复制基点，垂直往上输入"3000""3000"创建"F3、F4"。

（2）单击【视图】＞【创建】＞【平面视图】＞【楼层平面】按钮，弹出【新建楼层平面】对话框，框选"F3、F4"，单击【确定】，退出【新建楼层平面】对话框，则【F1～F4】楼层平面视图创建完成。

（3）单击【建筑】＞【基准】＞【轴线】，进入【修改/放置轴网】上下文选项卡，类型选择器下拉列表选择轴网类型"轴网 6.5mm 编号"，单击【编辑类型】，弹出【类型属性】，设置参数如图 2-15 所示；以"直线"方式绘制轴网，如图 2-16 所示。

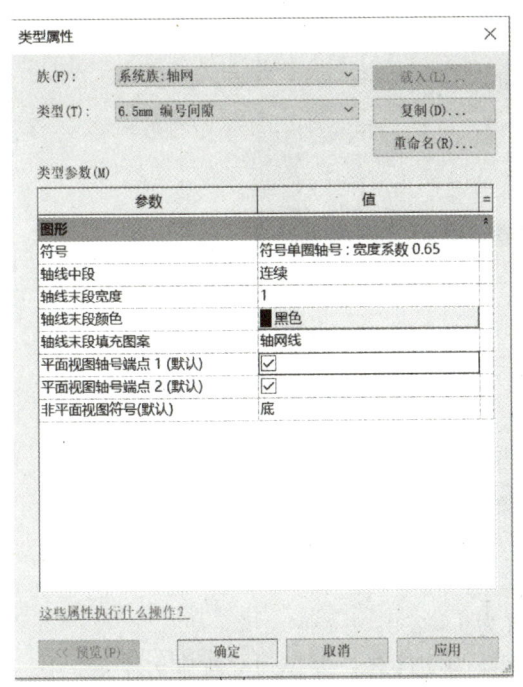

图 2-15

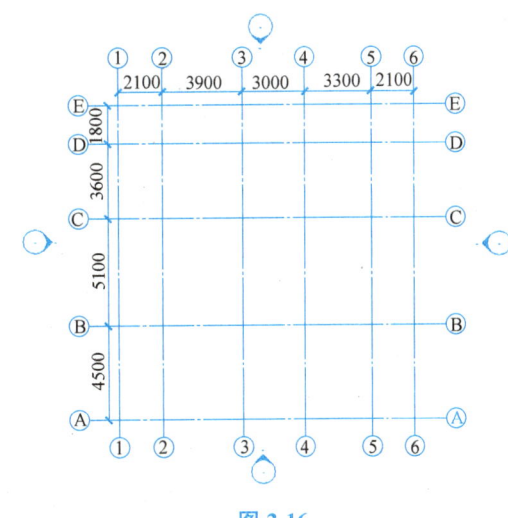

图 2-16

（4）选择 3 轴，上端勾选【隐藏编号】，解除约束，垂直拖动模型端点至 F 轴上，如图 2-17 所示；同理，按照同样的方法调整 4 轴的位置，结果如图 2-18 所示。

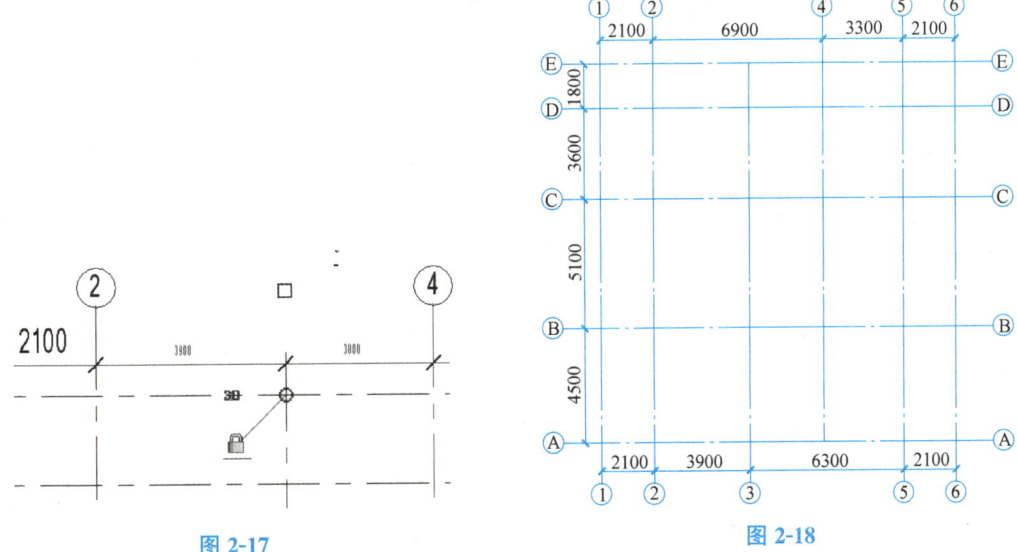

图 2-17

图 2-18

（5）选择所有轴网，单击【基准】>【影响范围】按钮，弹出"影响基准范围"对话框，勾选所有"楼层平面"，单击"确定"按钮，如图 2-19 所示。

（6）切换到"F1"平面视图，选择【注释】>【对齐】，进行尺寸标注，依次点击轴线，最后在空白处点击一下，形成尺寸标注，如图 2-20 所示，并将视图比例设置为 1∶200。

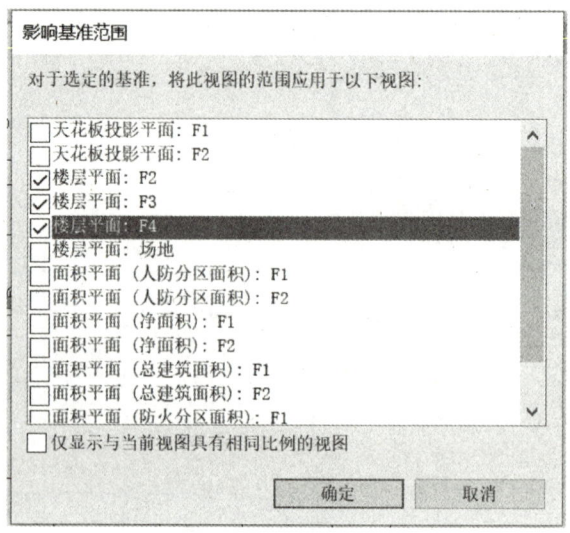

图 2-19

（7）切换到"南"立面视图，视图比例设置为 1∶200。

（8）最后，将模型（图 2-21）以"标高轴网"为文件名，保存到"新建文件夹"中。

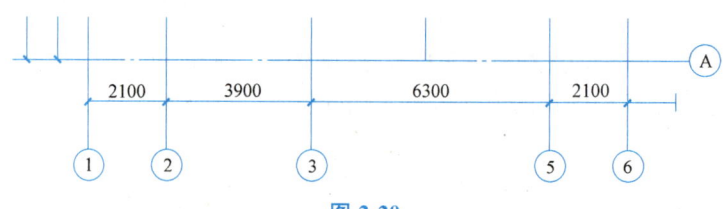

图 2-20

图 2-21

项目 3 参数化族

任务 3.1 族的基本概念

Revit 中的所有图元都是基于族来创建的。软件自带丰富的族库，同时还具有新建族的功能。每个族可以在其内定义多种类型，每种类型又可以进行不同的尺寸、形状、材质设置以及添加其他参数变量，为设计师提供了更灵活实用的解决方案。

3.1.1 族类型

按族的使用方式不同可分为系统族、可载入族以及内建族三种类型。

1. 系统族

系统族是在 Revit 中预定义的族，不能将其从其他文件载入到项目中，也不能保存到项目以外的地方。系统族可以创建基本建筑构件，如墙、楼板、天花板、屋顶等图元。例如，建筑样板中的墙，系统族包含叠层墙、基本墙和幕墙三个类别。建模时，可以复制和修改现有系统族，但不能创建新系统族，在编辑系统族的类型属性时，"载入"功能不能使用（即不能载入系统族），如图 3-1 所示。

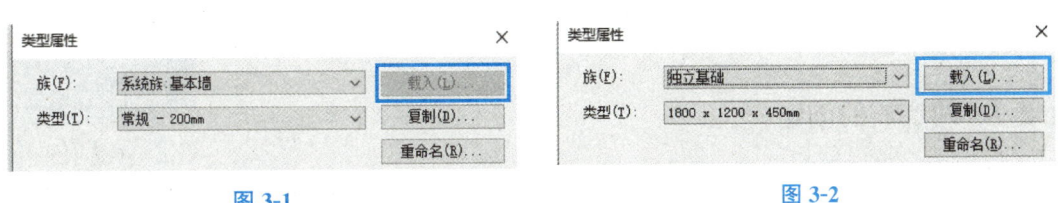

图 3-1   图 3-2

2. 可载入族

可载入族是用于创建构件和注释的图元族。不同的项目样板中自带不同构件族库，例如，建筑样板中的门、窗，结构样板中的基础可以通过"载入"功能载入构件族库中其他样式（图 3-2），也可以载入基于软件自带的族样板自行创建的族。例如，绘制窗时，软件自带族库中没有对应的样式，就可以使用软件中提供的公制窗族，先绘制该窗族的几何信息，再通过添加参数实现尺寸、材质可编辑，然后经过反复测试，满足要求后才可以载入到项目来创建图元。当然，还可以通过各种网络资源获得可载入族，从而满足项目的要求。

3. 内建族

内建族只能在当前项目中通过"构件"工具下拉菜单中的"内建模型"创建，如图 3-3 所示，因此它们仅可用于该项目特定的对象。创建内建族时，可以选择类别，决定构件在项目中的外观和显示控制。

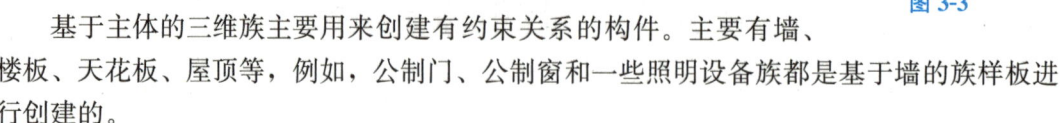

图 3-3

3.1.2　族样板文件

1. 基于主体的样板

基于主体的三维族主要用来创建有约束关系的构件。主要有墙、楼板、天花板、屋顶等，例如，公制门、公制窗和一些照明设备族都是基于墙的族样板进行创建的。

2. 基于线的样板

基于线的样板可以创建采用两次拾取放置的详图族和模型族。

3. 基于面的样板

基于面的样板可以创建基于工作平面的族，这些族可以用来修改主体，基于样板创建的族可以在主体中进行剪切，这些族的实例可以放置在任何表面上，而不需要考虑方向问题。

4. 独立样板

独立样板的使用不依赖主体，它可以放置在模型中的任何位置，还可以标注出它相对于其他对立构件或与主体构件之间的尺寸。例如柱、家具等。

任务 3.2　族 的 创 建

3.2.1　轮廓族的创建

微课

6. 轮廓族绘制方法

轮廓族主要包括主体轮廓族、分隔条轮廓族、栏杆轮廓族、楼梯前缘和竖梃轮廓族。这些轮廓族载入到项目里具有一定的通用性。本教材主要介绍主体轮廓族的绘制。主体轮廓族可以在任何可生成轮廓的族类型属性中选择。

（1）新建族：在 Revit 初始界面，单击【新建】＞【族】，如图 3-4 所示。

（2）打开样板文件：【新建】＞【族】后，在弹出的对话框里选择"公制轮廓-主体"，单击"打开"按钮，如图 3-5 所示。

（3）族编辑：主体轮廓族可以在【创建】＞【属性】＞【族类别和族参数】命令，在弹出的对话框中可以设置族的轮廓用途，如图 3-6 所示。下拉滚动条可以找到其他用途，本节选择"常规"。

（4）绘制轮廓线：选择【创建】＞【详图】＞【线】命令，如图 3-7 所示。用画"线"工具，以操作界面中"插入点"为起点绘制高 100mm，长 800mm 的三角形轮廓，如图 3-8 所示。

图 3-4

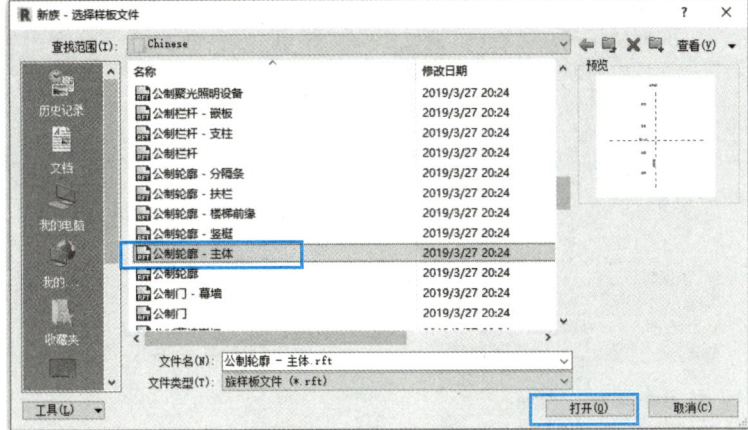

图 3-5

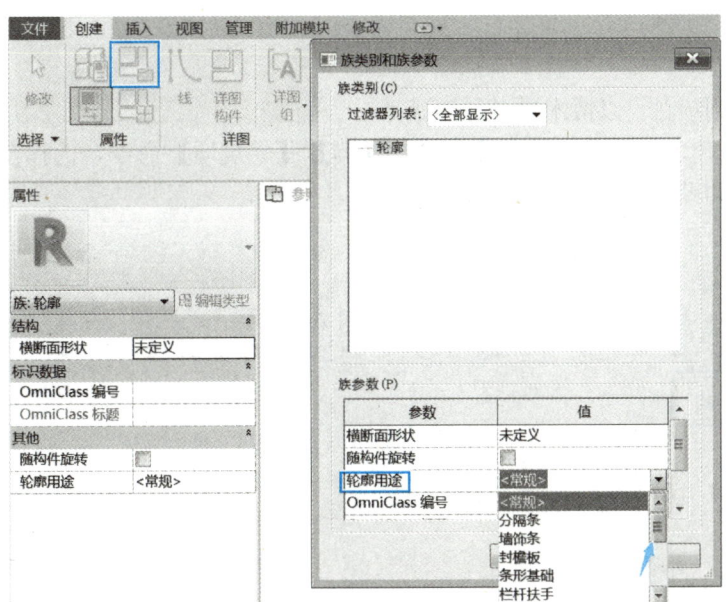

图 3-6

图 3-7

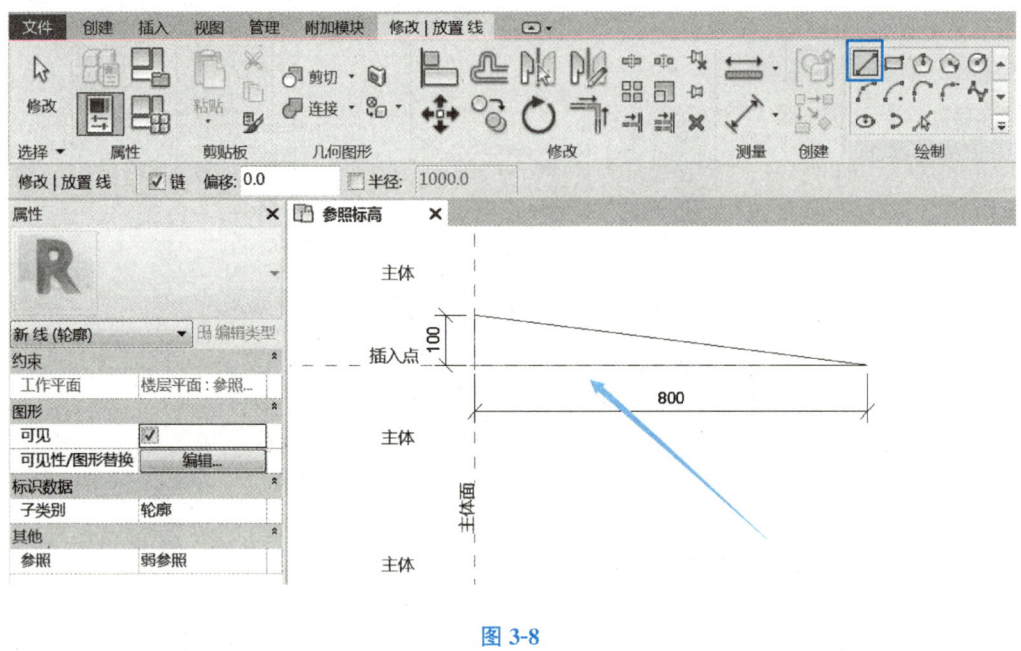

图 3-8

（5）载入到项目：以散水来进行测试。

1）在"新建项目"中，单击【建筑】>【墙】>【建筑墙】命令，选择合适的墙随意绘制一段墙体，如图 3-9 所示。

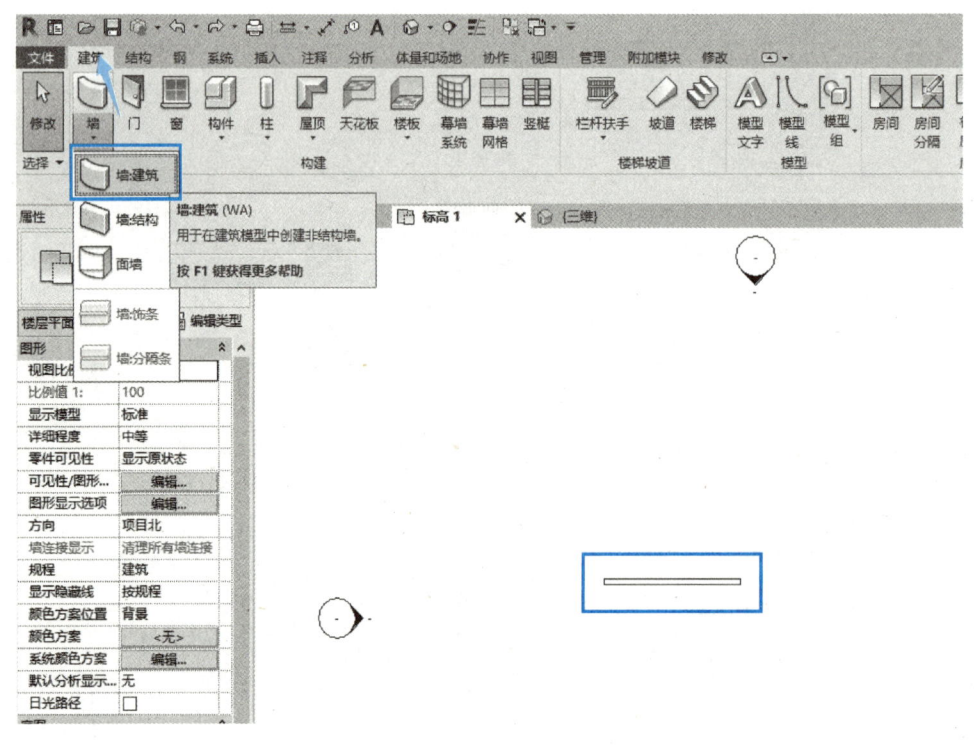

图 3-9

2）切换到三维视图中，单击【建筑】>【墙】>【墙：饰条】命令，如图 3-10 所示。

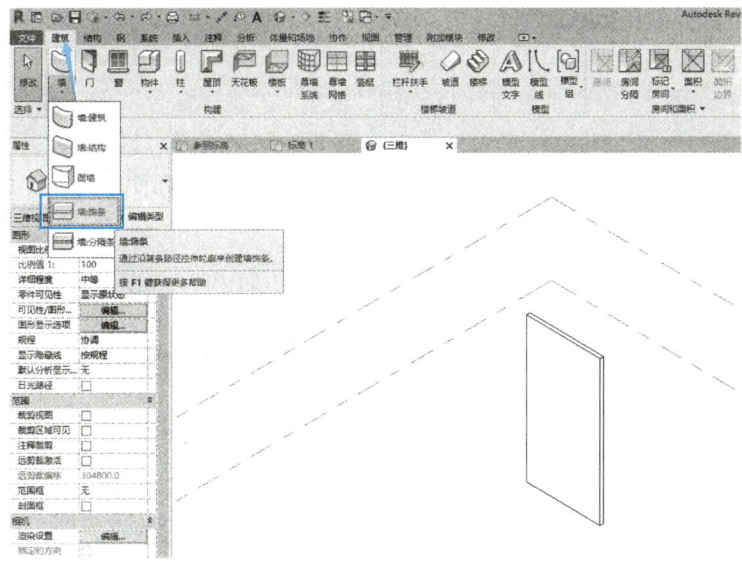

图 3-10

3）选择墙饰条轮廓：三维视图中，选择【建筑】>【墙】>【墙：饰条】命令，单击"属性面板"中的"编辑类型"，弹出类型属性对话框，"轮廓"参数选择刚刚载入进来的"族1"，单击"确定"按钮，如图 3-11 所示。

4）绘制墙饰条：墙饰条轮廓选择后，回到操作界面点击墙的下边线，生成如图 3-12 所示的散水。

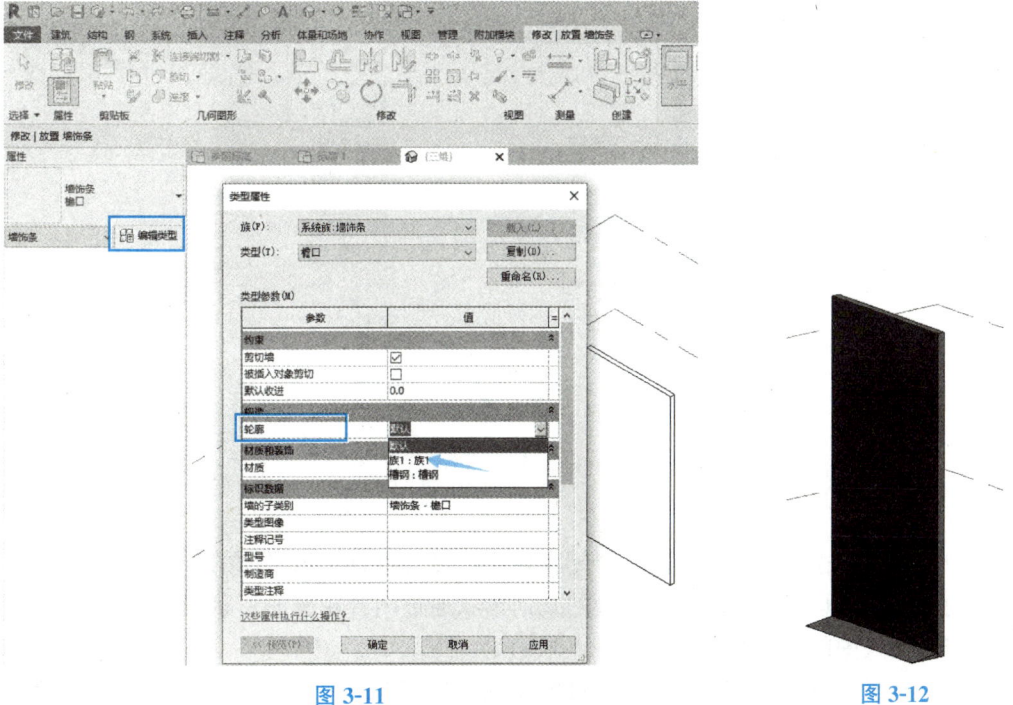

图 3-11   图 3-12

3.2.2 三维模型族的创建

在 Revit 中，用"拉伸""融合""旋转""放样""放样融合"等五种实心模型的创建工具再配合"空心形状"下拉包含的五种空心模型的创建工具可以绘制出比较复杂的三维模型族，如图 3-13 和图 3-14 所示。本节重点介绍它们的特点和使用方法。

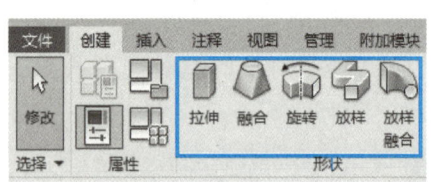

图 3-13

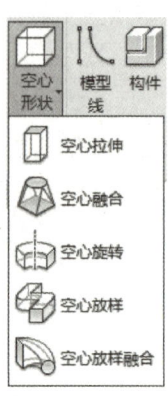

图 3-14

以下所有模型均以"公制常规模型"族样板进行创建，如图 3-15 所示，双击打开 Revit，单击【族】>【新建】，在弹出的"选择样板文件"对话框中选择"公制常规模形"并点击"打开"按钮。

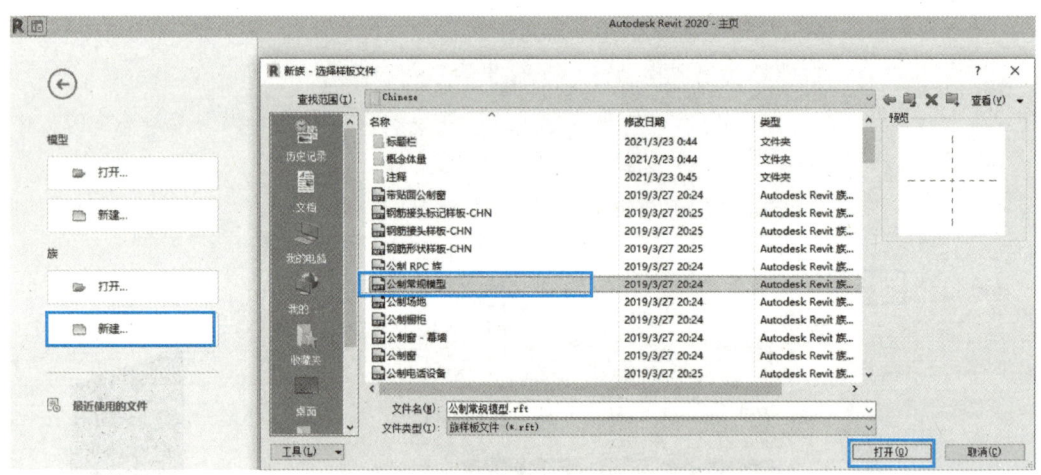

图 3-15

1. 拉伸

拉伸可以基于工作平面内的一个闭合轮廓，沿着垂直于该平面的方向创建一个三维模型，其中三维模型的几何形状通过闭合轮廓的形状尺寸和属性面板中的拉伸起点、拉伸终点来确定。

（1）选择工具：在新建的公制常规模型族样板文件中，在项目浏览

微课

7. 拉伸、融合和旋转族绘制方法

器面板中，双击楼层平面中的"参照标高"平面视图，选择【创建】＞【形状】＞【拉伸】命令，如图 3-16 所示。

图 3-16

（2）绘制轮廓并设置拉伸高度：在"修改｜创建拉伸"选项卡中选择合适的工具绘制轮廓，如图 3-17 和图 3-18 所示。

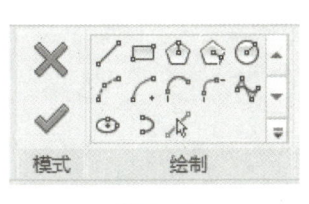

图 3-17

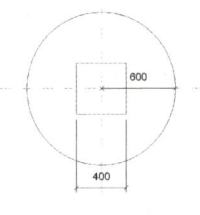

图 3-18

（3）完成拉伸并保存：在属性面板中设置拉伸起点和拉伸终点分别为"0.0"和"500.0"，如图 3-19 所示；单击"完成编辑模式"按钮，如图 3-20 所示；完成拉伸，再切换至三维视图查看拉伸模型，如图 3-21 所示。

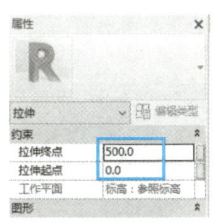

图 3-19

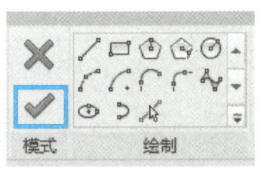

图 3-20

图 3-21

2. 融合

融合可以将两个平行的平面内不同的闭合轮廓进行融合创建三维模型，其中三维模型的几何形状由两个闭合轮廓的形状尺寸和属性面板中的拉伸起点、拉伸终点来确定。

（1）选择工具：同样，在新建的公制常规模型族样板文件中，在"项目浏览器"面板中，双击楼层平面中的"参照标高"平面视图，选择【创建】＞【形状】＞【融合】命令，如图 3-22 所示。

图 3-22

（2）绘制底面轮廓：在"修改｜创建融合底部边界"选项卡中选择绘制"圆形"按钮，底部轮廓绘制一个为半径"500.0"的圆，如图3-23和图3-24所示。

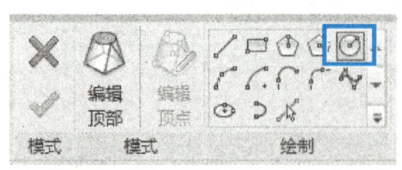

图3-23

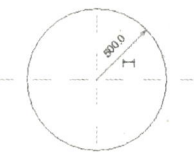

图3-24

（3）绘制顶面轮廓：完成底部轮廓"500.0"圆后，点击在【修改｜创建融合底部边界】＞【模式】＞【编辑顶部】按钮，再选择绘制"圆形"按钮，顶部轮廓绘制一个半径"250.0"的圆，如图3-25和图3-26所示。

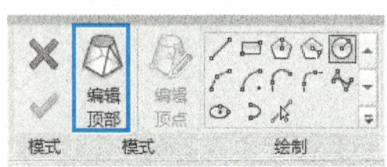

图3-25

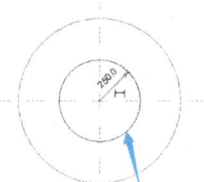

图3-26

（4）编辑融合的高度：在"属性面板中"修改第二端点（顶部轮廓）为"500.0"，第一端点（底部轮廓）为"0.0"，单击【修改｜创建融合底部边界】＞【模式】＞【完成编辑】按钮，如图3-27和图3-28所示，再切换至三维视图查看拉伸模型，如图3-29所示。

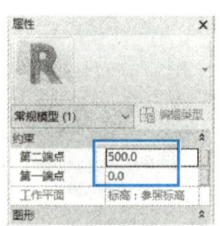

图3-27

图3-28

图3-29

3. 旋转

旋转，是指闭合的轮廓绕旋转轴旋转任意角度生成三维模型的过程。旋转三维模型的几何形状主要是通过"轴线"和"边界线"的命令绘制闭合轮廓来决定。

（1）选择工具：在"项目浏览器面板"中，双击"立面"中的"前"，切换到前视图，选择【创建】＞【形状】＞【旋转】命令，如图3-30和图3-31所示。

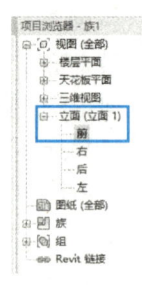

图3-30

图3-31

（2）绘制轮廓线：选择【修改|创建旋转】>【绘制】>【边界线】按钮，用画"线"的命令绘制轮廓如图 3-32 和图 3-33 所示。

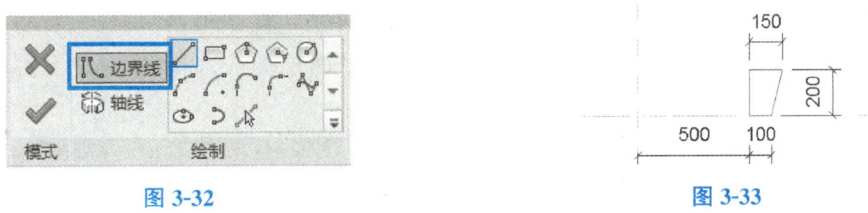

图 3-32　　　　　　　　　　　　图 3-33

（3）旋转轴及旋转角度：选择【修改|创建旋转】>【绘制】>【轴线】按钮，用"拾取线"的命令，选择如图 3-34 所示的参照平面作为旋转轴，并在"属性面板"中设置"起始角度"和"结束角度"分别为"0.00°"和"360.00°"。

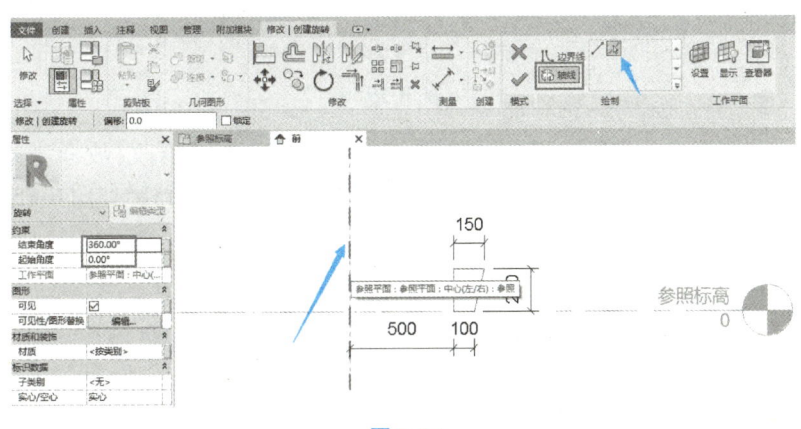

图 3-34

（4）完成旋转模型并修改旋转角度：完成以上操作，选择【修改|创建旋转】>【模式】>【完成编辑模式】按钮，完成模型创建，切换至三维模式，如图 3-35 和图 3-36 所示。

在三维视图中，选中刚刚创建的旋转模型，通过修改"属性"面板中的"起始角度"与"结束角度"的值，修改"结束角度"为"270.00°"，模型发生改变，如图 3-37 和图 3-38 所示。

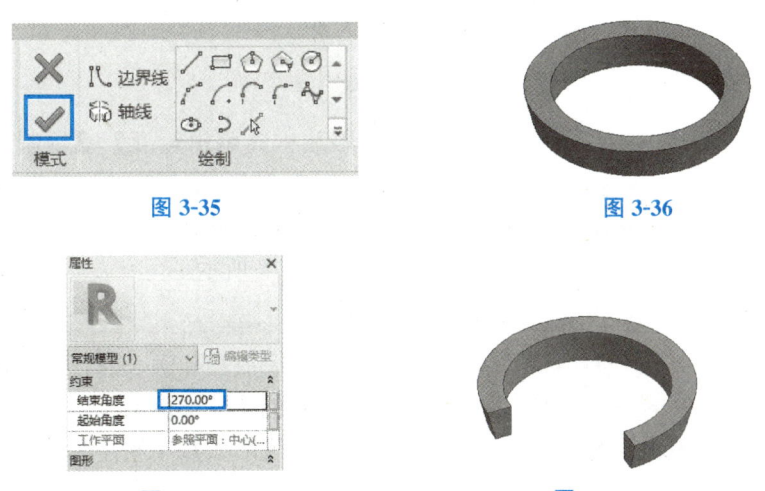

图 3-35　　　　　　　　　　　　图 3-36

图 3-37　　　　　　　　　　　　图 3-38

4. 放样

放样是沿指定路径拉伸二维闭合轮廓，创建三维模型的过程。

（1）选择工具：在新建的公制常规模型族样板文件中，在"项目浏览器"面板中，双击楼层平面中的"参照标高"平面视图，选择【创建】>【形状】>【放样】命令，如图3-39所示。

（2）创建放样路径：在"修改|创建放样"选项卡中，有两种放样路径的创建方式，分别是绘制路径和拾取路径，在创建路径前，轮廓是无法编辑状态，如图3-40所示。"绘制轮廓"主要用于创建二维放样路径，而拾取路径可基于已有图元直接点选拾取三维路径。

8. 放样和放样融合族的绘制

图 3-39

选择在"参照标高"平面视图中"绘制路径"命令，在【修改|放样>绘制路径】>【绘制】>【绘制样条曲线】按钮，如图3-41所示，绘制放样曲线路径如图3-42所示。

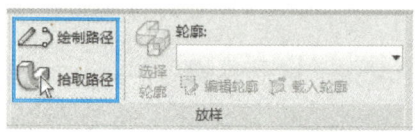

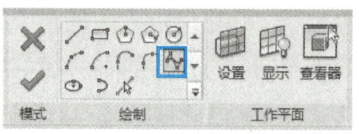

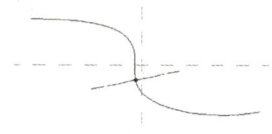

图 3-40   图 3-41   图 3-42

（3）绘制轮廓：完成路径绘制后，点击"完成编辑模式"，再选择【修改|放样】>【放样】>【编辑轮廓】按钮，如图3-43所示，并在弹出的"转到视图"对话框选择"三维视图"，点击"打开视图"，如图3-44所示。

图 3-43

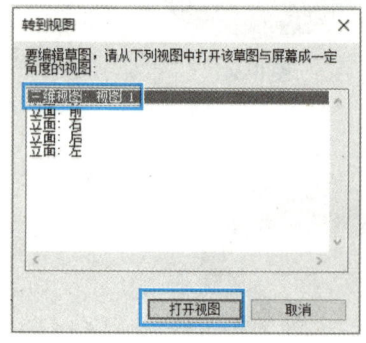

图 3-44

在【修改|放样>编辑轮廓】>【绘制】中选择"圆形"按钮，如图3-45所示。绘制如图3-46所示的半径为"60.0"的圆。点击两次"完成编辑模式"，切换到三维视图，如图3-47所示。

5. 放样融合

放样融合结合了放样和融合的特点，可以将两个不同轮廓沿指定路径创建三维模型。

选择【创建】>【形状】>【放样融合】命令，在"修改|放样融合"选项卡中，如图3-48所示，依次完成

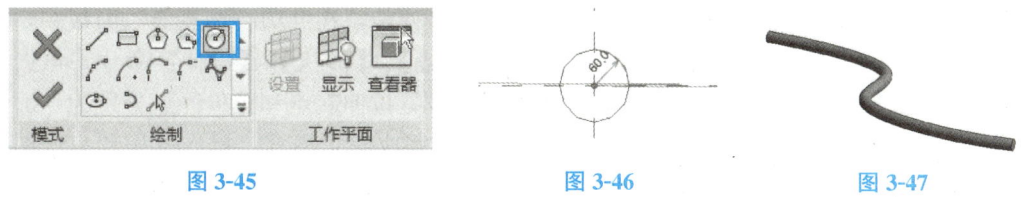

图 3-45　　　　　　　　　　　图 3-46　　　　　　　　　　图 3-47

"绘制路径"、"选择轮廓 1" ＞ "编辑轮廓（半径为"60.0"的圆）"、"选择轮廓 2" ＞ "编辑轮廓（边长为"200"的正方形）"的操作后，单击两次"完成编辑模式"，切换到三维视图，如图 3-49 所示。

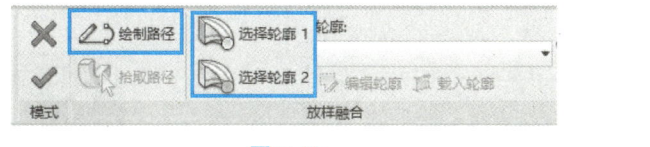

图 3-48　　　　　　　　　　　　　　　

图 3-49

6. 空心形状

Revit 中提供的五种创建空心形状的工具分别为"空心拉伸""空心融合""空心旋转""空心放样""空心放样融合"，如图 3-50 所示，操作方法与实心形状的创建方法基本一样，区别就在于空心形状要在实体模型的基础上创建。

下面以一个"螺栓"族为例，介绍创建空心形状的操作方法，具体要求如图 3-51 所示，分别为螺栓的前视图、俯视图和三维图。

微课

9. 空心形状
绘制方法

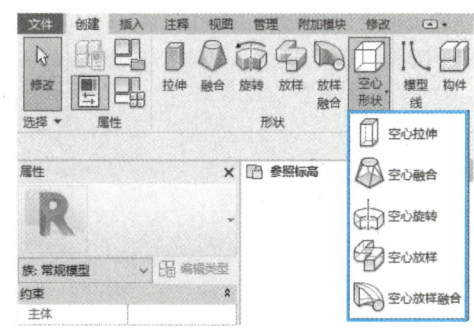

图 3-50

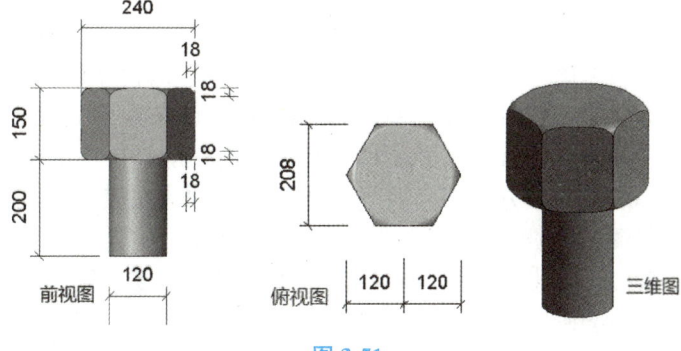

图 3-51

（1）创建拉伸：在新建的公制常规模型族样板文件中，在"项目浏览器"面板中，双击楼层平面中的"参照标高"平面视图，选择【创建】>【形状】>【拉伸】命令，再选择【修改|创建拉伸】>【绘制】>【内接多边形】按钮，设置拉伸起点和拉伸终点分别为"0.0"和"350.0"，绘制半径为"120.0"的内接六边形，完成编辑模式，操作过程和三维图如图 3-52 和图 3-53 所示。

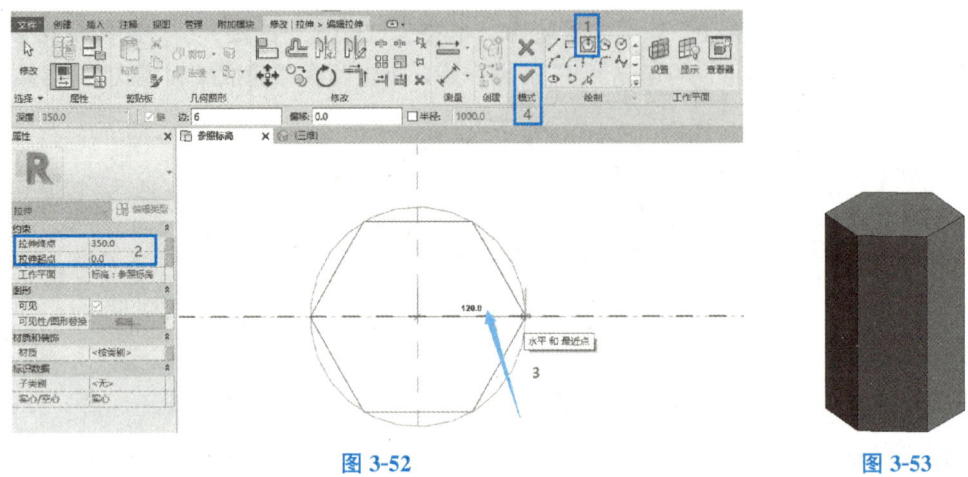

图 3-52   图 3-53

（2）空心拉伸创建螺杆：切换为"参照标高"平面视图，选择【创建】>【形状】>【空心形状】>【空心拉伸】命令，如图 3-54 所示，再分别用【修改|创建空心拉伸】>【绘制】上面的"内接多边形"和"圆形"按钮绘制如图 3-55 所示的空心轮廓，并把拉伸终点改为"200.0"，完成编辑模式，切换到三维视图如图 3-56 所示。

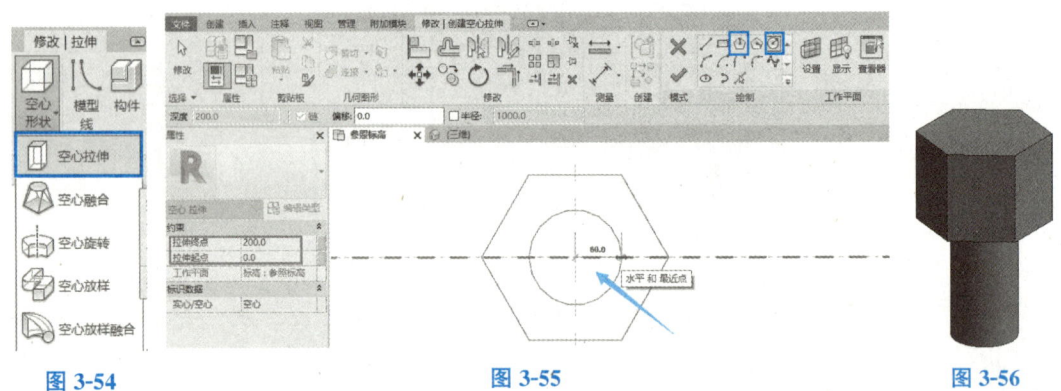

图 3-54   图 3-55   图 3-56

（3）空心旋转绘制"螺栓"上半部分：切换到前视图，选择【创建】>【形状】>【空心形状】>【空心旋转】命令，如图 3-57 所示，先点击【创建|创建空心拉伸】>【绘制】>【边界线】>【线】的命令，绘制如图 3-58 所示的三角形空心轮廓，再点击【绘制】>【轴线】>【拾取线】，直接选择图中铅垂方向的参照平面作为旋转轴，完成编辑模式，如图 3-59 所示，再切换到三维视图，如图 3-60 所示。

（4）镜像空心旋转：在前视图中，选择【创建】>【基准】>【参照平面】命令，如图 3-61 所示，绘制螺栓上半部分中线，作为镜像空心旋转的对称轴，具体位置如图 3-62 所示。选中螺栓上半部分空心旋转部分，再选择【修改|空心旋转】>【修改】>【镜像-拾取轴】命令，点

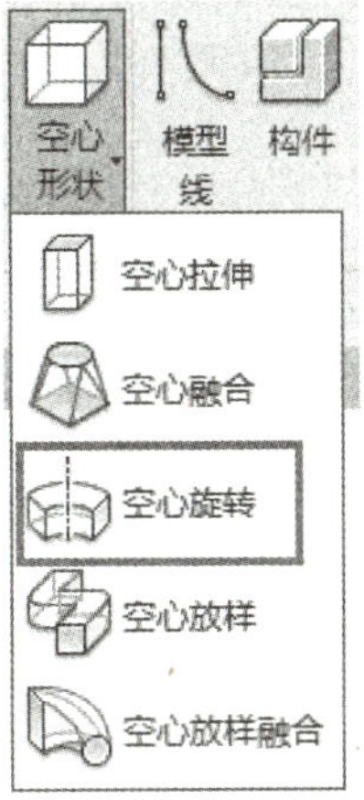

图 3-57

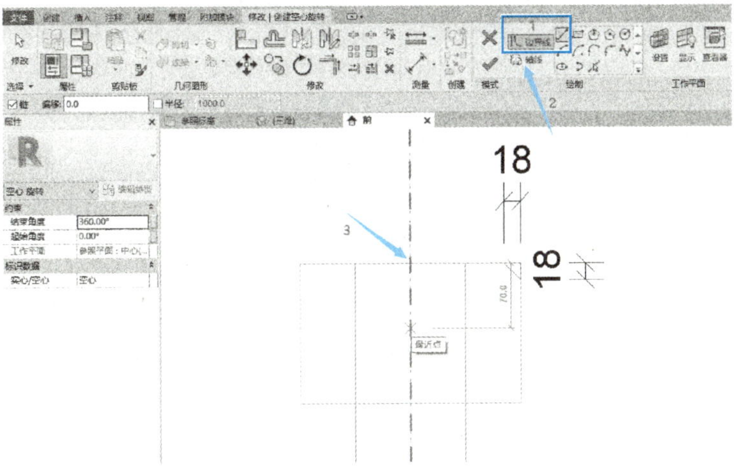

图 3-58

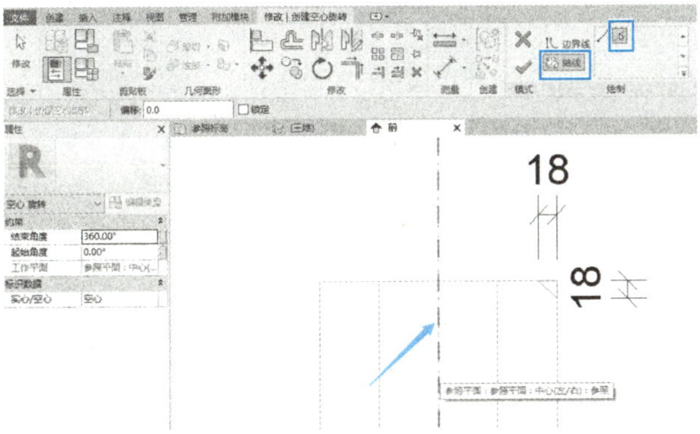

图 3-59

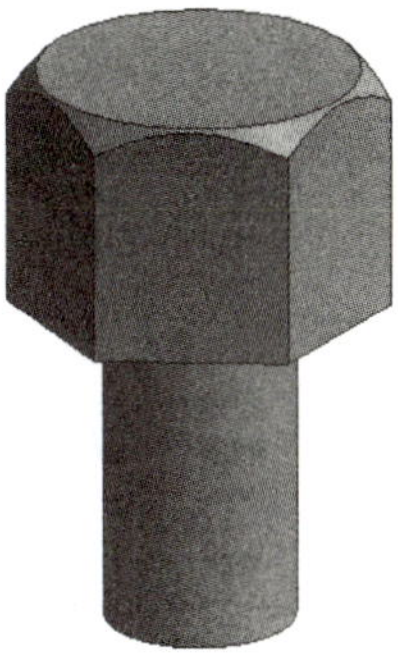

图 3-60

击刚刚添加的参照平面即可完成镜像操作，如图 3-63 所示，切换为三维视图如图 3-64 所示，完成螺栓的绘制。

图 3-61

图 3-62

图 3-63

图 3-64

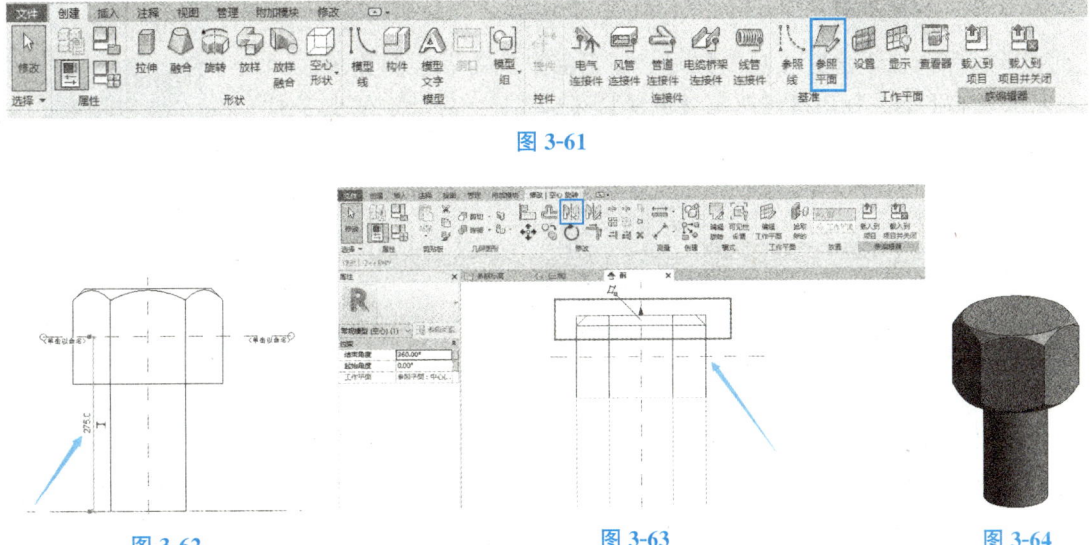

除了以上介绍的直接创建空心形状外，还可以先创建实心形状再转变为空心并对实心模型进行剪切的方式创建空心形状。首先用"拉伸"命令创建实心模型，如图 3-65 所示，再将其中一个实心形状选中，把【属性】>【标识数据】>【实心/空心】改为"空心"，实心形状就转变为空心形状了，如图 3-66 所示。

可以看到转换后的空心形状还需要剪切实心模型，再用【修改】>【剪切】>【剪切几何图形】的命令，依次单击实心和空心形状后，即可完成空心形状的创建，如图 3-67 所示。

图 3-65   图 3-66   图 3-67

任务3.3　族　参　数

在 Revit 中，参数对族来说非常重要，有了参数来传递信息，族才有了强大的生命力。族参数主要分为几何参数、材质参数及其他参数。

3.3.1　添加族参数

（1）绘制参照平面并进行尺寸标注：在新建的公制常规模形中，如图 3-68 所示【创建】>【基准】>【参照平面】的命令绘制如图 3-69 所示的参照平面，并用【修改】>【测量】>【对齐尺寸标注】的命令对参照平面进行尺寸标注，如图 3-70 所示。

微课

10. 介绍如何添加和关联族参数

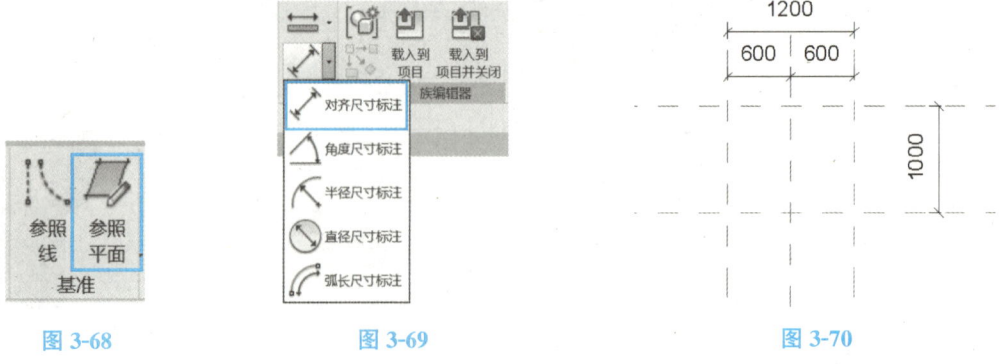

图 3-68   图 3-69   图 3-70

（2）添加参数：单击上一步的"尺寸标注"用【修改|尺寸标注】>【标签尺寸标注】>【创建参数】命令，弹出"参数属性"对话框，在名称处输入"长度"，如图 3-71 和 3-72 所示。用同样的方法添加"宽度"参数，如图 3-73 所示。

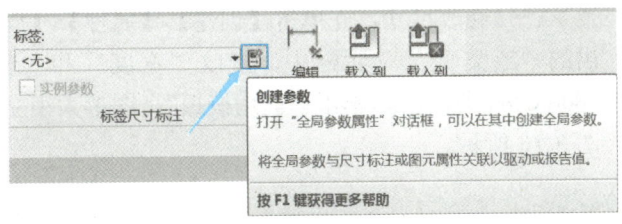

图 3-71

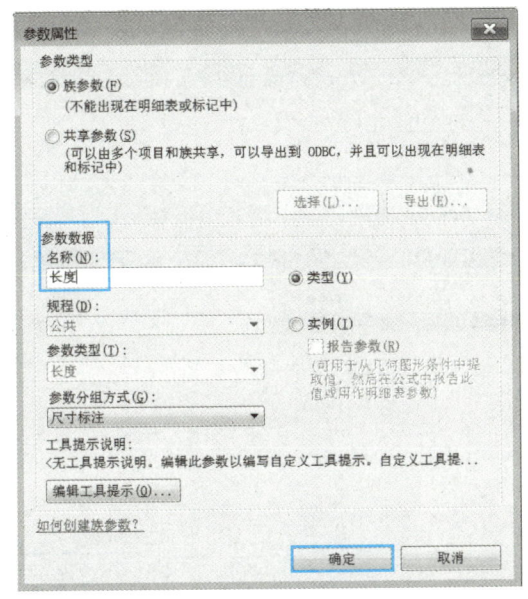

图 3-72

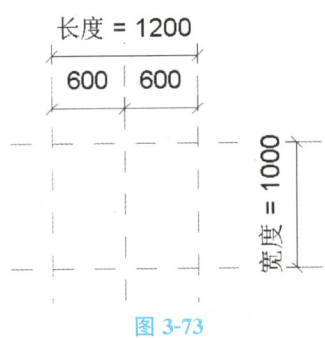

图 3-73

（3）创建拉伸形状：用【创建】>【拉伸】>【绘制】>【矩形】命令，按刚才的定位参照平面绘制拉伸轮廓，如图 3-74 所示，并立即单击四把锁使锁头承锁住状态。

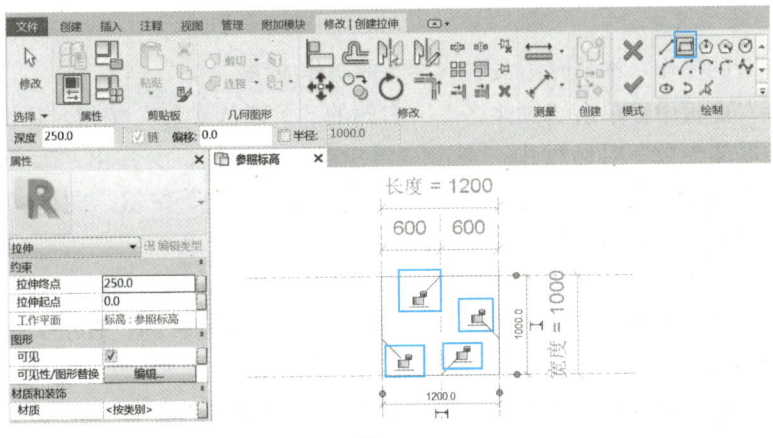

图 3-74

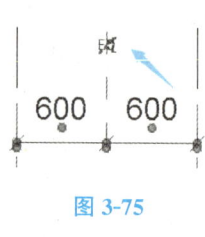

图 3-75

（4）"EQ"均分约束：参数添加完成后，为了能够使长度相对于中心参照平面对称变化，需要选中两个"600"的尺寸标注，进行"EQ"操作，如图3-75所示。

（5）修改尺寸：先单击【创建】>【属性】>【族类型】命令，在弹出的"族类型"对话框中，修改"宽度"和"长度"尺寸分别为"800"和"1000"，单击"应用按钮"，图形大小立刻发生了变化，如图3-76所示。

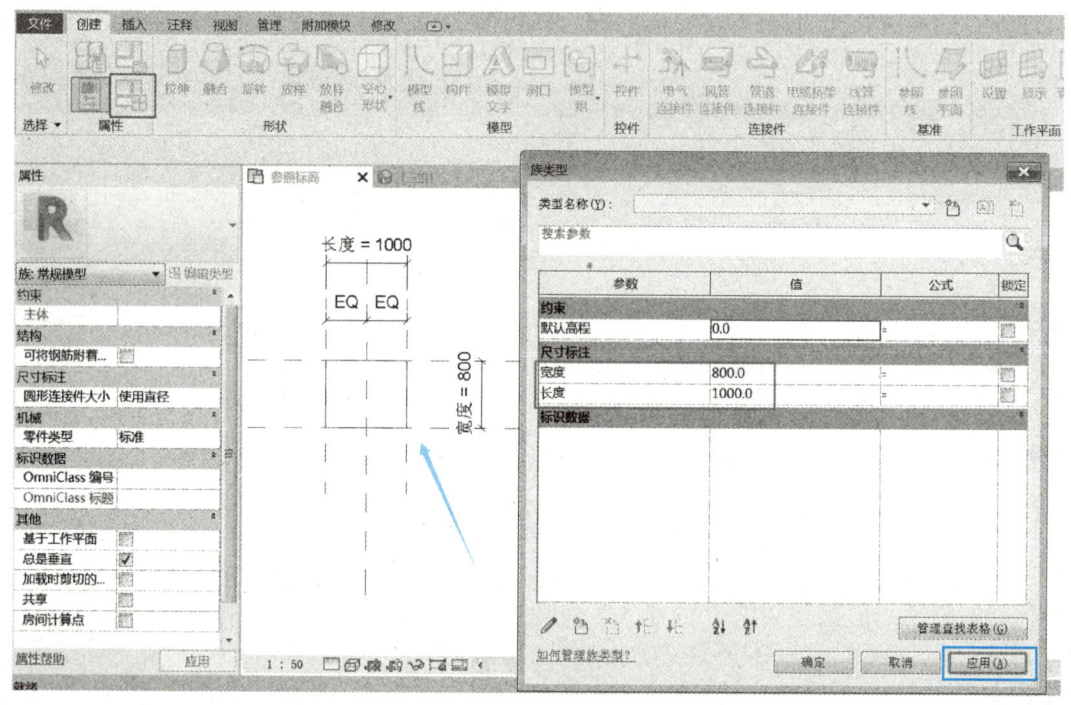

图 3-76

3.3.2 关联族参数

继续上一节的操作，本节介绍关联族参数的操作方法。

在"属性"面板中，单击"拉伸终点"右侧的"关联族参数"按钮，如图3-77所示。在弹出的"关联族参数"对话框中，点击"新建参数"按钮，又弹出"参数属性"对话框，设置参数名称为"高度"，其他不作修改，单击"确定"按钮。同样的方法再添加"材质"属性，即可完成关联参数。

将上述"拉伸块体"载入到另一个族中，选中该"拉伸块体"，在弹出的"类型属性"对话框中，"长度""宽度""高度""材质"都是可以修改编辑的，表示关联参数操作正确，如图3-78所示。

除此之外，在添加参数实际操作过程中，每个参数又可以设置为类型参数或实例参数。顾名思义，类型参数就是同一类型的族所共有的参数，当修改类型参数的值时，则同

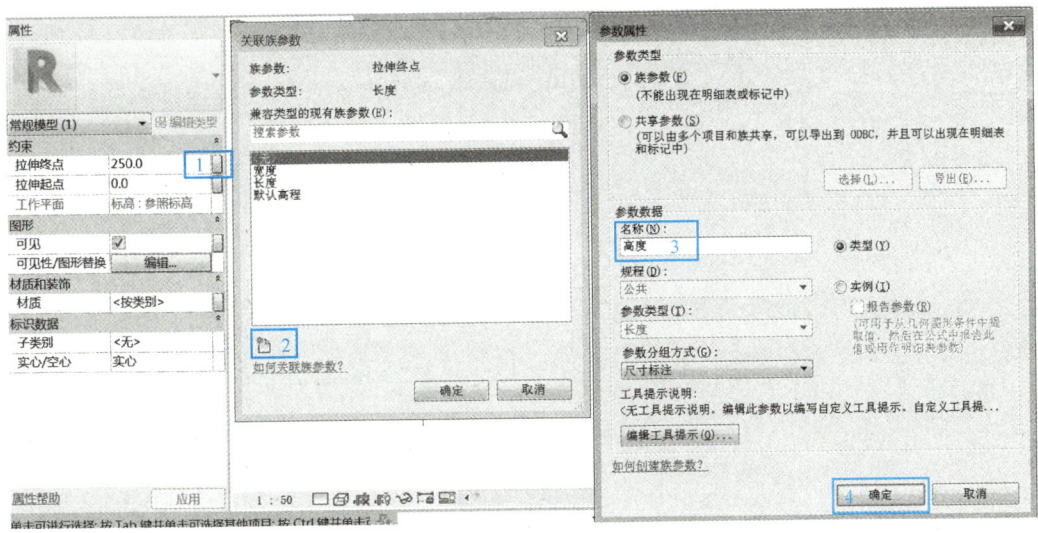

图 3-77

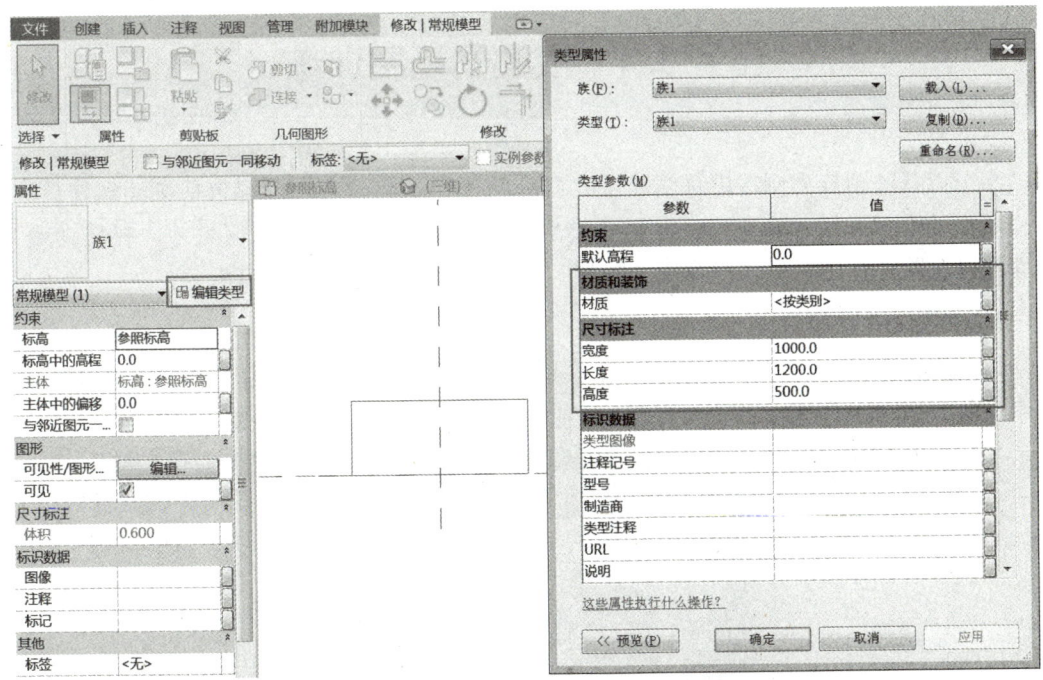

图 3-78

一项目中所有该类型的族都会相应的改变；反之，实例参数只影响个体，当某一实例参数值改变时，不会影响同类型其他实例。如图 3-79 所示，添加参数时，可以选择"类型"参数，或者"实例"参数。

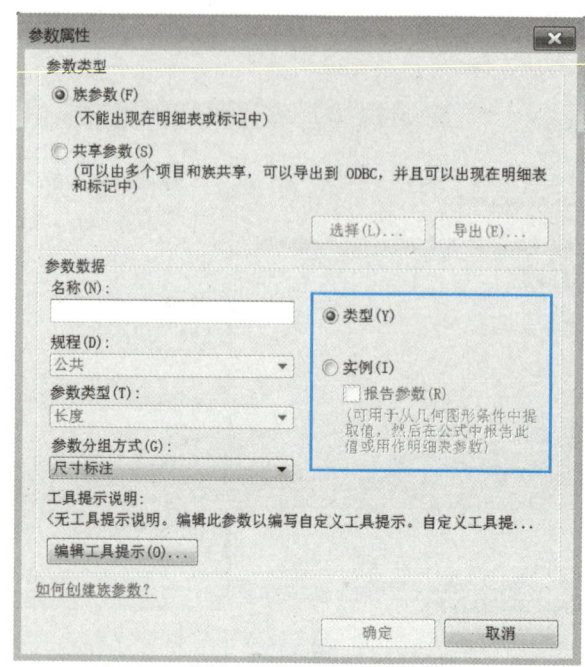

图 3-79

任务 3.4　族实例拓展训练

本节以百叶窗族为例，讲解创建百叶窗族的操作步骤。主要内容包括创建实体族时，工作平面的设置和锁定的应用、设定子类别、嵌套族关联参数（几何尺寸、材质参数）、设置构件在视图中的可见性以及用"阵列"命令完成百叶窗扇叶的创建。

1. 创建百叶窗族

（1）新建"公制窗"族：启动 Revit，【族】>【新建】在弹出的"新建-选择样板文件"对话框中，选择"公制窗"族，单击"打开"按钮，如图 3-80 所示，进入到窗族编辑界面，"公制

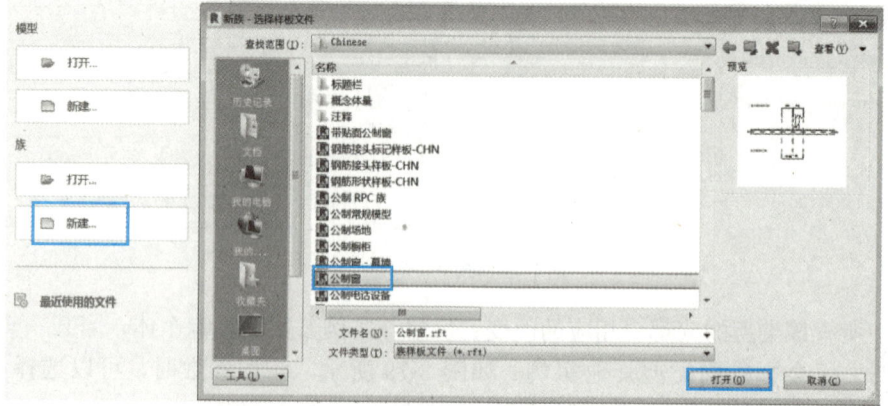

图 3-80

窗"族自带窗的"高度""宽度"参数，并将尺寸改为高度＝1500mm，宽度＝1200mm。

（2）添加窗框厚度定位参照平面并添加参数：在新建的"公制窗"族中，在"项目浏览器"面板中，切换至"外部"立面视图，绘制如图 3-81 所示参照平面，并进行尺寸标注，尺寸无需准确，可以添加参数后在修改。

按住键盘上的"Ctrl"键，同时选中图刚刚标注的 4 个尺寸，单击【修改｜尺寸】＞【标签尺寸标注】＞【创建参数】命令，在弹出的"参数属性"对话框中，输入名称"a"，如图 3-82 和图 3-83 所示。

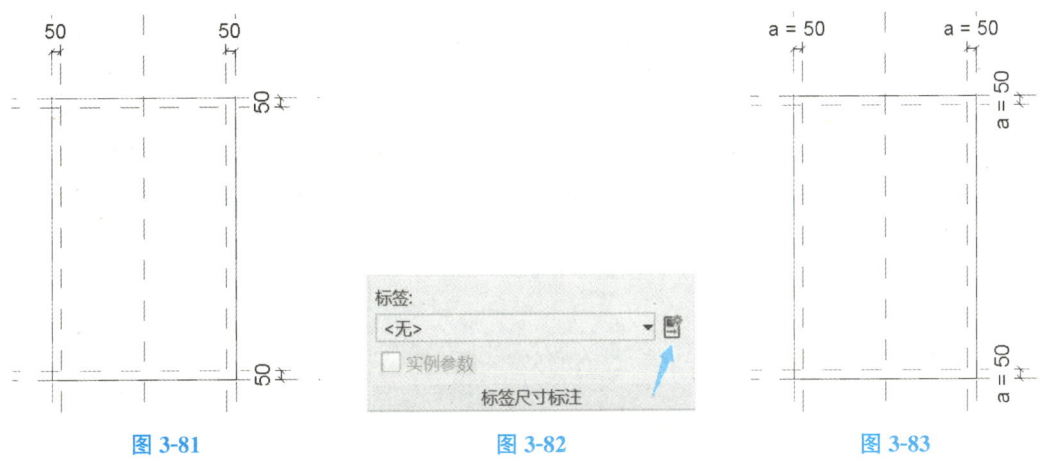

图 3-81　　　　　　　　　　图 3-82　　　　　　　　　　图 3-83

（3）用"拉伸"创建窗框模型：选择【创建】＞【形状】＞【拉伸】命令，重复用绘制"矩形"按钮绘制如图 3-84 所示的模型线，每次绘制完成要锁住四边，单击【修改｜创建拉伸】＞【模式】＞【完成编辑模式】按钮，如图 3-85 所示。

（4）添加窗框宽度参照平面并标注添加参数：切换至"参照标高"平面视图，在"中心线"两侧各添加一个参照平面，并进行尺寸标注与"EQ"均分操作，再添加窗扇宽度参数"d"，如图 3-86 所示。

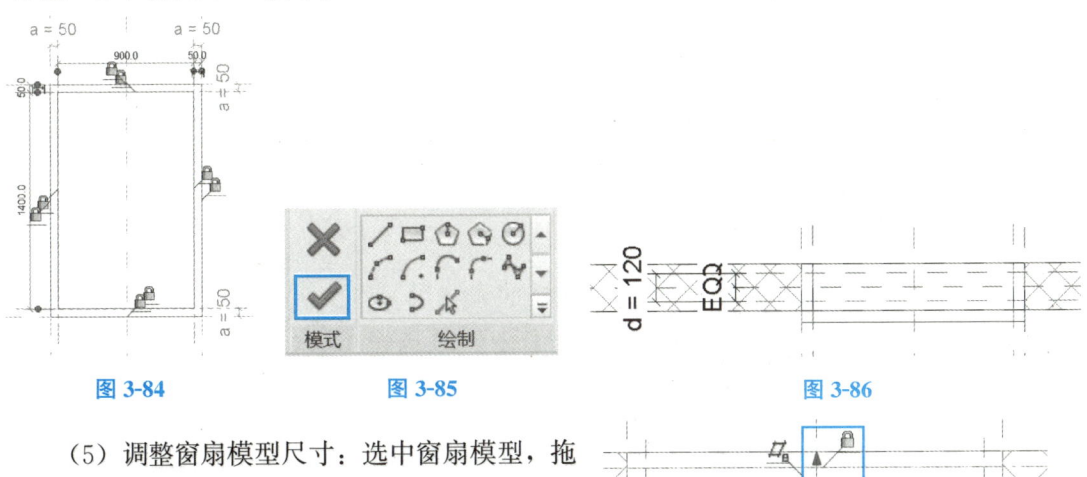

图 3-84　　　　　　　　　　图 3-85　　　　　　　　　　图 3-86

（5）调整窗扇模型尺寸：选中窗扇模型，拖拽上下箭头与参照平面对齐并锁住，如图 3-87 所示。再点开"族类型"按钮，在弹出的"族参数"对话框中，修改"d"的尺寸为 100mm，如

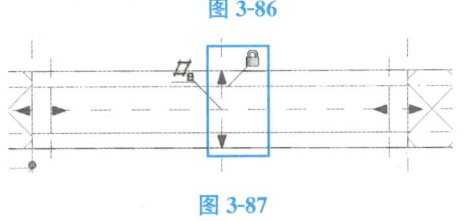

图 3-87

图 3-88 和图 3-89 所示。

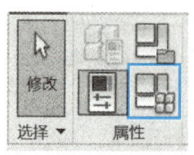

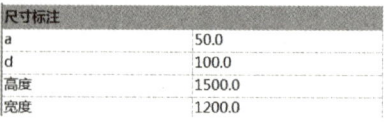

尺寸标注	
a	50.0
d	100.0
高度	1500.0
宽度	1200.0

图 3-88　　　　　　　　　　　图 3-89

（6）添加扇叶边距参照平面并标注添加参数：切换至"参照标高"平面视图，添加如图 3-90 所示参照平面，并标注该参照平面与窗框内参照平面间的尺寸，并添加参数"b"，修改"b＝80mm"。

（7）设置窗框材质：在"属性"面板中，设置窗框材质为"橡木"，如图 3-91 所示。

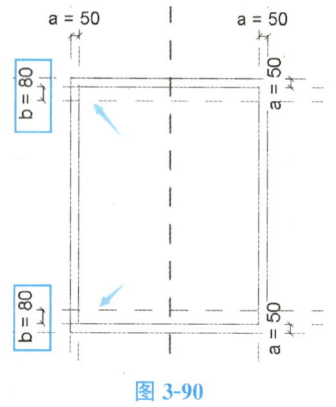

图 3-90

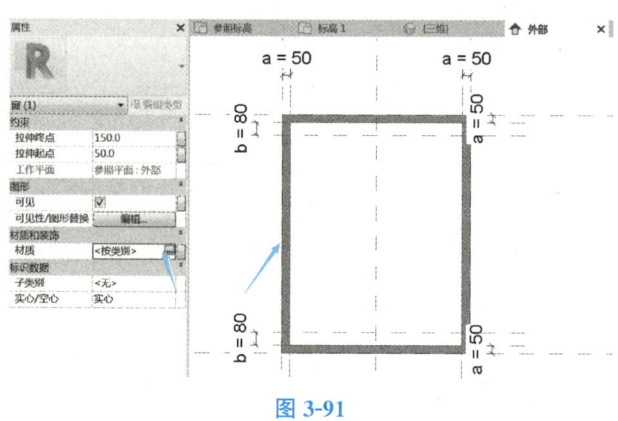

图 3-91

2. 创建扇叶族

创建扇叶族可由"嵌套族"进行创建，嵌套族可以在族中嵌套（插入）其他族，即创建包含合并族几何图形的新族。与此同时，可将嵌套的族中的参数，关联到新族中，使嵌套族在新族中同样可以参数化控制。

（1）新建族：启动 Revit，选择"公制常规模型"族样板，并单击打开，如图 3-92 所示。

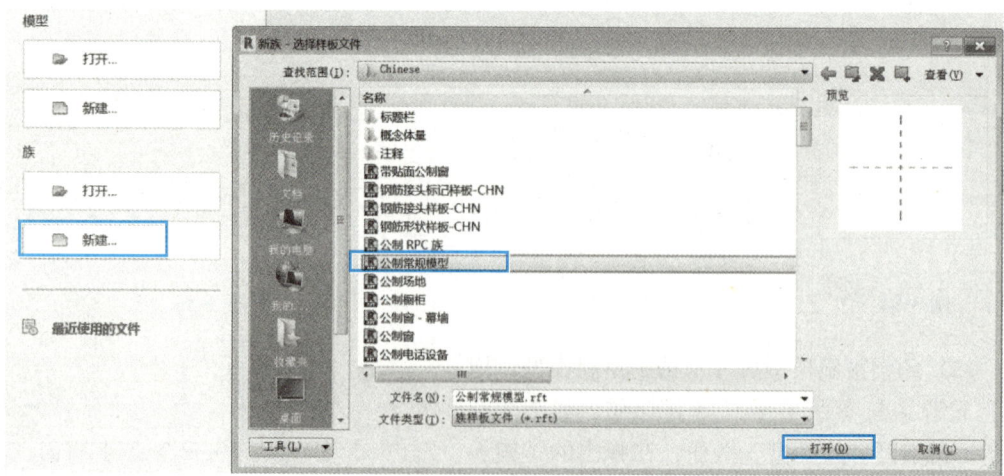

图 3-92

（2）绘制扇叶长度定位参照平面：在"参照标高"平面视图，用【创建】>【基准】>【参照平面】命令绘制如图所示参照平面，并进行尺寸标注、"EQ均分"、添加"扇叶长度"参数，如图3-93和图3-94所示。

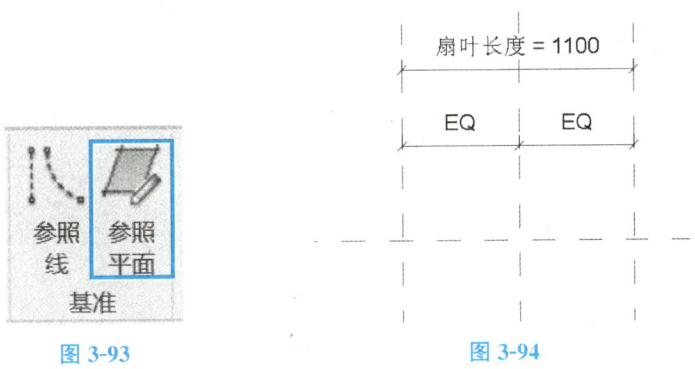

图 3-93   图 3-94

（3）绘制扇叶断面轮廓参照平面：切换至"左立面"视图，先绘制如图3-95所示"45°参照平面"，再用拾取线的方法绘制如图3-96所示参照平面，并进行尺寸标注、"EQ均分"、添加"扇叶宽度"和"扇叶厚度"参数的操作。

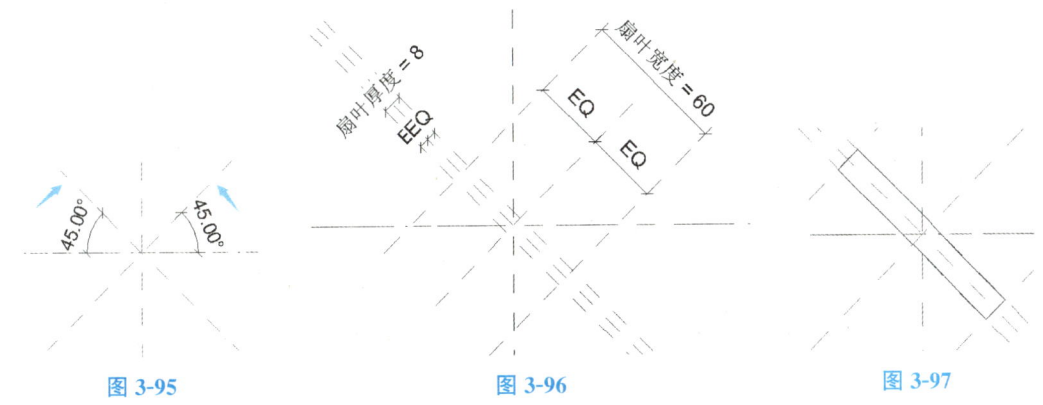

图 3-95   图 3-96   图 3-97

（4）绘制扇叶断面轮廓：用【创建】>【拉伸】>【绘制】>【线】命令，绘制如图3-97所示轮廓线，并单击"完成编辑模式"按钮。

（5）对齐锁定轮廓线：单击【修改】>【对齐】命令，如图3-98所示，先点击参照平面，再点击与参照平面对齐的轮廓线，即可弹出如图3-98所示的锁头，单击锁头承锁住状态。扇叶断面的四条边线均需完成"对齐""锁住"操作。

（6）完成扇叶长度对齐锁住操作：切换至"参照标高"平面视图，先单击左侧参照平面，再单击扇叶左边线，将锁头锁住，如图3-99所示，右侧完成同样的操作，如图3-100所示。

（7）设置扇叶材质并关联材质参数：在三维视图中，选中"扇叶"在"属性"面板中，设置材质为"不锈钢"，如图3-101和图3-102所示。在选择"属性"面板中的"材质"右侧的"关联族参数"命令，弹出"关联族参数"对话框，如图3-103所示，单击"添加参数"按钮，在弹出的"参数属性"对话框中，输入名称为"扇叶材质"，并单击"确定"按钮，完成材质参数的关联，如图3-103和图3-104所示。

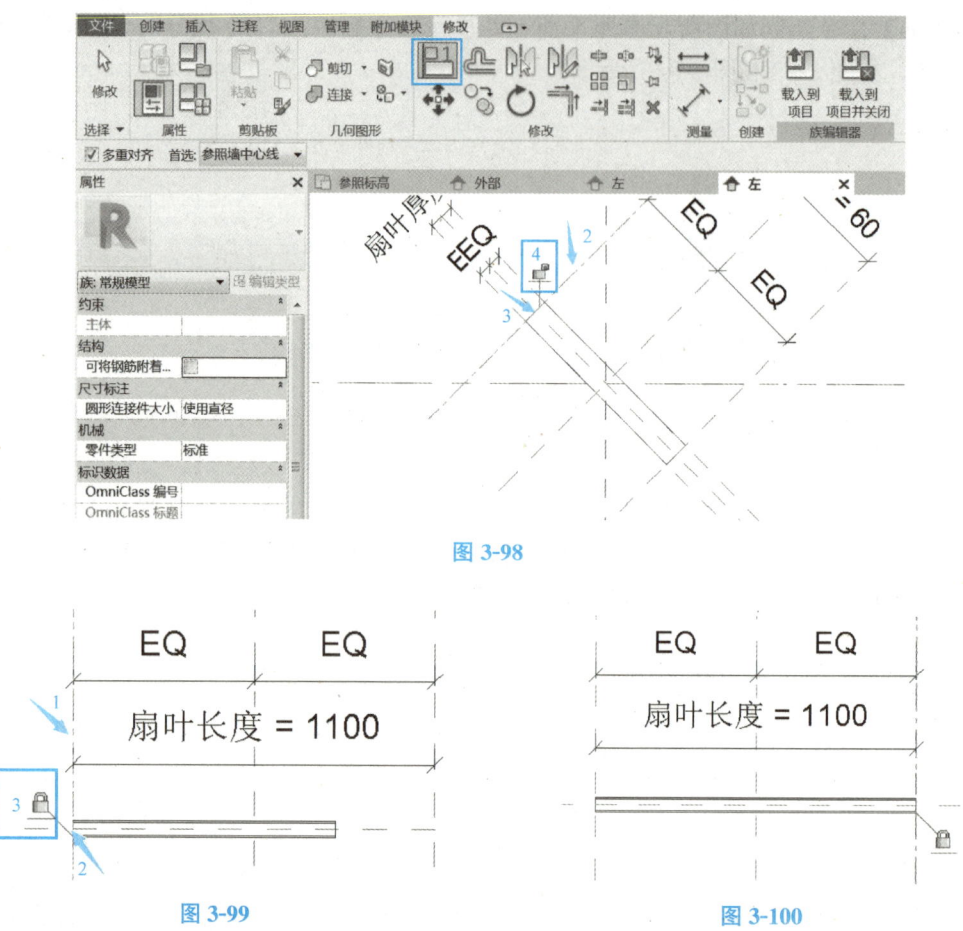

图 3-98

图 3-99

图 3-100

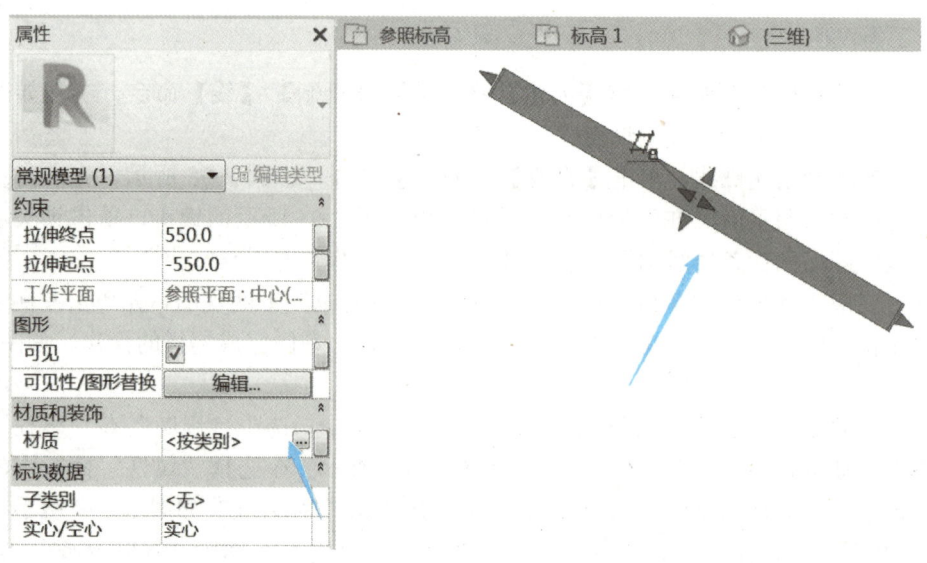

图 3-101

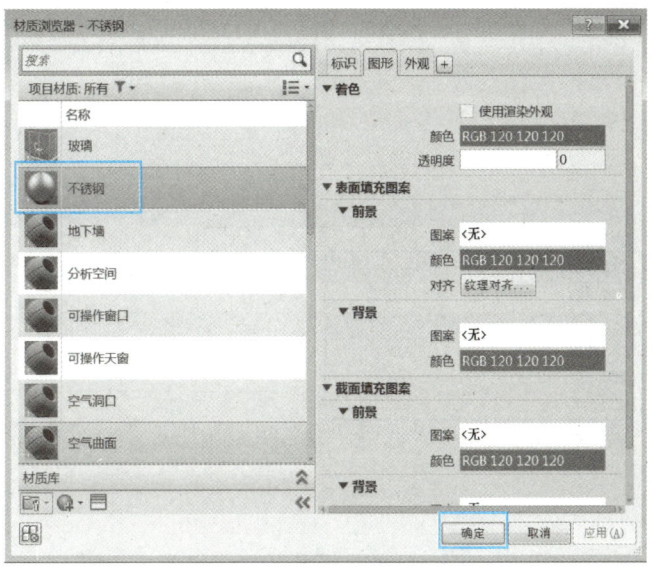

图 3-102

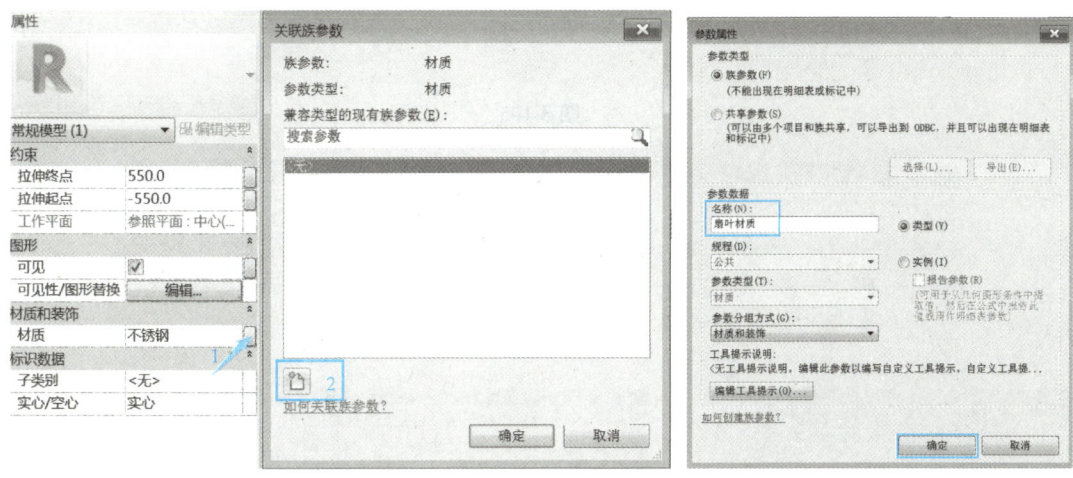

图 3-103   图 3-104

（8）检测扇叶是否参数化：选择【修改】>【属性】>【族参数】命令，弹出"族参数"对话框，如图 3-105 所示，修改扇叶的三个参数值，并点击应用后，扇叶大小发生相应变化，表示参数化成功。同时，还可以直接点击"族类型"对话中的"应用"按钮，没有弹出"警告"对话框提示错误，也表示参数化成功。

3. 嵌套族

（1）将刚刚创建的"百叶"族载入到"百叶窗"族中：选择【修改】>【族编辑器】>【载入到项目】命令，在弹出的对话框中选择"百叶窗"，单击"确定"即可，如图 3-106 和图 3-107 所示。

（2）放置百叶：在"百叶窗"族中，切换到"参照标高"平面视图，选择【创建】>【模型】>【构件】命令，即可到绘图区放置扇叶，如图 3-108 所示。

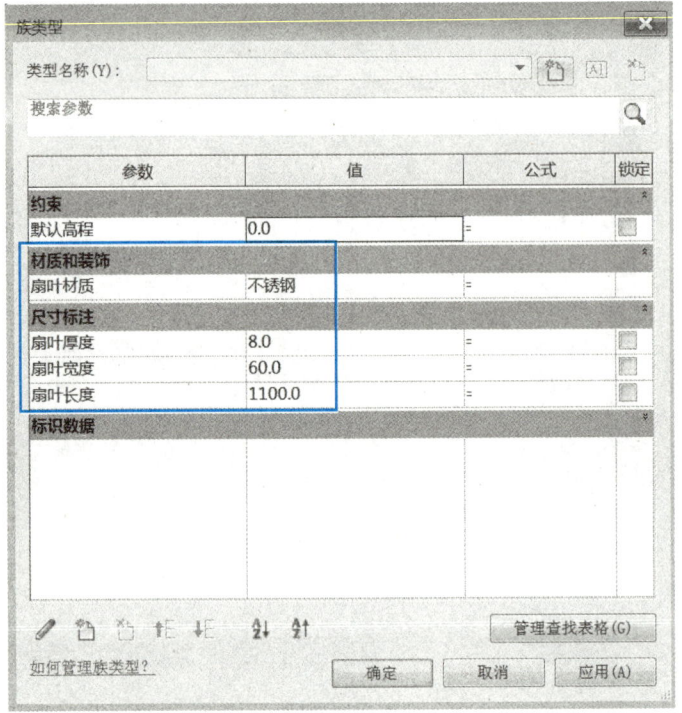

图 3-105

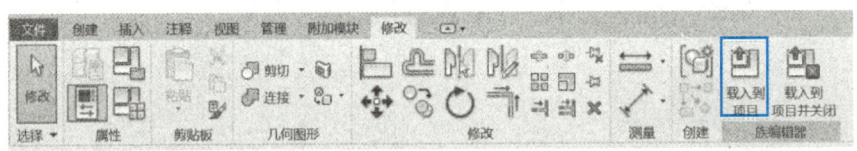

图 3-106

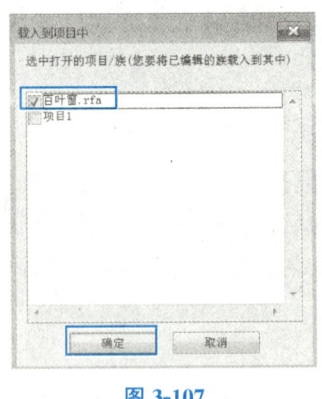

图 3-107

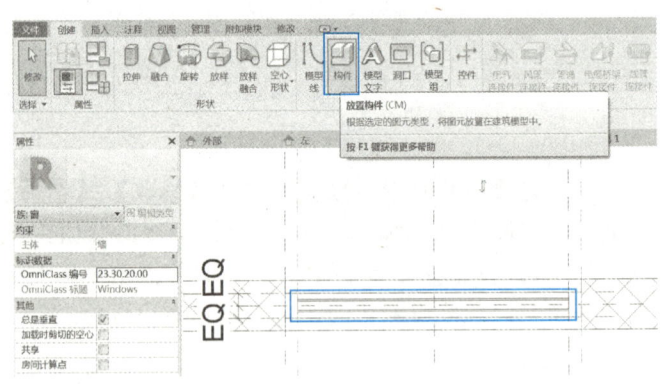

图 3-108

（3）移动百叶至正确位置并对齐锁住：切换至"外立面"视图，用【修改｜常规模型】＞【移动】命令，捕捉扇叶最低点移动至"窗内扇叶下参照平面位置"，如图 3-109 所示。并用【修改】＞【对齐】命令，鼠标先单击"窗内扇叶下参照平面"，再单击"扇叶下边线"并锁住。如图 3-110 所示。

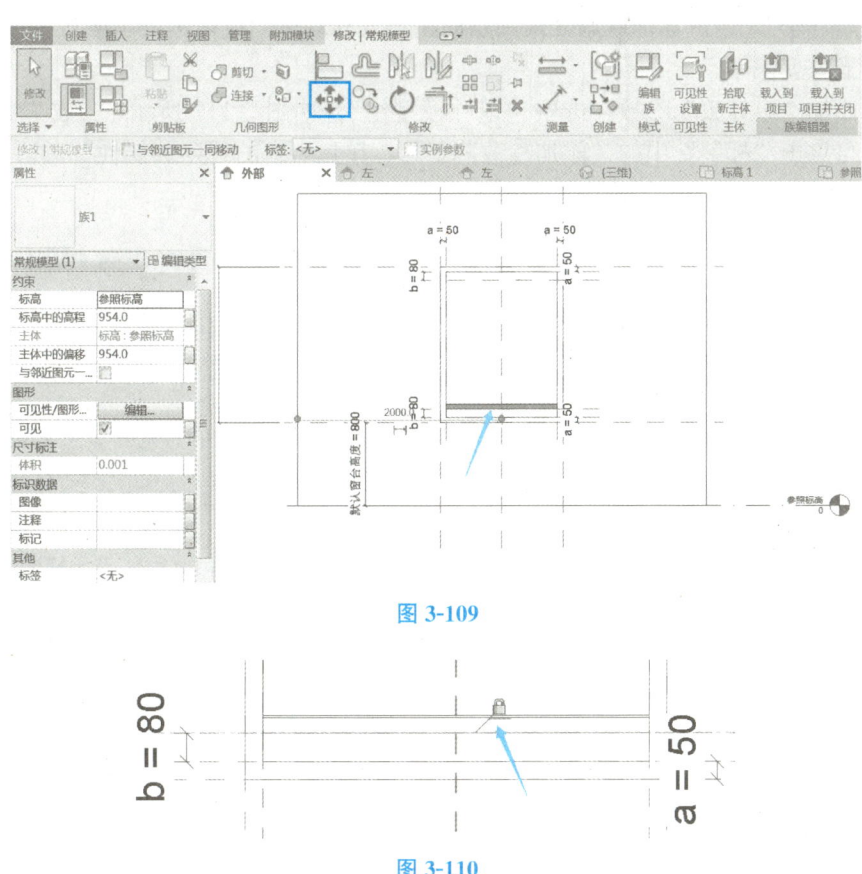

图 3-109

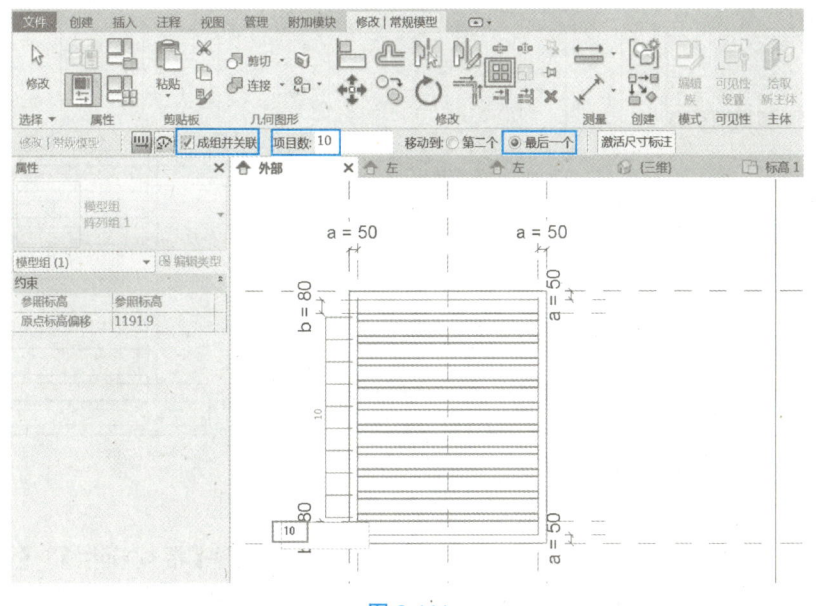

图 3-110

（4）阵列"百叶窗扇叶"：在"外立面"视图中，选中"扇叶"，再选择【修改】>【族编辑器】>【载入到项目】命令，如图 3-111 所示，勾选"成组并关联"项目数输入"10"，

图 3-111

选择"最后一个",用鼠标拾取扇叶最高点向正上方移动至"窗内扇叶上参照平面",按回车键,完成阵列操作。

(5)添加"扇叶数"参数:选中"扇叶模型组",如图3-112所示,点击左侧的模型组图标,再点击"标签"中的"添加参数"工具,在弹出来的"参数属性"对话框中,输入名称为"扇叶数",单击"确定"即可,如图3-113所示。

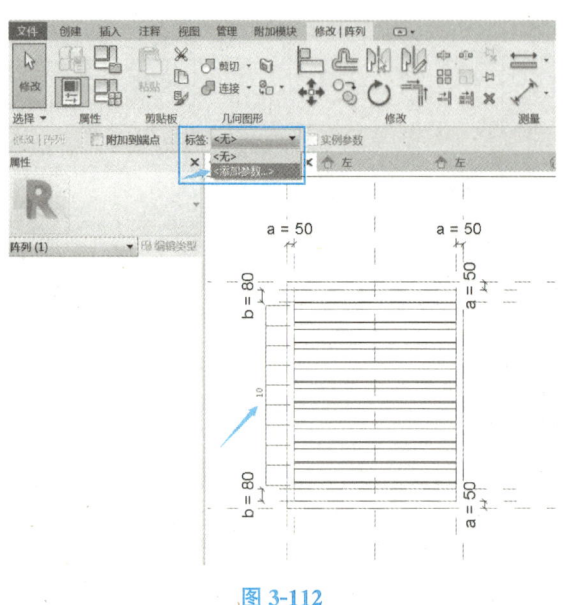

图 3-112

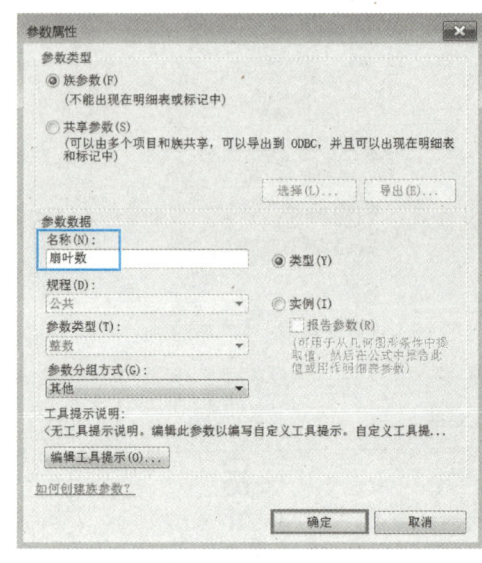

图 3-113

(6)扇叶模型组对齐锁住:用【修改】>【对齐】命令,先选择扇叶模型组的定位参照平面,在选择扇叶边线,将锁头锁住,三边均完成对齐锁住操作(扇叶下边线前面已经完成对齐锁住操作),这样在改变窗的"宽度"和"高度"时,扇叶能够正常地随着窗的尺寸而变化,如图3-114所示。

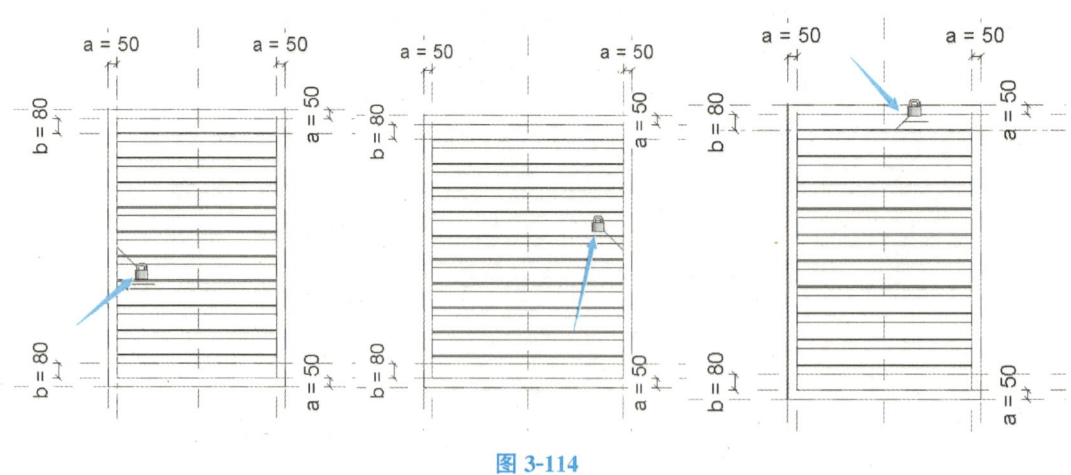

图 3-114

(7)关联参数:在"项目浏览器"面板中,选中【族】>【常规模型】>【百叶】>【百叶】,如图3-115所示,单击鼠标右键,选择"类型属性",即可弹出"类型属性"对话框，单击"扇叶厚度"右边的"关联参数"按钮，如图3-116所示。在弹出的"关联族参数"对话框中，点击左下角的"添加参数"按钮，在弹出的"参数属性"对话框中输入名称为"扇叶厚度"，点击确定按钮，完成扇叶厚度参数的添加。同样的方法，可以进行"扇叶材质""扇叶宽度"和"扇叶长度"的参数关联。

（8）添加公式并检测参数：选择【创建】>【属性】>【族类型】命令，在弹出的"族类型"对话框中，将"扇叶长度"参数输入公式"宽度-2 * a"，如图3-117所示。同时，修改其他参数值，单击"应用"按钮，没有弹出"警告"对话框提示错误，表示百叶窗族参数创建正确，完成该窗族的创建，三维视图如图3-118所示。

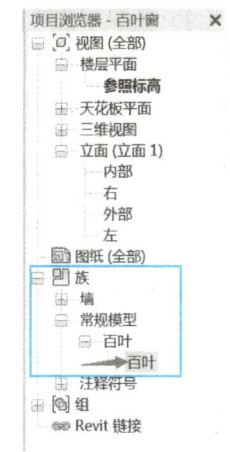

图 3-115

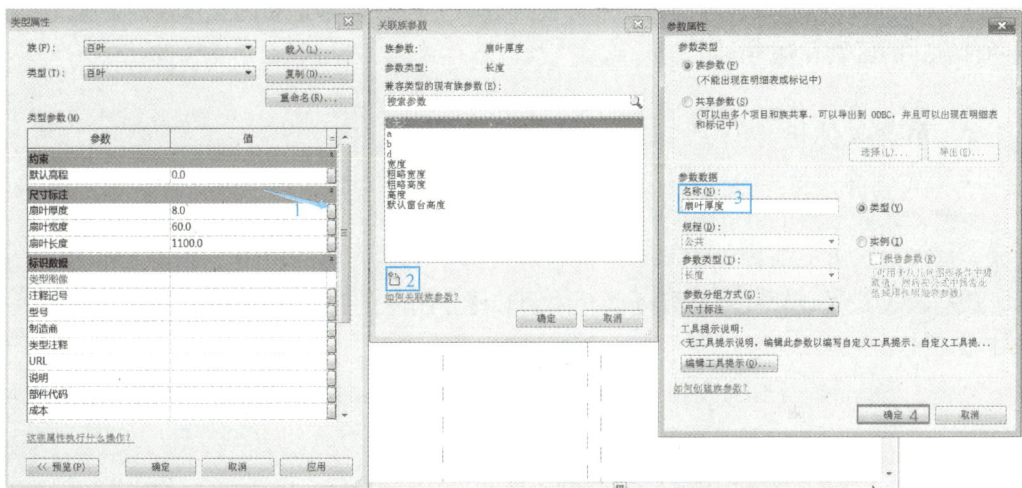

图 3-116

图 3-117   图 3-118

项目 4   概念体量

前面介绍的族主要是对建筑构件进行参数化设计，本项目将引入"体量"的概念。在项目设计的初始阶段，设计师可以通过 Revit 中概念体量来简单、灵活地表达自己的设计思路，方便快捷地确定建筑的形体样式。同时，体量模型还可以为设计师提供建筑占地面积、楼层及表面积等基本信息。

任务 4.1   体量的基本概念

在 Revit 中，概念体量有两种创建方式，分别为可载入体量和内建体量。下面重点介绍两种方式的区别和基本创建方式。

4.1.1   可载入体量

可载入体量多用于单个独立且复杂的异形建筑构件设计中。需要基于概念体量样板来创建，可应用到多个项目或在一个项目中放入多个实例，即可以重复使用。如图 4-1 所示，启动 Revit，【族】>【新建】>【概念体量】>【公制体量】，最后点击"打开"按钮，进入体量的编辑界面。

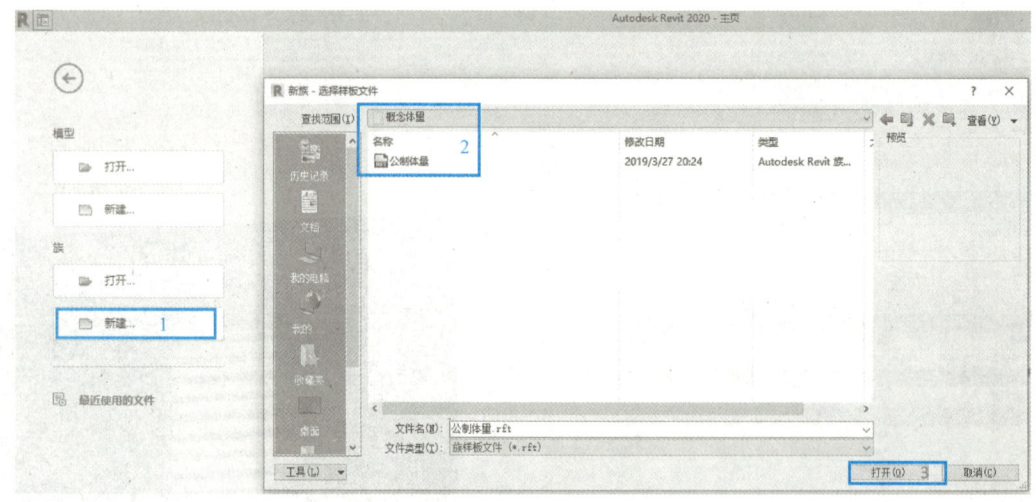

图 4-1

4.1.2   内建体量

内建体量不同于概念体量，它只能在项目中创建，如图 4-2 所示，在项目中【体量和场地】＞【概念体量】＞【内建体量】命令，会弹出"体量-显示体量已启用"对话框，直接点击"关闭"按钮，弹出输入体量名称的对话框，输入名称后，点击"确定"按钮就进入了内建体量的编辑界面，可以创建体量了，如图 4-3 和图 4-4 所示。创建完成后，在单击【创建】＞【在位编辑】＞【完成体量】按钮，如图 4-5 所示，完成体量创建。

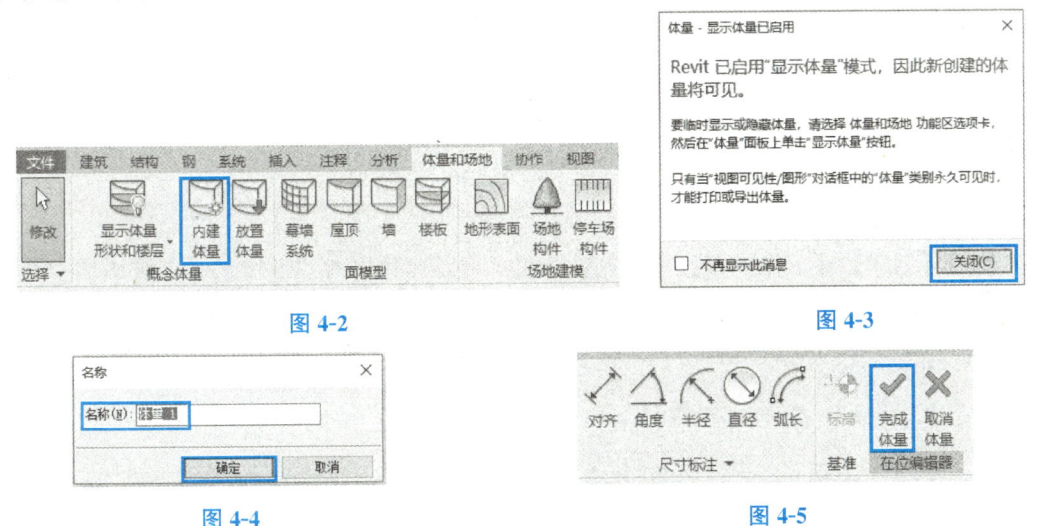

图 4-2

图 4-3

图 4-4

图 4-5

需要注意的是内建体量是基于项目的标高轴网或建筑模型的相对位置关系来进行定位，只能用于当前项目，在实际使用中，需要创建多个有相对位置关系的体量可以采用内建体量的方式。

任务 4.2 体量的创建

体量模型是基于点、线、面创建实心和空心形状，虽然没有族创建中的拉伸、融合等各种工具，但族能创建的模型体量也都能实现，而且体量能创建更加复杂的模型，主要包括绘制参照平面或参照线、绘制模型线、创建"实心形状"或"空心形状"等步骤。在整个过程中，要用到工作平面、模型线、参照线和参照平面等概念，如图 4-6 所示，下面依次介绍。

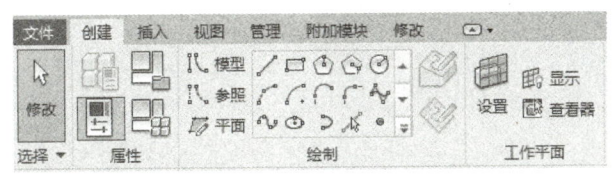

图 4-6

4.2.1 工作平面、模型线、参照线和参照平面

1. 工作平面

（1）绘制模型线和参照线之前，需要先确定一个工作平面，通常工作平面采用模型表

面、标高线（即楼层平面）和参照平面中的一种。其中，在三维视图中只有可载入体量才能使用标高线和参照平面作为工作平面。

（2）设置工作平面：通常，工作平面在默认状态下是不显示的，可以选择【创建】>【工作平面】>【显示】按钮，如图4-7所示，可以显示当前的工作平面。

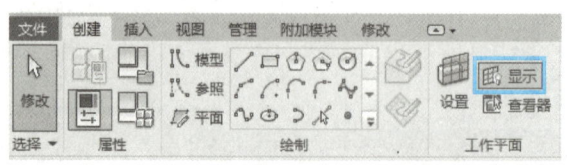

图 4-7

使用【创建】>【工作平面】>【设置】按钮，可以在弹出的"工作平面"对话框中通过指定命名的参照平面或标高名称，拾取一个平面等方法选择已创建图元表面或其他参照平面作为工作平面，如图4-8所示。

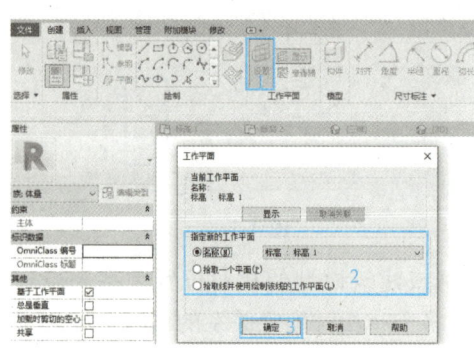

图 4-8

2. 参照线

参照线是体量中的基本图元，单击【创建】>【工作绘制】>【参照】命令，如图4-9所示，可以绘制参照线在体量中。参照线有起点、终点和在多个参照平面（直线有4个面、曲线2个）组成，三维视图中可以显示多个参照平面，如图4-10所示。参照线在体量中，还可以在上面添加多个参照点，多用于参照曲线中，不同参照点所在平面作为工作平面绘制不同闭合形状，创建类似族中放样融合后的实心形状。参照线在族中可用于绘制，多用于控制角度参变的构件，例如可作为带有打开方向的实例门的角度限制条件。

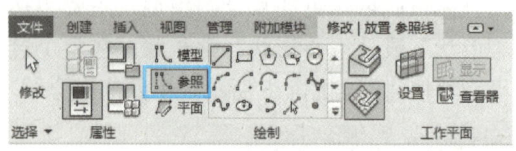

图 4-9

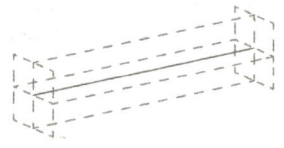

图 4-10

3. 参照平面

参照平面一般用来进行辅助定位绘制平面或设置工作平面，选择【创建】>【工作绘制】>【平面】命令，可以进行绘制，如图4-11所示，其绘制方法有"线"和"拾取线"两种。

4. 模型线

模型线可基于工作平面或几何模型表面绘制，如图4-12所示，选择【创建】>【工作绘制】>【模型】命令右侧适当的绘制工具，绘制各种直线、多边形、圆、椭圆、弧线、曲线等模型线，进而创建各种实心和空心形状。

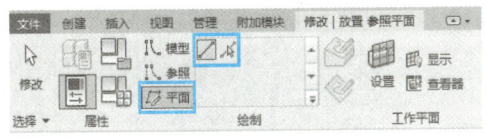

图 4-11

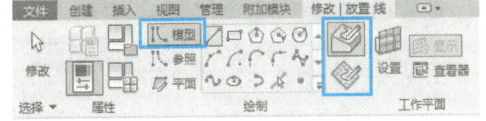

图 4-12

4.2.2 体量的创建

可载入体量与内建体量的创建编辑方法基本一样，本节主要介绍可载入体量中各种形状的创建方法。

1. 创建各种实心形状

【创建形状】工具可以自动分析拾取的草图，创建类似族中的拉伸、融合、旋转、放样、放样融合等工具创建出的各种模型。

（1）单一线条：在新建概念体量中，切换到"标高 1"平面视图，单击【创建】>【工作绘制】>【模型】命令，绘制线条如图 4-13 所示。选中刚刚绘制的线条，单击【创建】>【形状】>【实心形状】命令，切换到三维视图，如图 4-14 和图 4-15 所示。

微课

11. 体量形状
绘制方法

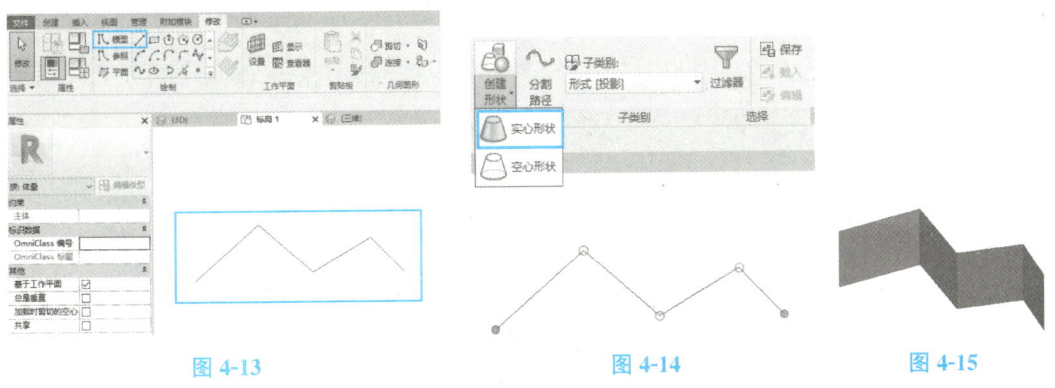

图 4-13   图 4-14   图 4-15

（2）闭合轮廓：在新建概念体量中，切换到"标高 1"平面视图，单击【创建】>【工作绘制】>【模型】命令，绘制多边形如图 4-16 所示。选中刚刚绘制的多边形，单击【创建】>【形状】>【实心形状】命令，切换到三维视图，如图 4-17 和图 4-18 所示。

（3）位于不同平面上的闭合轮廓：在新建的概念体量中，先切换到"南"立面视图，添加标高 2，再回到楼层平面，在"标高 1"和"标高 2"平面视图中绘制两个大小不等的正方形，如图 4-19 所示。再切换到三维模式，按住键盘上的 Ctrl 键同种选中两个正方形，创建的实心形状如图 4-20 所示。

（4）同一平面内的直线和闭合轮廓：在立面图中，用模型线绘制一直线和一闭合多边形，如图 4-21 所示，按住键盘上的 Ctrl 键同种选中直线和多边形，创建的实心形状如图 4-22 所示，这和族中的旋转类似，多边形绕着直线旋转一周生成了实心形状。其中，多边形还可以是由曲线围成的各种闭合形状，创建的实心形状表面即为曲面，如图 4-23 和图 4-24 所示。

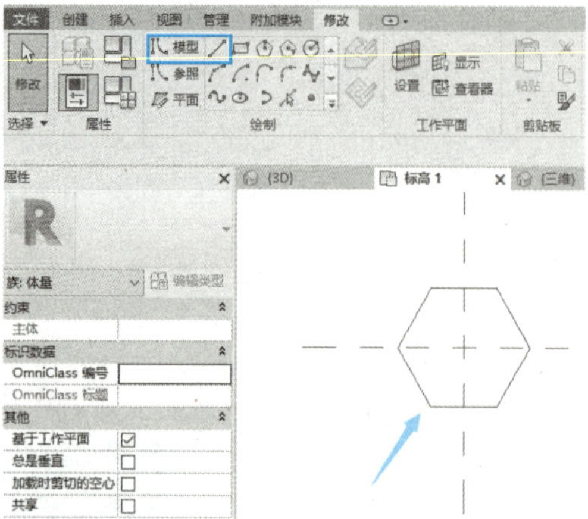

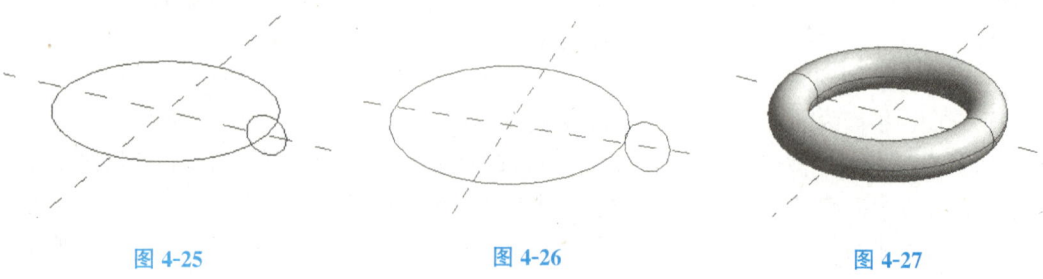

图 4-17

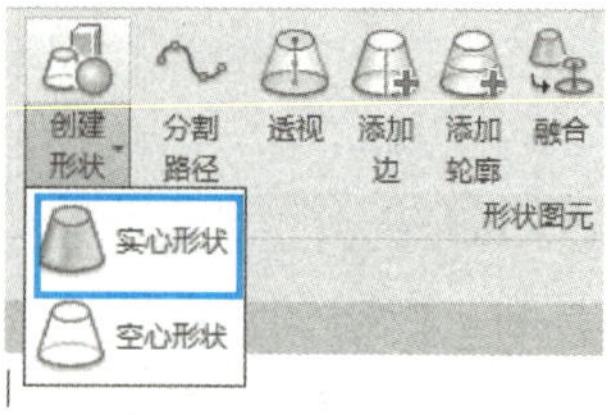

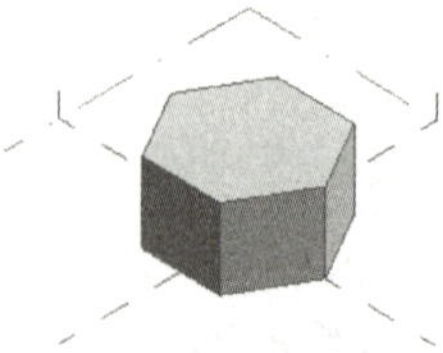

图 4-16　　　　　　　　　　　　　　图 4-18

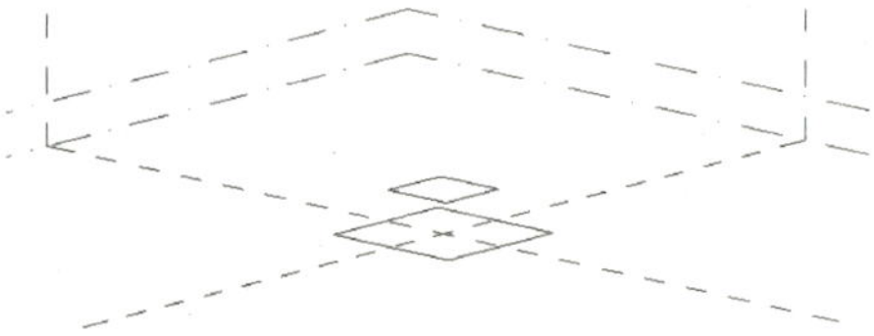

图 4-19 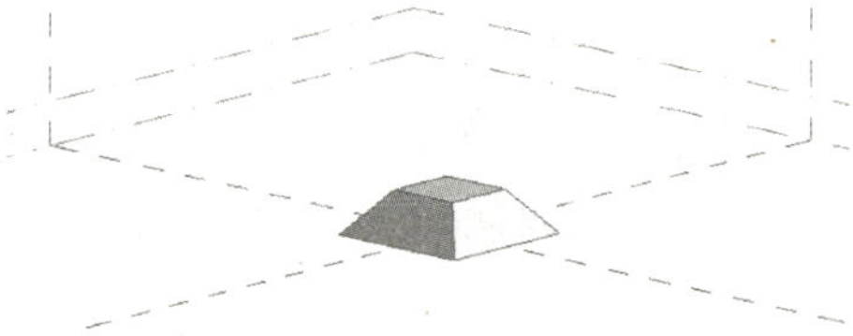　　　　　　　　　　　　　　图 4-20

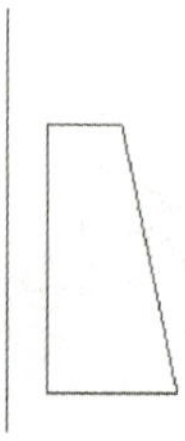

图 4-21 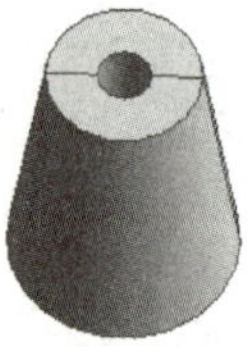　　　图 4-22 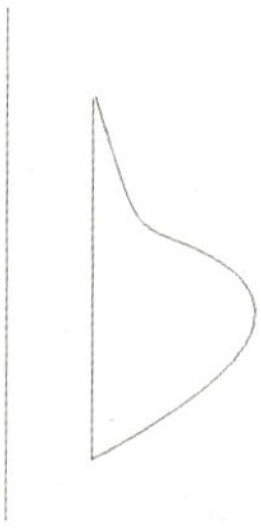　　　　　　图 4-23 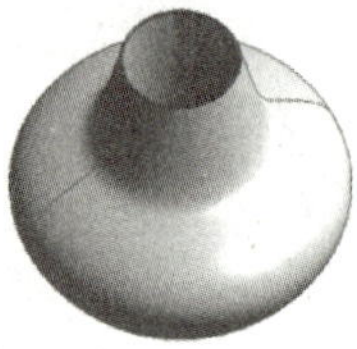　　　图 4-24

（5）路径与垂直于路径的轮廓（放样和放样融合）：用【创建】>【绘制】【模型】命令中选择"画圆"按钮在平面视图和立面视图中分别绘制如图 4-25 所示大圆和小圆，切换到三维视图，大圆和小圆的相对位置发生变化，如图 4-26 所示，同样可以创建出如图 4-27 所示的圆环，只是内径大小发生了变化。

图 4-25 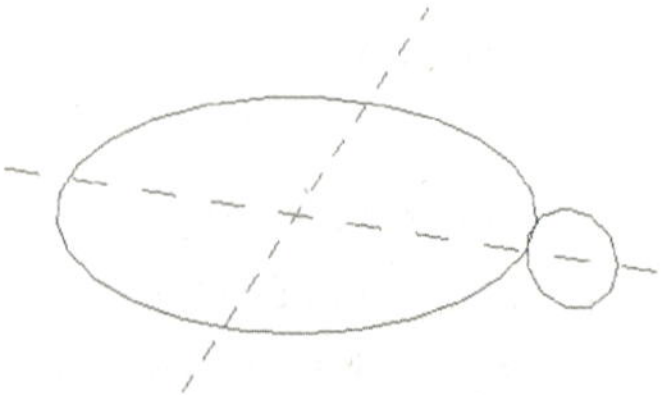　　　　　　　　　图 4-26　　　　　　　　　图 4-27

如图 4-28 所示，先用【创建】>【绘制】>【参照线】命令中"样条曲线"按钮绘制如图 4-29 所示的曲线，再用【创建】>【绘制】>【参照线】命令中"点图元"按钮在参照曲线上添加多个"参照点"，接下来用"设置"命令依次设置每个参照点所在平面为工作平面并绘制出圆形、六边形、四边形、圆形，最后选中参照线和各个闭合性状，创建实心形状后的三维视图如图 4-30 所示。

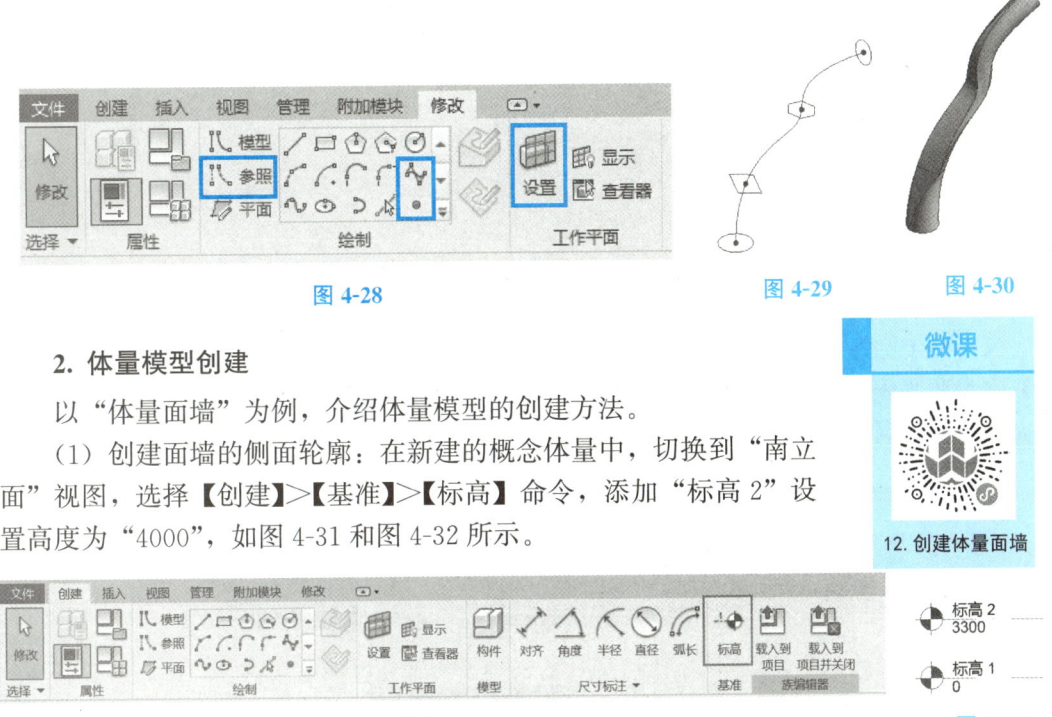

图 4-28　　　　　　　图 4-29　　　图 4-30

2. 体量模型创建

以"体量面墙"为例，介绍体量模型的创建方法。

（1）创建面墙的侧面轮廓：在新建的概念体量中，切换到"南立面"视图，选择【创建】>【基准】>【标高】命令，添加"标高 2"设置高度为"4000"，如图 4-31 和图 4-32 所示。

微课

12. 创建体量面墙

图 4-31　　　　　　　　　　　　　　　图 4-32

（2）绘制面墙断面轮廓并创建实心形状：在"西立面"视图，用【创建】>【绘制】>【模型】>【线】命令，绘制如图 4-33 所示的平行四边形，注意角度为"80°"，再选中该平行四边形，用【修改|线】>【形状】>【创建形状】>【实心形状】命令创建实心形状。

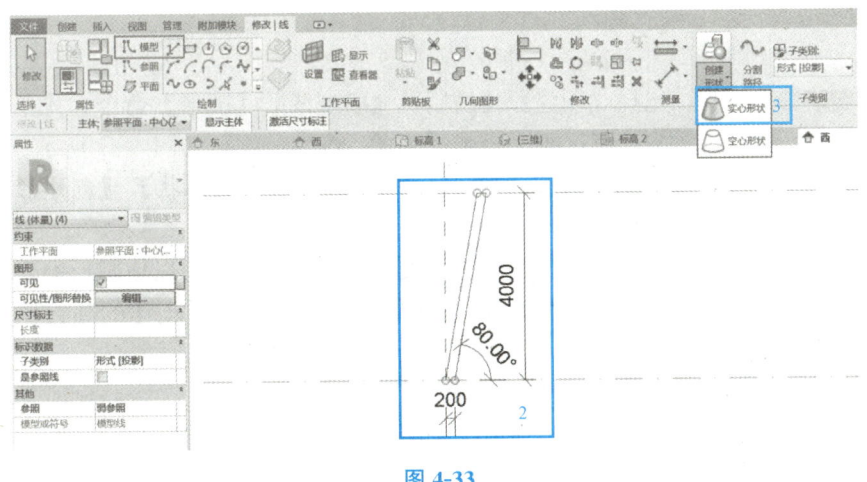

图 4-33

（3）设置"面墙"长度：切换到三维视图，移动鼠标到墙体内测定点位置，通过"Tab"键调整，即选对象为"断面"时，单击鼠标左键选中该断面，修改墙长尺寸为"5000.0"，如图 4-34 和图 4-35 所示。

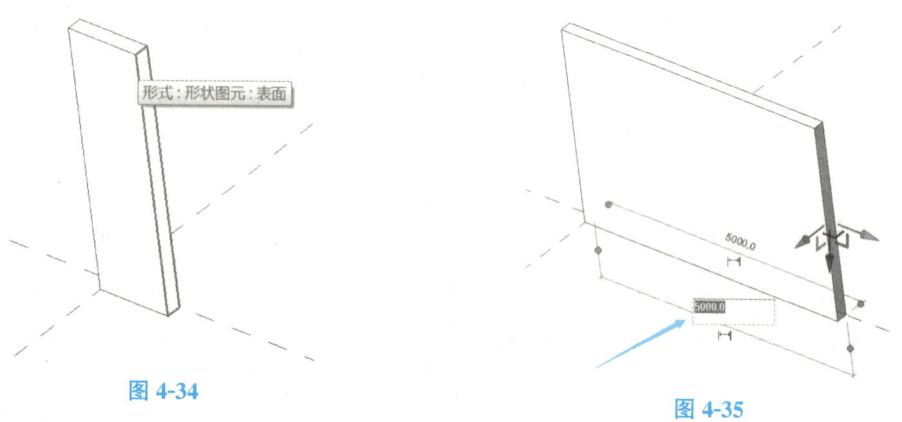

图 4-34

图 4-35

（4）确定圆形洞口位置：切换到"南立面"视图，选择【修改|放置 参照平面】>【绘制】>【参照平面】>【拾取线】命令，通过输入"偏移量"绘制参照平面如图 4-36 所示。从而确定圆形洞口圆心位置。

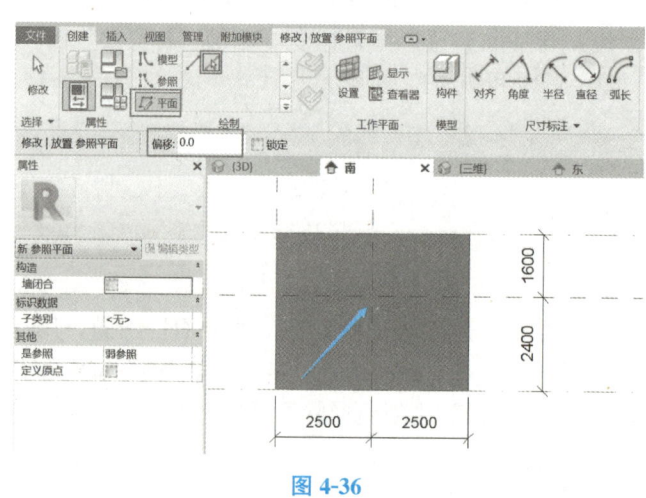

图 4-36

（5）创建圆形洞口：选择【创建】>【绘制】>【模型线】>【圆形】命令，先单击"在工作平面上绘制"按钮，再到绘制区画一个半径为"1200"的圆，如图 4-37 所示。

切换到三维视图，选中刚刚画的圆形，选择【修改|线】>【形状】>【创建形状】>【空心形状】命令创建空心圆柱体，如图 4-38 所示。

注意：单击"在工作平面上绘制"按钮是关键操作，此步骤可以使圆形画在由参照平面所确定的铅垂面上，而不是画在墙面上，如图 4-39 所示，这样创建的圆柱体是水平向而非垂直于斜墙面的。

（6）载入到项目创建面墙：选择【族编辑器】>【载入到项目】命令将刚刚创建的体量模型载入到项目中，如图 4-40 所示。弹出"体量-显示体量已启用"的对话框，单击"关闭"按钮即可，如图 4-41 所示。单击鼠标左键即可放置体量。

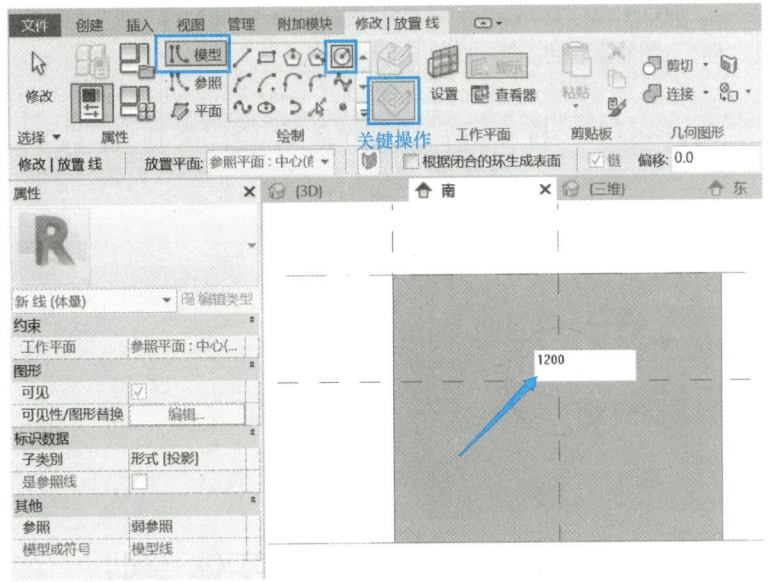

图 4-37

图 4-38

图 4-39

图 4-40

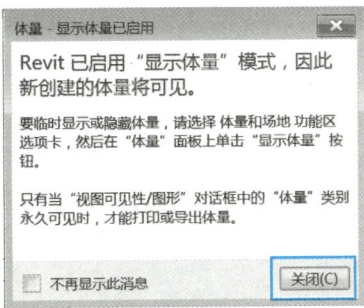

图 4-41

体量模型载入到项目后，切换到三维视图，选择【建筑】>【墙】>【面墙】命令，然后单击体量模型，即完成面墙的创建，如图 4-42 所示。

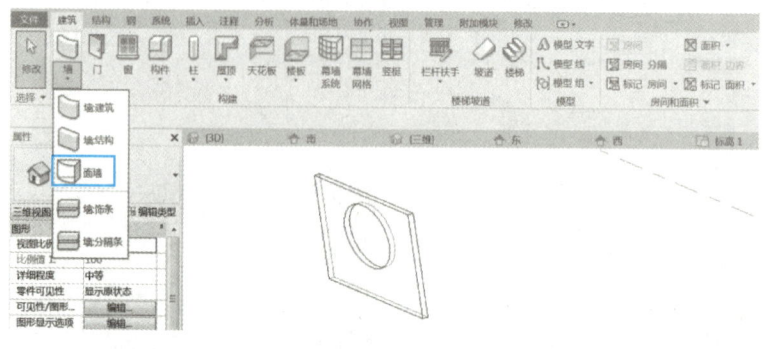

图 4-42

任务 4.3　体量转建筑实体模型

本节以"方圆大厦"为例介绍体量转为建筑实体的方法。

4.3.1　体量模型创建

（1）在新建的概念体量里，切换到"标高 1"平面视图，用"模型线"命令绘制半径为"10000.0"，如图 4-43 所示。选择模型线，创建实心形状，在三维视图中调整模型高度为"4000.0"，如图 4-44 所示。

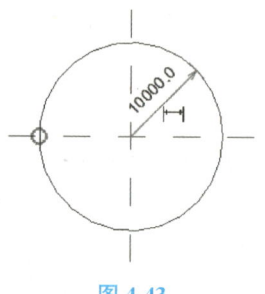

图 4-43

（2）切换到"标高 1"平面视图，用"模型线"命令绘制如图 4-45 所示的形状（刚刚创建的圆柱体临时隐藏），选择模型线，创建实心形状，在三维视图中调整模型高度为"28800.0"，如图 4-46 所示，"方圆大厦"的体量模型创建完成，保存体量，命名为"方圆体量大厦"。

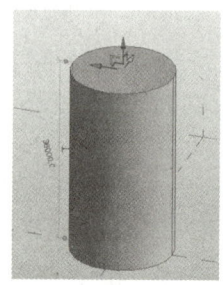

图 4-44

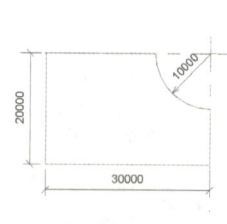

图 4-45

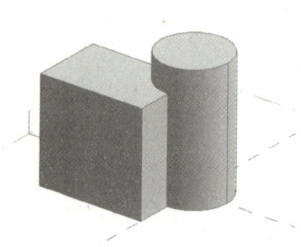

图 4-46

4.3.2 体量模型转换为建筑实体

14. 体量模型转
建筑实体

在项目中，可以基于体量快速创建建筑实体模型，主要包括楼板、墙体（幕墙和实体面墙）、屋顶等构件。

1. 体量楼层

在项目中，可以基于标高将体量模型拆分为多个楼层，再基于楼层创建楼板。具体操作步骤如下：

（1）新建项目并载入"体量大厦"：新建一个建筑项目，把上节创建的"方圆体量大厦"载入项目中。选择【体量和场地】>【概念体量】>【放置体量】命令，在项目中合适位置放置"体量大厦"，并移动四个立面符号至模型外侧，如图 4-47 所示。

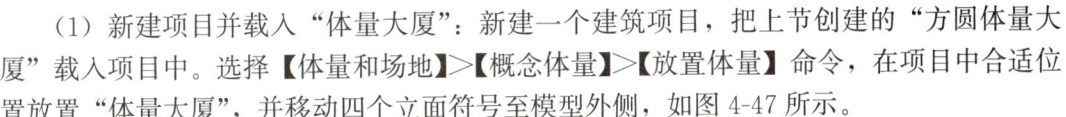

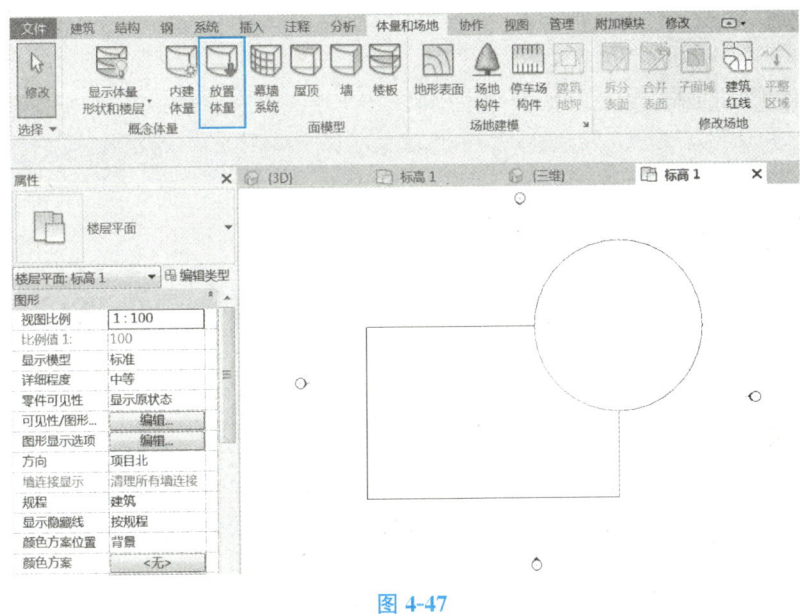

图 4-47

（2）创建标高：切换到"南立面"视图，从正负零开始创建 11 个间距为"3600.0"的标高。

（3）创建楼层：选中"体量大厦"，选择【修改|体量】>【模型】>【体量楼层】命令，在弹出的"体量楼层"对话框中，选择所有标高，单击"确定"按钮完成楼层创建，如图 4-48 所示。

（4）创建楼板：选择【体量和场地】>【面模型】>【楼板】命令，转换到"修改 | 放置面楼板"选项卡下，如图 4-49 所示，先单击"选择多个"按钮，然后选中所有楼层，在"属性"面板中的"类型选择器"中选择并编辑合适的楼板类型，在单击"创建楼板"按钮，完成楼板创建。

2. 面墙

体量的面墙可以创建各种异形墙体，比如弧形墙、曲面墙、斜墙等。其操作方法与创建楼板的方法类似。

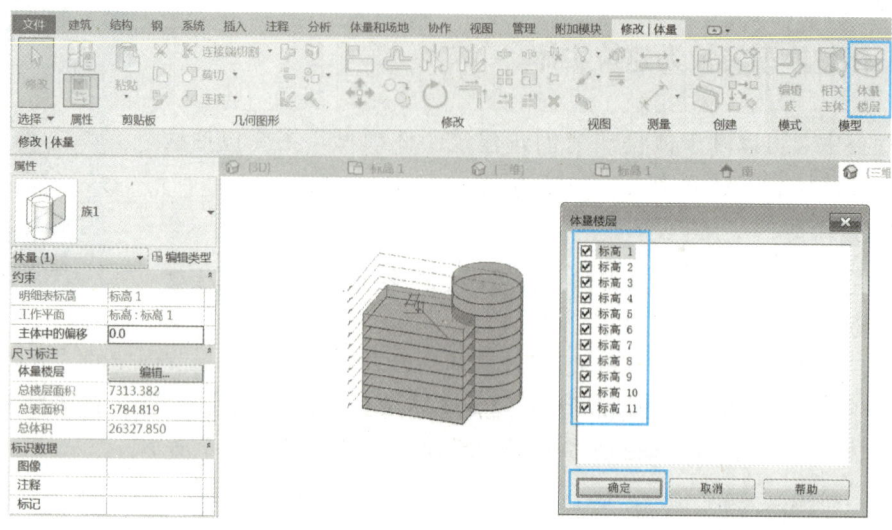

图 4-48

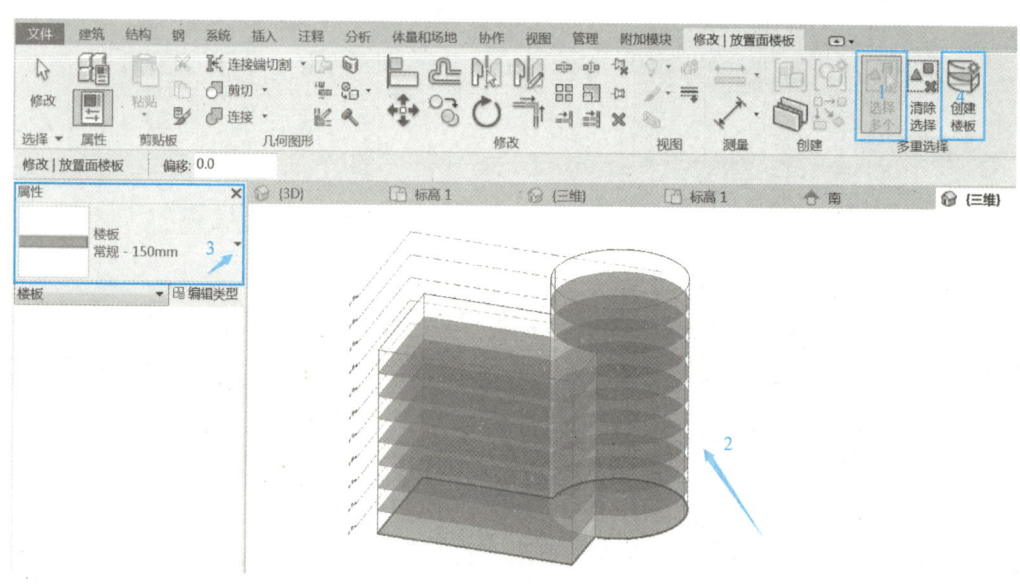

图 4-49

首先，选择【体量和场地】>【面模型】>【墙】命令，如图 4-50 所示。然后在"属性"面板中的"类型选择器"中选择并编辑合适的墙体，在单击模型中需要创建实体墙的面，如图 4-51 所示。

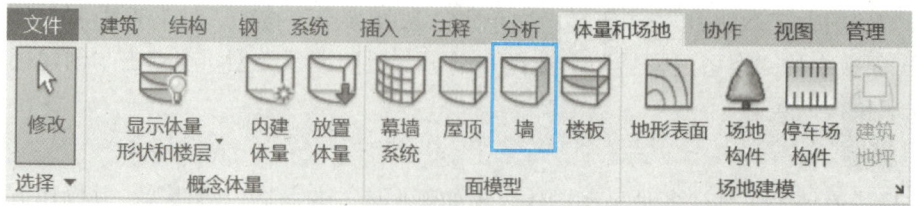

图 4-50

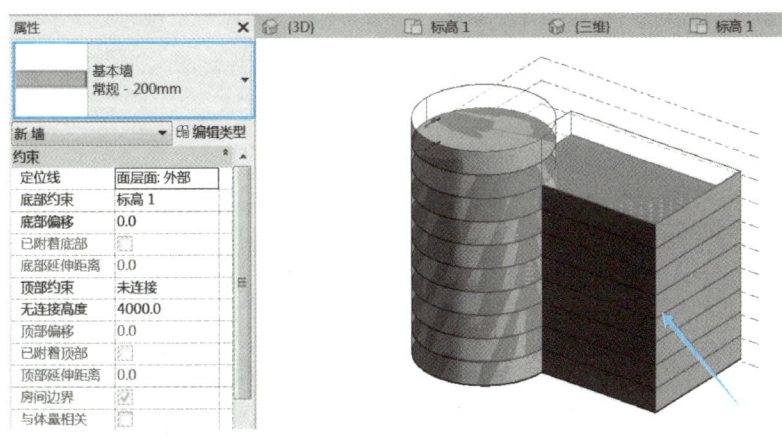

图 4-51

除了上述在【体量和场地】>【面模型】>【墙】命令创建墙体外，还可以在【建筑】>【构件】>【墙】>【面墙】命令来创建，如图 4-52 所示。

3. 幕墙系统

通过幕墙系统能快速生成幕墙布局（包括幕墙网格、嵌板、竖梃）创建方法与面楼板相似。依次选择【体量和场地】>【面模型】>【幕墙系统】命令，如图 4-53 所示和图 4-54 所示。

在"类型选择器"中如图 4-55 所示，设置幕墙类型为"1200×2000mm"，边界竖梃设置为"矩形竖梃：50×150mm"，内部竖梃设置为"圆形竜梃：50mm 半径"。拾

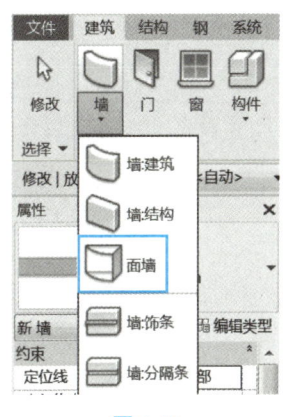

图 4-52

取到需要创建幕墙系统的表面，单击"创建系统"按钮完成幕墙系统的创建，如图 4-56 所示。

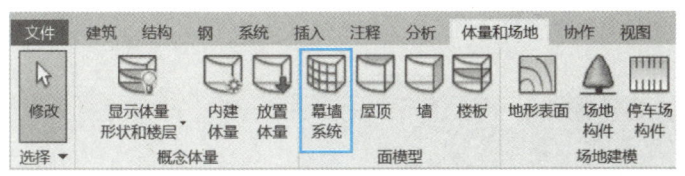

图 4-53

图 4-54

注意：在创建幕墙系统时，选择的面积越大，创建过程需要的时间就越长；除了在体量和场地中创建外，还可以通过【建筑】>【构件】>【墙】>【面墙】命令来创建，如图 4-57 所示。

4. 面屋顶

通过【体量和场地】>【面模型】>【屋顶】的命令，如图 4-58 所示，创建方法与面楼板、幕墙系统类似，选择适当的屋顶类型，拾取到体量顶部，完成屋顶的创建，如图 4-59 所示。

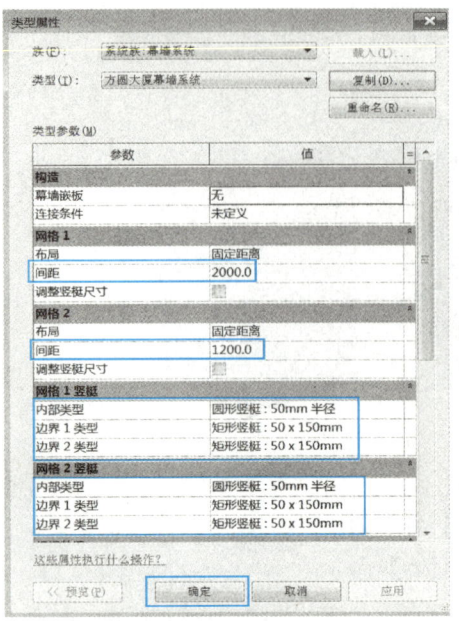

图 4-55

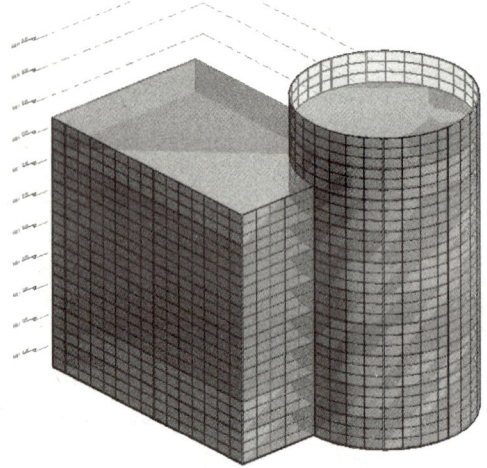

图 4-56

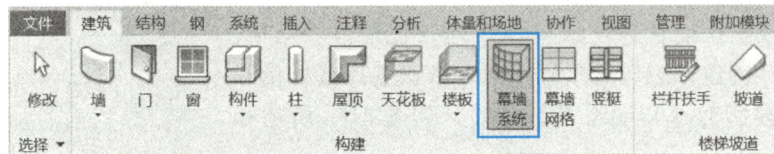

图 4-57

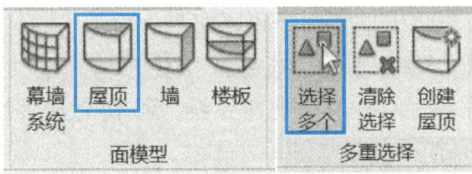

图 4-58

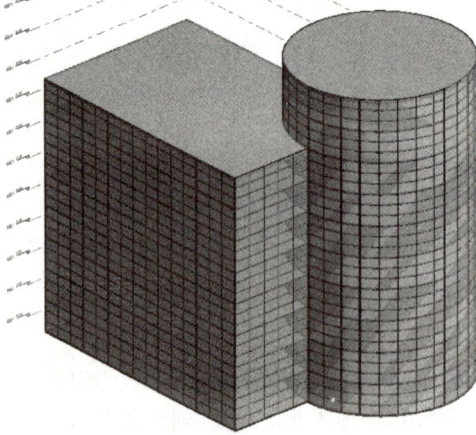

图 4-59

项目 5　建筑局部的创建

任务 5.1　墙体的创建

5.1.1　绘制墙体基本操作

如图 5-1 所示，单击建筑选项卡构建面板下【墙：建筑】命令，激活【修改│放置墙】选项卡（图 5-2），同时激活属性面板和选项栏（图 5-3 和图 5-4）。

图 5-1　　　　　　　　　　　　　图 5-2　　　　　　　　　　　图 5-3

图 5-4

1. 属性面板

（1）单击属性面板 基本墙 常规 - 200mm 右侧下拉按钮，进入类型选择器，可选择不同的族类型和墙体类型。

（2）单击 定位线 墙中心线 右侧下拉按钮，可以选择墙体的定位线，分别为"墙中心线""核心层中心线""面层面：外部""面层面：内部""核心面：外部"和"核心面：内部"。绘制一段墙体需要在一个地点单击鼠标左键，然后在另外一个地点单击鼠标左键，从一个地点到另一个地点一般采用顺时针方向，这两个地点的直线连线叫做路径线。"墙中心线"表示路径线处于墙体中心线位置；"核心层中心线"表示路径线处于墙体核心结构层的中心线位置；"面层面：外部"表示路径线处于墙体外侧面位置；"面层面：内部"表示路径线处于墙体内侧面位置；"核心面：外部"表示路径线处于核心层外侧面；"核心面：内部"表示路径线处于核心层内侧面。

（3）单击 ![底部约束 标高1]![底部偏移 0.0] 右侧下拉按钮，可约束墙体底部标高，一般要和"底部偏移"配合使用。例如如果要约束墙体底部标高为标高 1 以上 200mm，则底部约束可选择标高 1，底部偏移输入"200.0"；如果要约束墙体底部标高为标高 2 以下 600mm，则底部约束可选择标高 2，底部偏移输入"－600.0"。

（4）单击 ![顶部约束 未连接]![无连接高度 6000.0] 右侧下拉按钮，可对顶部进行约束。如果顶部约束选择"未连接"，则需要在"无连接高度"右侧框输入墙体总高度，且"顶部偏移"为灰色显示（不能输入数值）。如果顶部约束选择"直到标高：标高 1"或"直到标高：标高 2"，则无连接高度为灰色显示，此时需要配合"顶部偏移"来对墙体顶部的标高进行约束。例如如果要约束墙体顶部标高为标高 2 以上 800mm，则顶部约束选择"直到标高：标高 2"，顶部偏移输入"800.0"。注意墙体顶部标高必须高于底部标高，否则软件会提示错误。

（5）单击属性面板 ![编辑类型]，进入类型属性编辑框，可对墙体类型属性进行编辑（图 5-5）。

1）单击图 5-5 类型属性编辑框 ![系统族：基本墙]，可以选择不同的族类型，分为基本墙、叠层墙和幕墙。

2）单击图 5-5 类型属性编辑框 ![常规 － 200mm]，可以选择不同的墙体类型。

3）单击图 5-5 类型属性编辑框 ![复制(D)...] 可以以"常规－200mm"为基准复制一个墙体类型，并对墙体类型进行命名。

4）单击图 5-5 类型属性编辑框 ![重命名(R)...] 可以对墙体类型进行重新命名。

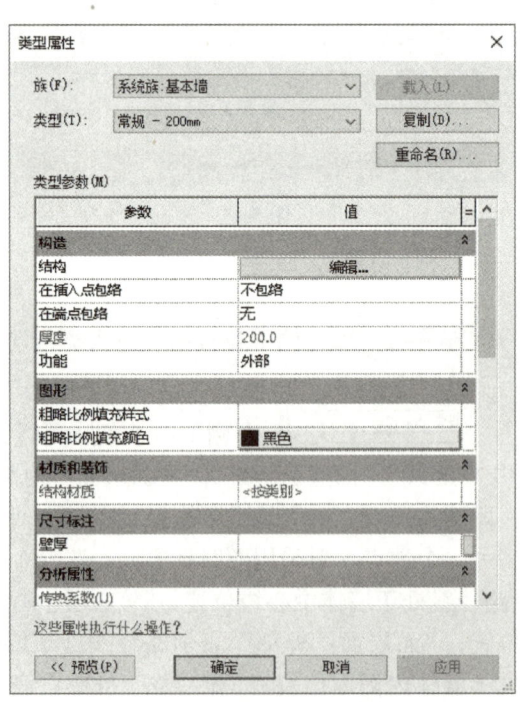

图 5-5

5）单击图 5-5 类型属性编辑框"功能 外部"右侧下拉按钮，可选择墙体的功能，例如外墙选择外部，内墙选择内部。

6）单击图 5-5 类型属性编辑框 ┌─────── 编辑... ───────┐ ，激活图 5-6 编辑部件框，编辑部件框中"外部边"表示墙体外侧，"内部边"表示墙体内侧。

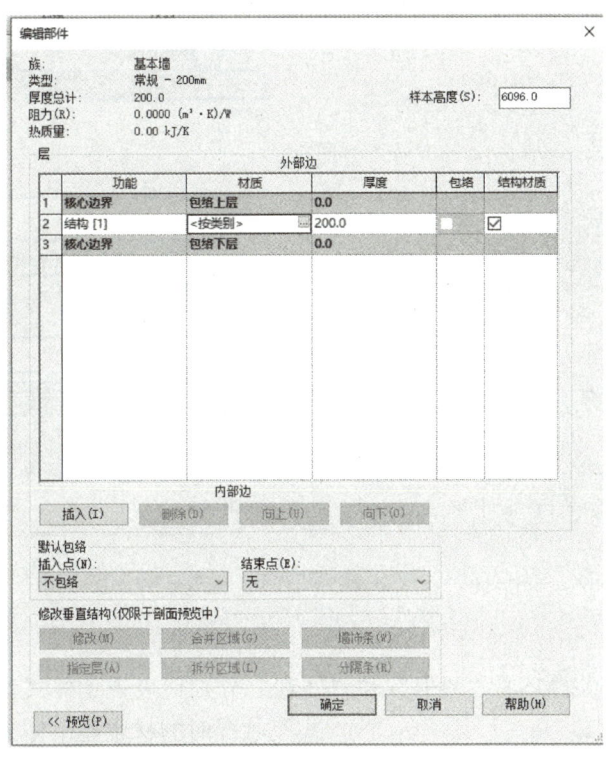

图 5-6

单击图 5-6 编辑部件框 │2│结构 [1]│ ，可以选择该层的功能，比如"结构 [1]""衬底 [2]""保温层/空间层 [3]""面层 1 [4]""面层 2 [5] 涂膜层"，功能括号里面的数字代表优先级，括号里的数字越小优先级越高，比如"面层 1 [4]"优先级为 4，高于"面层 2 [5]"。当出现两面墙相连，优先级不同的两个层次相遇时，优先级低的层次会被剪切，即一面墙（优先级高）的层次会穿过另一面墙（优先级低）的层次。

两个核心边界为墙体核心结构层的两个边界，单击 ┌─插入(I)─┐ ，可以插入新的层次；单击该层次左侧的数字，可选中该层次，此时单击 ┌─删除(D)─┐ ，可以删除该层次，而单击 ┌─向上(U)─┐ 或 ┌─向下(O)─┐ ，可将被选择的层次进行向上或向下移动。注意核心边界上方为墙体核心结构层外侧各个层次，核心边界下方为墙体核心结构层内侧各个层次。

单击厚度列 200.0 ，可以输入结构 [1] 的厚度，默认为 200mm。单击材质列"按类别"右侧三点 按类别 ▾ │□│ （图 5-6），进入如图 5-7 所示的"材质浏览器-Default"，可对"结构 [1]"进行材质编辑。单击 ▾ ▾ ▤ 下拉列表中"新建材质"可以新建一个材质，并在新建的材质处 ● 默认为新建材质 点击鼠标右键选择"重命名"，对材质重新命名。也可以单击选中一种材质，鼠标右键"复制"即可以选中的材质为基准复制一种材质。

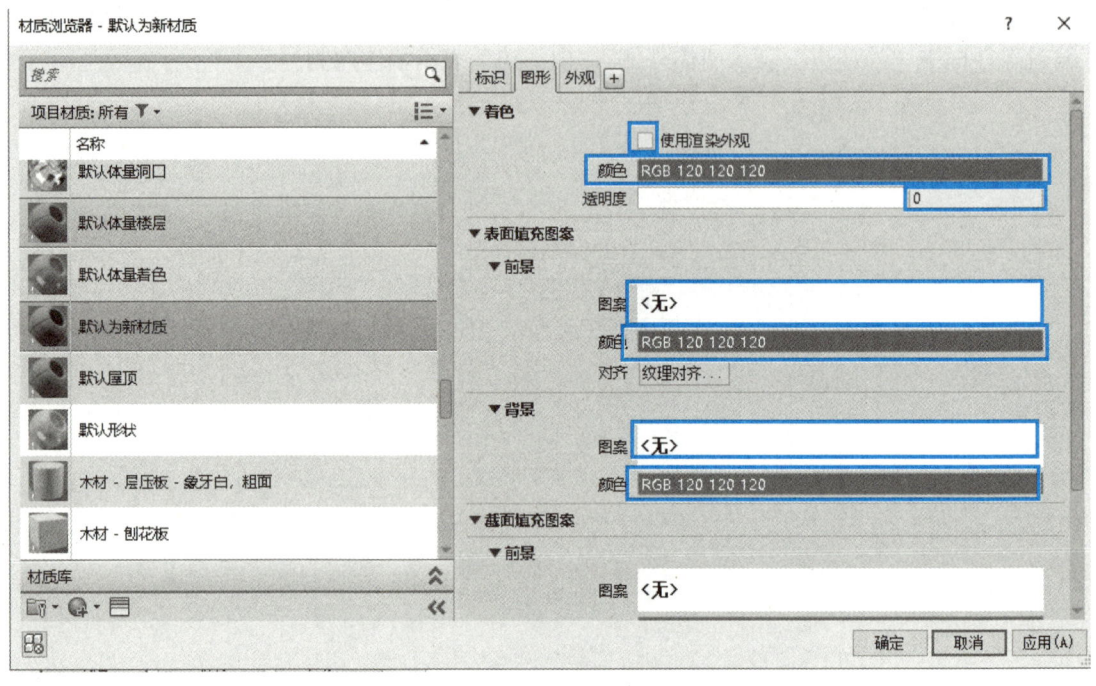

材质浏览器中 标识 图形 外观 + "图形"和"外观"分别代表视觉样式选择"着色"和"真实"状况时的材质显示样式。勾选"使用渲染外观"则代表"图形"的颜色与"外观"保持一致。单击颜色可以对该材质颜色进行选择，单击透明度右侧框可以输入该材质的透明度。在表面填充图案下分别单击"图案"和"颜色"可以选择表面填充图案和颜色，在截面填充图案下可以做同样的操作，值得一提的是表面填充图案是在平面图、立面图、三维视图中显示，而截面填充图案在剖面图中显示。

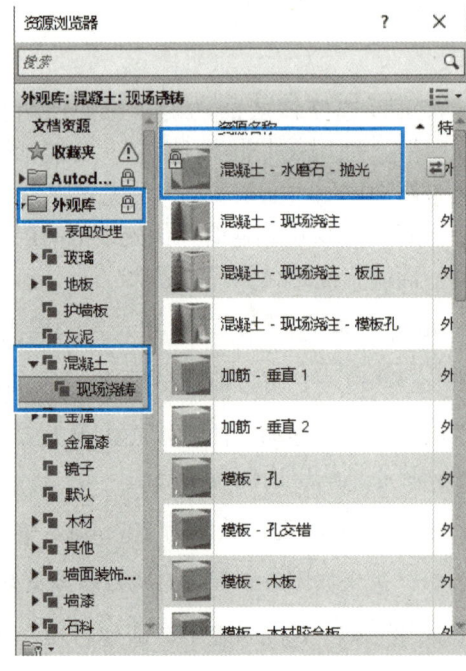

单击 激活如图 5-8 所示的资源浏览器，单击 可以输入需要搜索的材质名称，搜索所需材质。也可以展开 外观库 ，在外观库中查找自己所需要的材质。例如在外观库中选择【混凝土】>【现场浇筑混凝土】，然后双击鼠标左键选择"混凝土-水磨石-抛光"，就给自己新建的材质赋予了"混凝土-水磨石-抛光"的外观（图 5-8）。

2. 快速访问栏（图5-9）

（1）高度与深度

单击 高度 ，弹出高度和深度两个命令，如果选择高度，则代表从当前所处楼层向上绘制墙体，而如果选择深度，则代表从当前楼层向下绘制墙体。

（2）未连接

单击 未连接 ，弹出三个命令，包括"未连接""标高1"和"标高2"。"未连接"表示可以对墙体设置任意高度，高度值可以在"未连接"右侧方框中输入（默认为"8000.0"）。"标高1"表示该墙体顶部约束为"标高1"，即墙体顶部的标高为"标高1"。"标高2"表示该墙体顶部约束为"标高2"，即墙体顶部的标高为"标高2"。

（3）定位线：墙中心线

单击 定位线：墙中心线 可以选择墙体定位线，此处定位线与属性面板相同。

（4）链

单击勾选 链 ，则表示连续绘制墙体，即单击绘制一段墙体起点和终点后仍处于绘制墙体的命令中，仍可以接着上一段墙体绘制墙。

（5）偏移

在 偏移：0.0 中输入偏移值，则表示绘制的墙体沿着路径线平行偏移。

（6）半径

勾选 半径 1000.0 ，在右侧框中可以输入半径值。此处半径值为墙体转交处倒圆角的圆角半径。

（7）连接状态：允许

单击【连接状态：允许】，可以选择允许连接或不允许连接。选择允许则表示在墙体转角处墙体相连接，不允许表示在转角处墙体不连接。

5.1.2　基本墙的创建

基本墙案例：本节通过案例来讲解基本墙的创建方法，图5-9所示为外墙的材料做法，图5-10为外墙的平面图，图5-11为外墙南立面图，图5-12为外墙三维视图。结合图5-9～图5-11，完成基本墙的创建。

微课

15. 创建基本墙

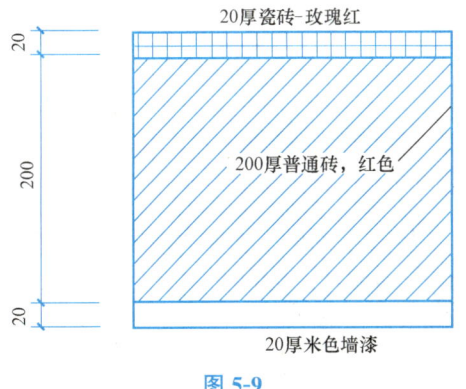

图5-9

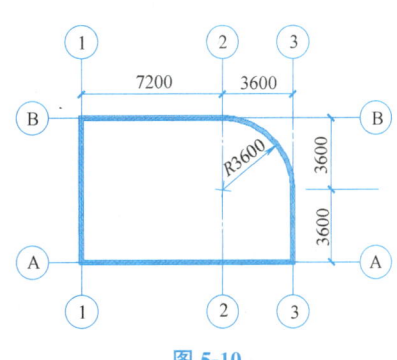

图5-10

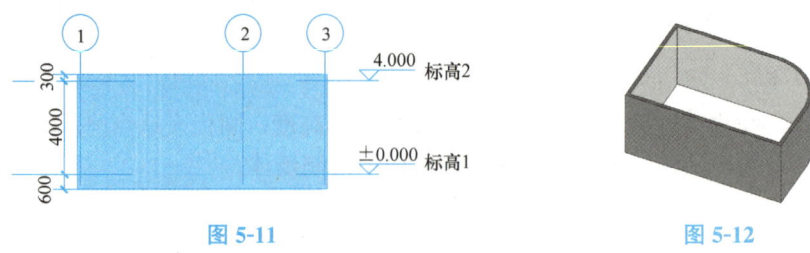

图 5-11　　　　　　　　　　　　图 5-12

1. 设置墙体材质和厚度

（1）根据南立面图和平面图绘制标高和轴网后，在楼层平面"标高 1"中，单击建筑选项卡构建面板下【墙：建筑】命令，激活图 5-13【修改｜放置墙】选项卡，然后在类型选择器中选择基本墙"常规－200mm"墙类型。

（2）单击属性面板中"编辑类型"进入图 5-14 类型属性框，第 1 步，单击复制；第 2 步，在名称输入框输入"外墙－240"并单击确定；第 3 步，在功能右侧框中选择"外部"；第 4 步，单击编辑进入图 5-15 编辑部件对话框。

（3）在图 5-15 编辑部件对话框中，第 1 步，单击两次插入，插入两个结构层；第 2 步，选择结构层 2 单击向上；第 3 步，选择结构层 3 单击两次向下就会出现如图 5-16 界面。

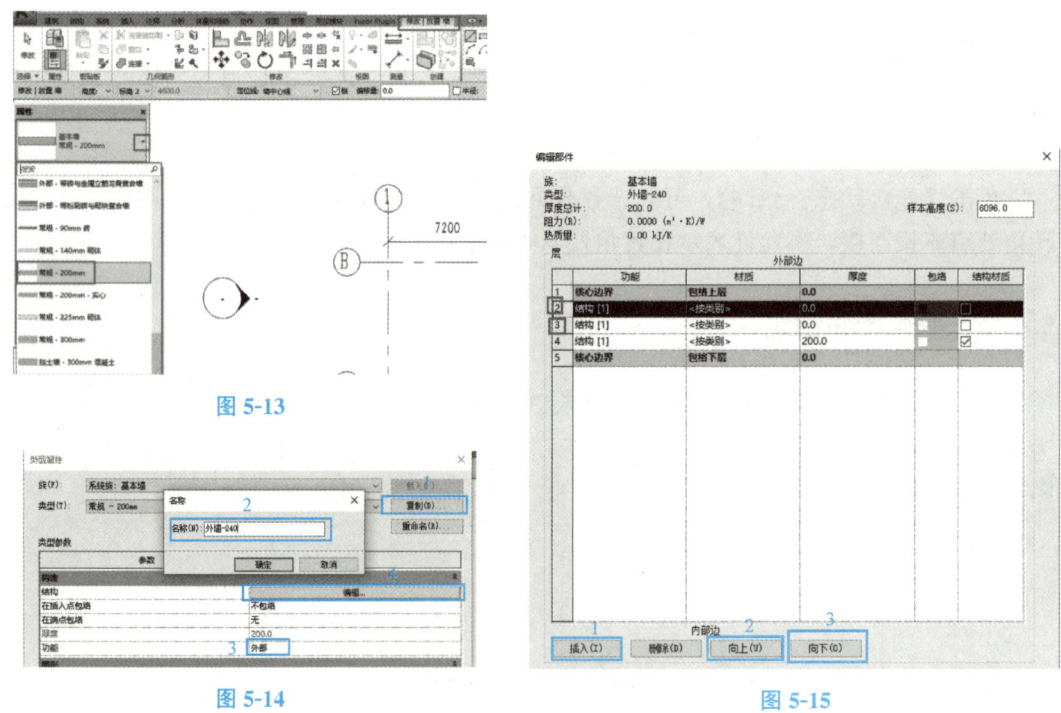

图 5-13

图 5-14　　　　　　　　　　　　图 5-15

（4）如图 5-16 所示，第 1 步，单击结构层 1 功能选项按钮，选择"面层 1 [4]"；第 2 步，在层 1 厚度框中输入"20.0"；第 3 步，在层 5 功能选项按钮中选择"面层 2 [5]"；第 4 步，在层 5 厚度框中输入"20.0"就会出现图 5-17 界面。

（5）如图 5-17 所示，第 1 步，单击按类别；第 2 步单击 进入图 5-18 材质浏览器。

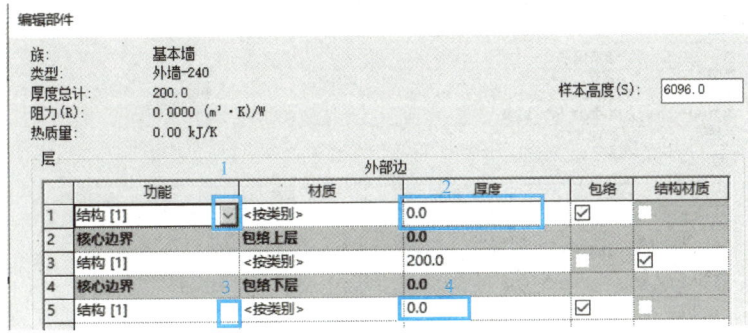

图 5-16

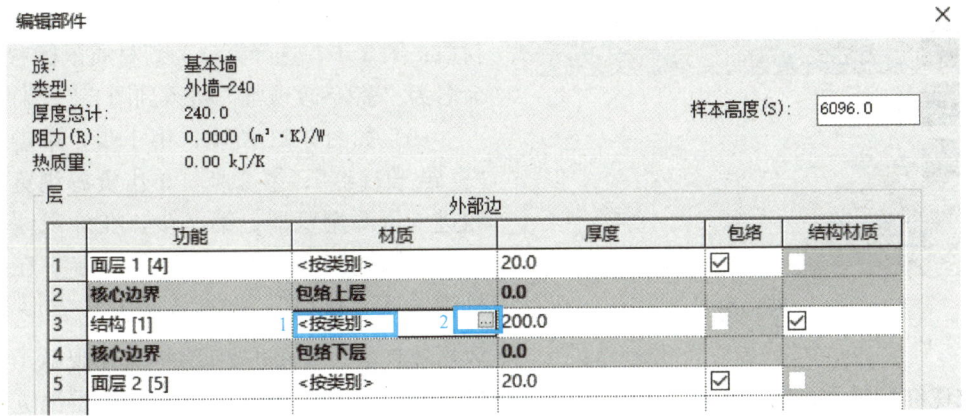

图 5-17

（6）在图 5-18 材质浏览器中，第 1 步，在搜索框中输入普通砖后单击键盘上"Enter"确认；第 2 步，单击选择"砌体-普通砖 75×225mm"，鼠标右键复制就出现"砌体-普通砖 75×225mm（1）"；第 3 步，单击选择砌体-普通砖 75×225mm（1）鼠标右键重命名将其名称改为"普通砖-红色"，最后单击确定回到图 5-19 编辑部件对话框。

（7）如图 5-19 所示，单击 [图标] 进入图 5-20 "面层 1〔4〕"的材质浏览器。

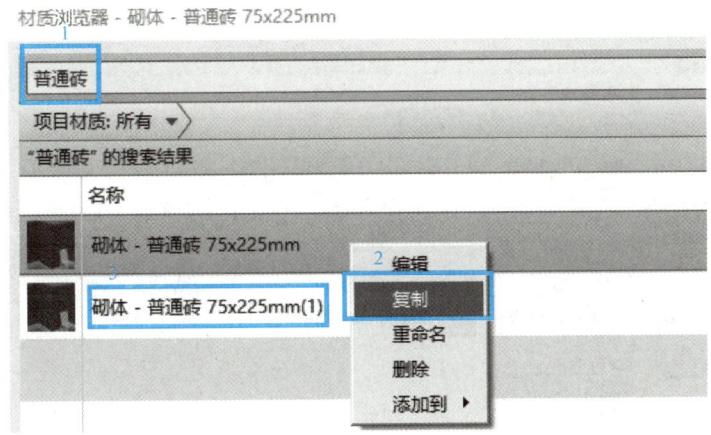

图 5-18

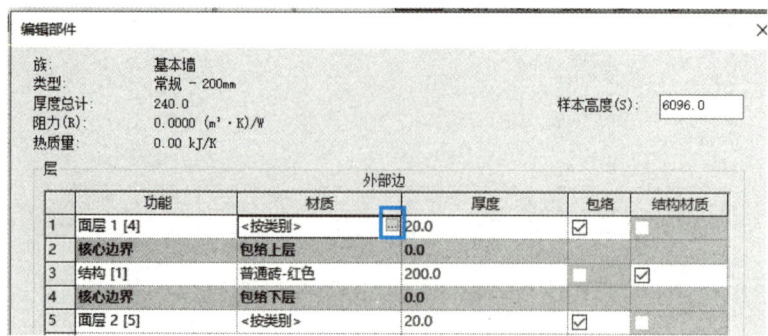

图 5-19

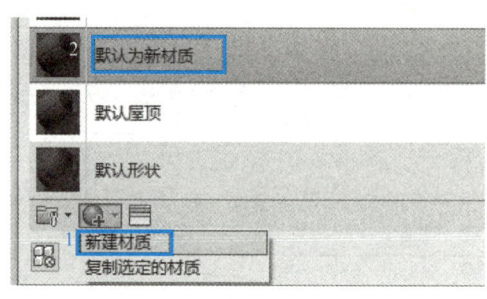

图 5-20

（8）如图 5-20 所示，第 1 步，单击新建材质；第 2 步，选择默认为新材质鼠标右键重命名为"瓷砖-玫瑰红"进入到图 5-21 界面。

（9）如图 5-21 所示，第 1 步，单击选择"瓷砖-玫瑰红"；第 2 步，单击资源浏览器按钮进入资源浏览器；第 3 步，在外观库中单击选择陶瓷列表下的瓷砖；第 4 步，在搜索框中输入"玫瑰"，选择 6 英寸"方形-乡村风格玫瑰红"并单击 ⁴▤ 将此外观赋予"瓷砖-玫瑰红"材质；第 5 步，勾选使用渲染外观。最后关闭资源浏览器并在材质浏览器中单击确认回到图 5-22 所示编辑部件对话框。

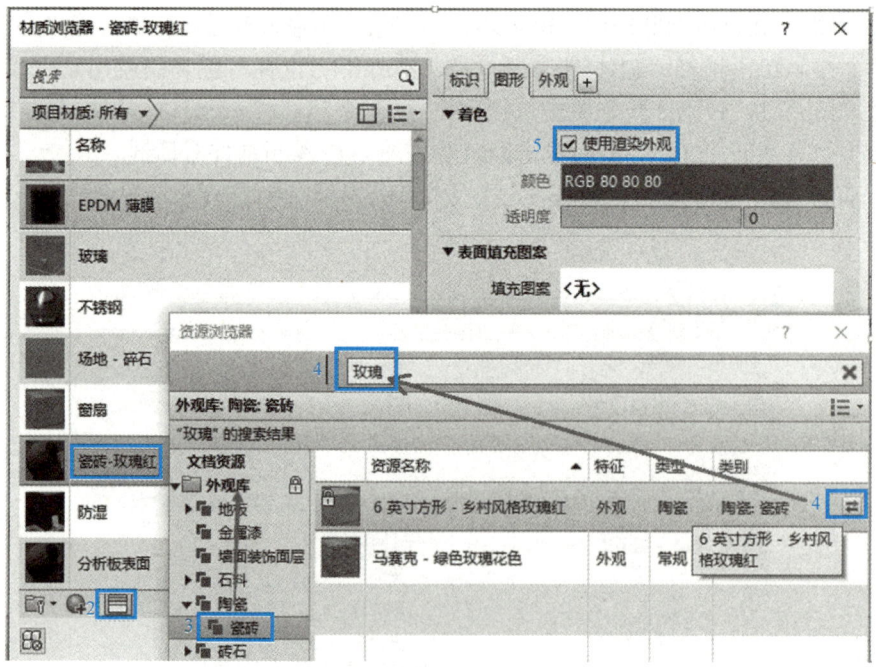

图 5-21

（10）如图 5-22 所示，在编辑部件对话框中单击 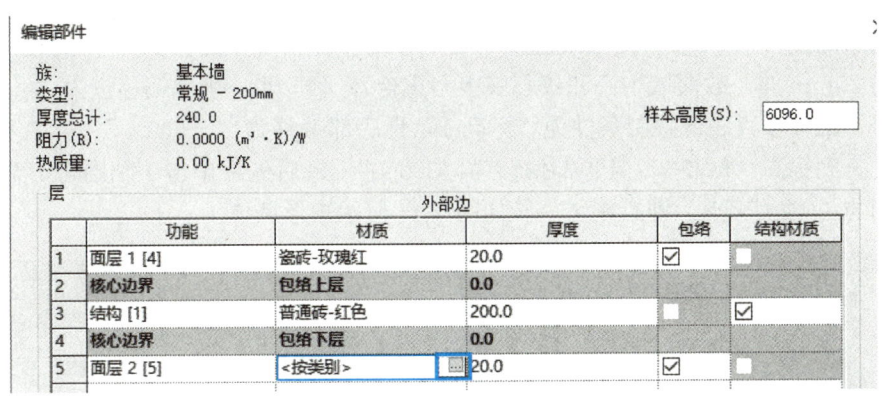 进入图 5-23 "面层 2［5］"的材质浏览器。

图 5-22

（11）如图 5-23 所示，第 1 步，新建材质并重命名为米色墙漆；第 2 步，选择米色墙漆；第 3 步，单击材质浏览器按钮；第 4 步，在外观库中找到墙漆-粗面；第 5 步，在搜索框中输入米色；第 6 步，选择米色双击鼠标左键将米色外观赋予米色墙漆材质；第 7 步，勾选使用渲染外观。最后关闭资源浏览器并在材质浏览器中单击确认回到编辑部件对话框，在编辑部件对话框中单击确认回到类型属性框，在类型属性框中单击确认回到绘图界面。

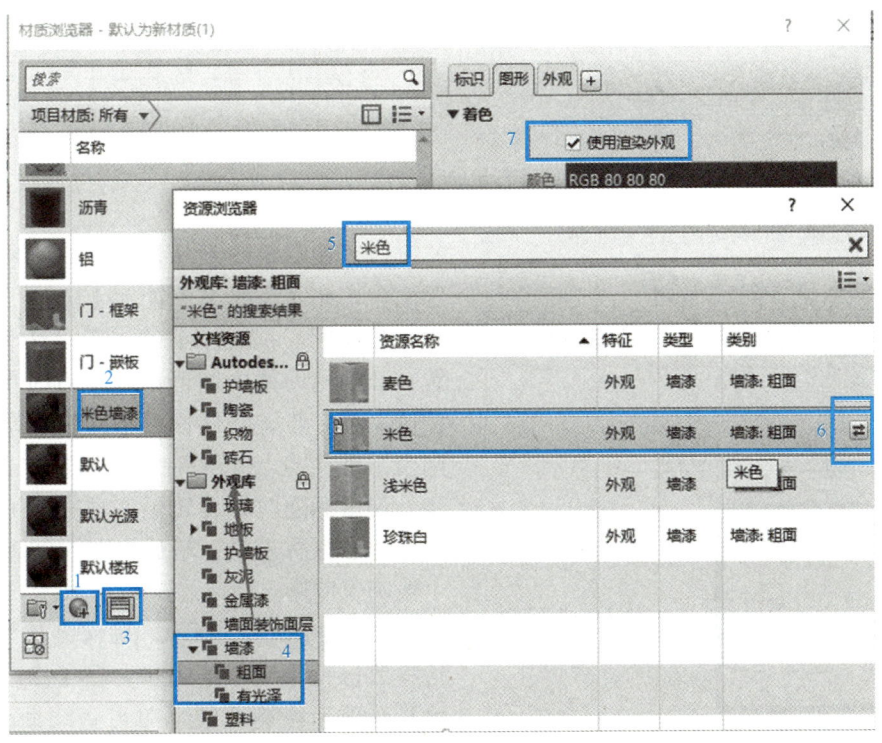

图 5-23

2. 绘制墙体

（1）如图 5-24 所示，第 1 步，确保墙族和类型选择为"基本墙外墙－240"；第 2 步，在【修改｜放置 墙】选项卡绘制面板下选择按矩形绘制；第 3 步，在快速访问栏选择绘制方式为"高度"；第 4 步，定位线选择"墙中心线"或"核心层中心线"（此处内外两个面层均为 20mm 厚，故而墙中心和核心层中心重合）；第 5 步，确保偏移量为"0.0"且不勾选半径；第 6 步，底部限制条件为"标高 1"且底部偏移为"－600.0"；第 7 步，顶部约束为"直到标高：标高 2"且顶部偏移为"300.0"。最后先后单击 1 轴网与 B 轴网交点和 2 轴网与 A 轴网交点，即绘制了一段如图 5-25 所示矩形墙体。

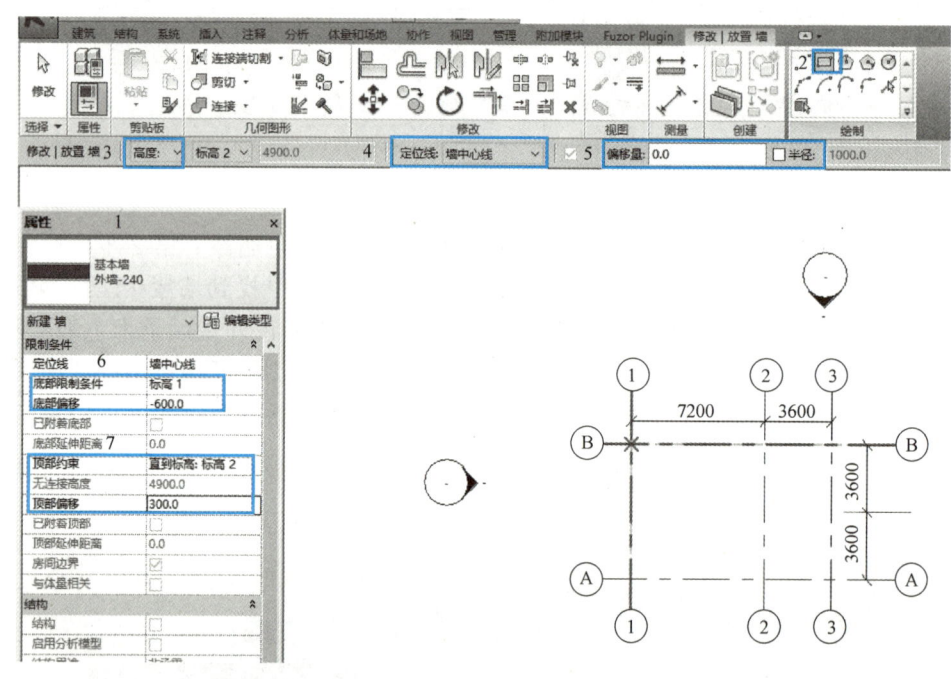

图 5-24

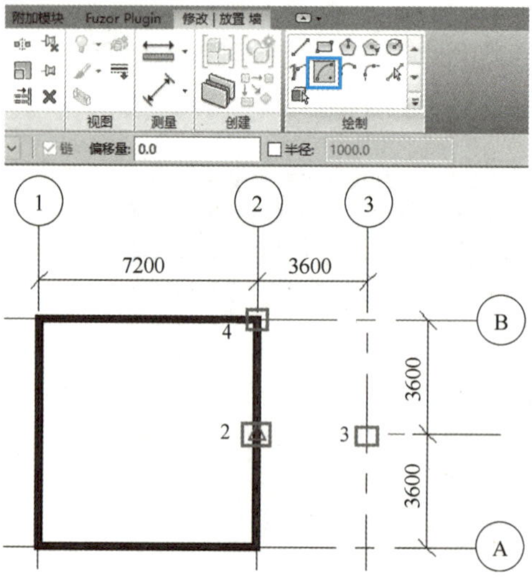

（2）如图 5-25 所示，其他参数保持不变，第 1 步，在【修改｜放置 墙】选项卡绘制面板下单击圆心-端点弧命令；第 2 步将鼠标放置在 2 轴网墙体中间当出现中点时单击鼠标左键；第 3 步，将鼠标水平向右移动至 3 轴网当出现交点与水平时单击鼠标左键；第 4 步，将鼠标逆时针旋转至 2 轴网与 B 轴网交点处单击鼠标左键。最后如图 5-26 所示绘制一段圆弧墙体。

（3）如图 5-26 所示，确保链被勾选，其他参数保持不变，第 1 步，在【修改｜放置 墙】选项卡绘制面板下单击直线命令，第 2 步，单击圆弧墙体端点；第 3 步，单击 3 轴

图 5-25

网与 A 轴网交点；第 4 步单击 2 轴网与 A 轴网交点。最后按两次键盘上"ESC"键分别退出直线命令和绘制墙体命令。

（4）如图 5-27 所示，单击 2 轴网上的墙体按键盘上"Delete"键删除，最后保存本项目完成基本墙的绘制。

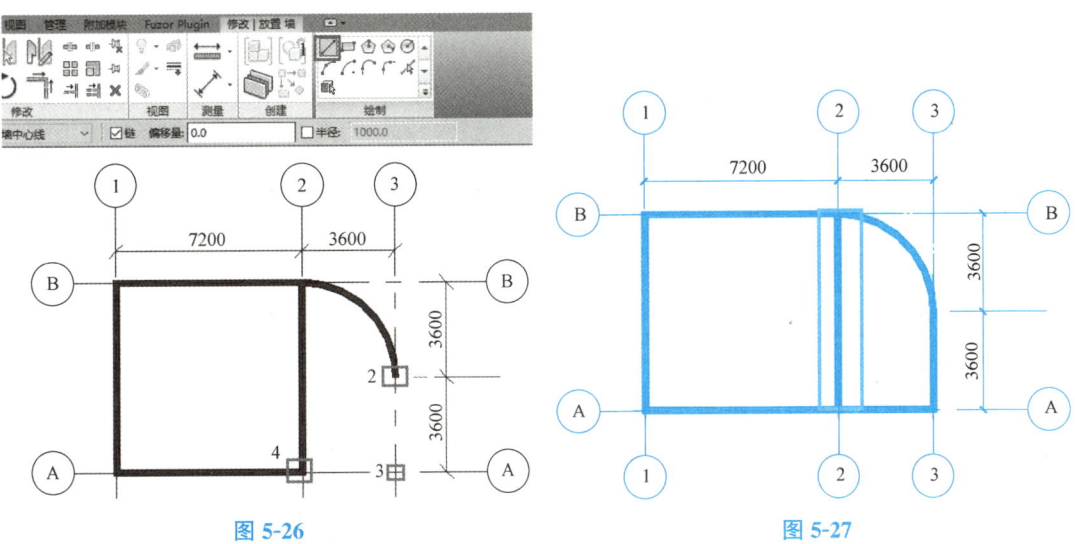

图 5-26　　　　　　　　　　　　　　　　　　图 5-27

5.1.3　叠层墙的创建

微课

16.创建叠层墙

叠层墙案例：本节通过案例来讲解叠层墙的创建方法，图 5-28 和图 5-29 分别为叠层墙和外墙的材料做法，图 5-30 为一段正六边形叠层墙平面图，图 5-31 为叠层墙南立面图。据图完成叠层墙的创建。

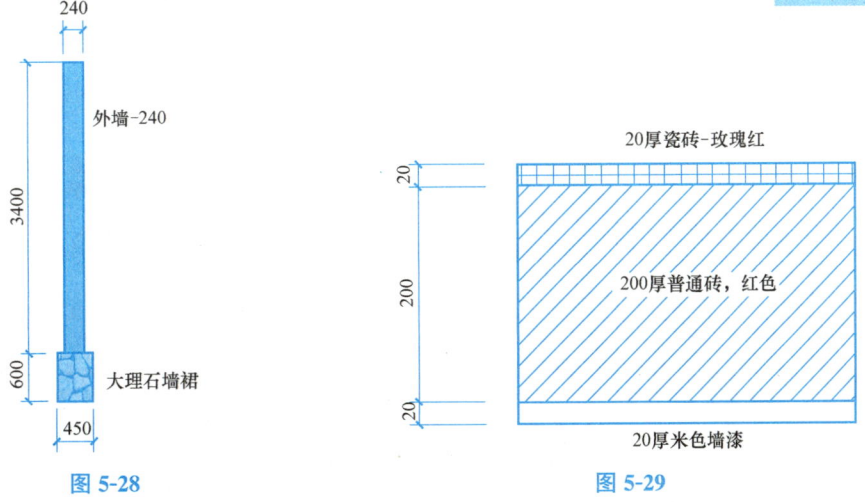

图 5-28　　　　　　　　　　　　　　　　　　图 5-29

1. 创建"外墙—240"和"大理石墙裙"两个基本墙类型

（1）根据南立面图和平面图绘制标高和轴网后，在楼层平面−0.200 中，单击建筑选

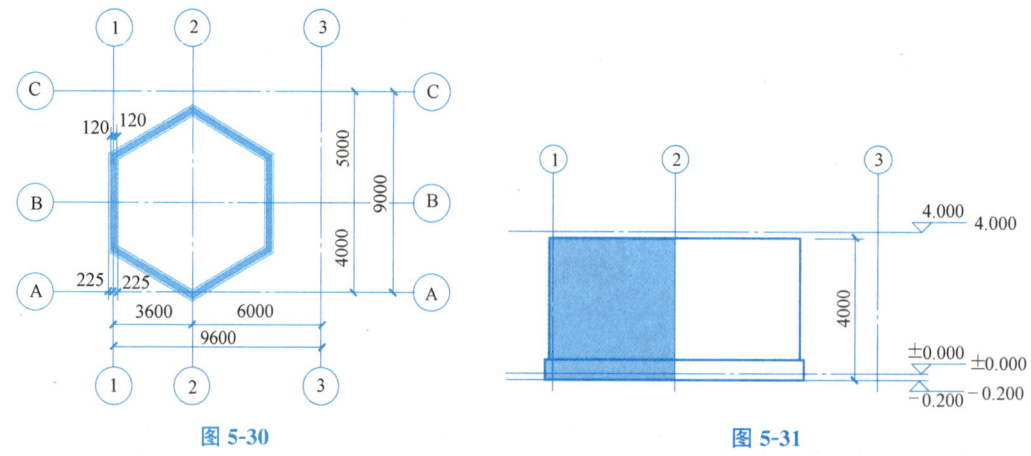

图 5-30 图 5-31

项卡构建面板下【墙：建筑】命令，激活【修改｜放置墙】选项卡，然后在类型选择器中选择基本墙常规－200mm 墙类型。

（2）单击属性面板中"编辑类型"进入类型属性框，第 1 步，单击复制；第 2 步，在名称输入框输入"外墙－240"并单击确定；第 3 步，单击编辑进入图 5-32 编辑部件对话框；第 4 步，按图 5-32 设置墙体功能、材质和厚度。

（3）以同样的方法，复制创建基本墙"大理石墙裙"，根据图 5-33 设置其功能、材质和厚度。

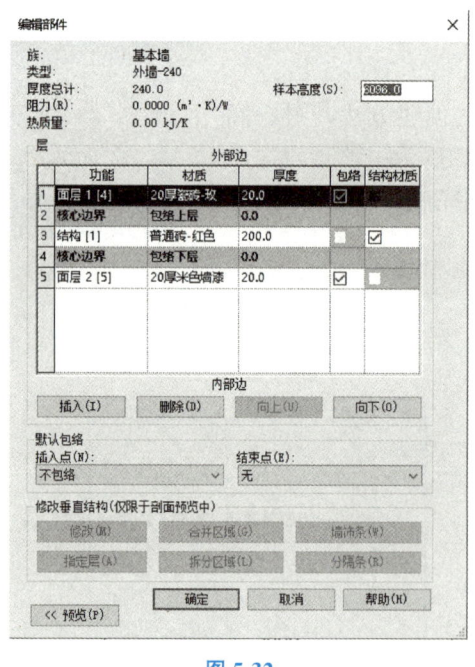

图 5-32

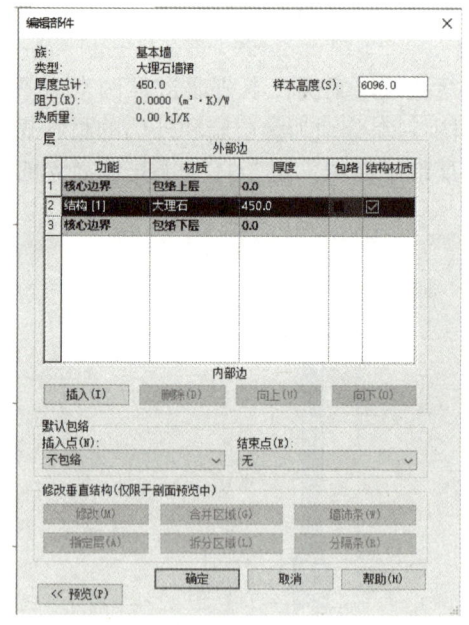

图 5-33

2. 创建"叠层墙"类型

（1）在楼层平面－0.200 中，单击建筑选项卡构建面板下【墙：建筑】命令，激活【修改｜放置墙】选项卡，然后在类型选择器中选择叠层墙"外部-砌块勒脚砖墙"类型。

（2）单击属性面板中"编辑类型"进入类型属性框，第1步，单击复制；第2步，在名称输入框输入"叠层墙"并单击确定；第3步，单击编辑进入图 5-34 编辑部件对话框；第4步，根据图 5-34 所示，在名称下拉列表选择"大理石墙裙"并且高度设置为"600.0"，在名称下拉列表选择"外墙－240"，高度默认为可变。

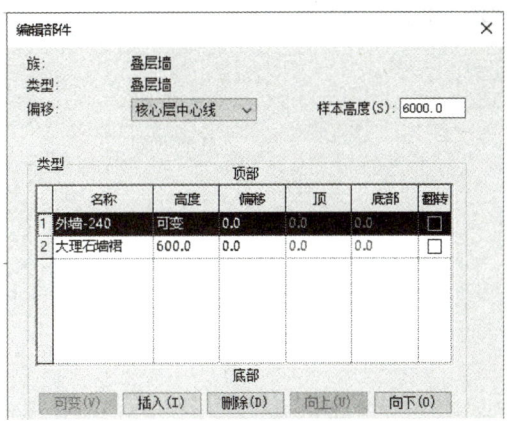

图 5-34

3. 绘制墙体

如图 5-35 所示，在楼层平面－0.200中，单击建筑选项卡构建面板下【墙：建筑】命令，激活【修改|放置墙】选项卡，第1步，在类型选择器中选择"叠层墙"墙类型；第2步，单击绘图面板外接多边形命令；第3步，设置底部约束为"－0.200"和底部偏移位"0.0"；第4步，设置顶部约束为未连接和无连接高度为"4000"；第5步确保以高度模式画墙；第6步定位线设为墙中心线，其余按默认设置；第7步，单击2轴网和B轴网交点，第8步单击1轴网和B轴网交点，最后按两次 ESC 完成叠层墙绘制。

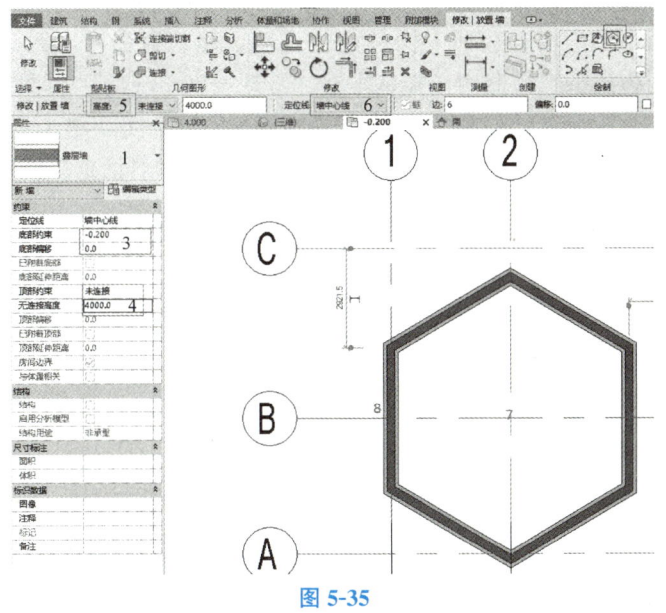

图 5-35

5.1.4 复合墙的创建

复合墙案例：根据图 5-36 所示，创建一段半径为 6000 mm（以墙核心层内侧为基准）的圆形复合墙。图中标高单位为"m"，其余单位为"mm"。复合墙底部约束为标高 1，顶部约束为标高 2，底部

微课

17.创建复合墙

偏移和顶部偏移均为 0。

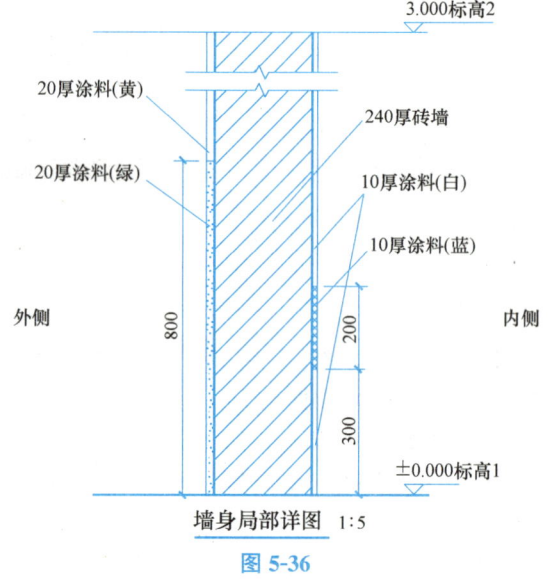

墙身局部详图 1:5

图 5-36

1. 创建"复合墙"类型

（1）以建筑样板为样板文件新建一个项目，在南立面中调整标高 2 的标高为 3m，回到标高 1 楼层平面，单击建筑选项卡构件面板【墙：建筑】命令，激活【修改|放置墙】选项卡，在属性面板类型选择器中选择基本墙"常规－90mm 砖"类型。接下来如图 5-37 所示步骤进行操作：第 1 步，设置顶部约束为标高 2；第 2 步，单击编辑类型；第 3 步，单击复制；第 4 步，在名称对话框输入复合墙；最后在名称对话框单击确定。

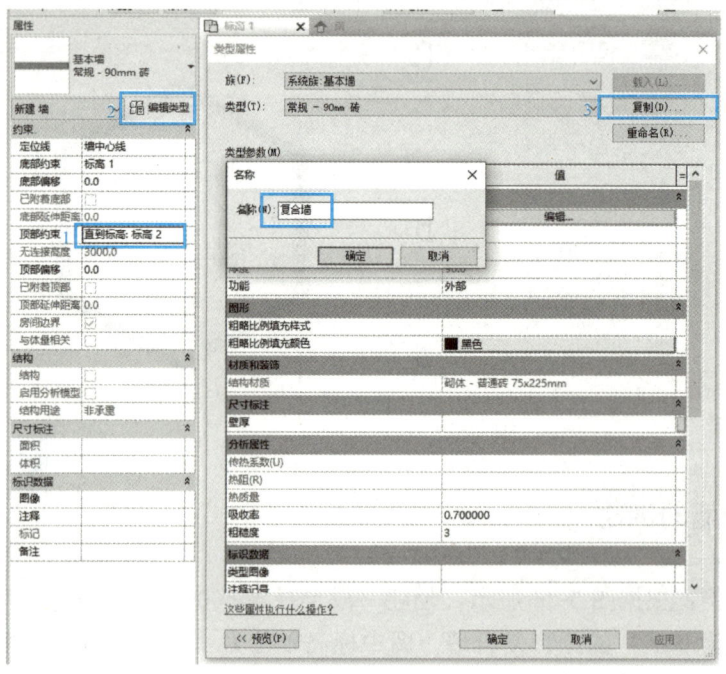

图 5-37

（2）在类型属性对话框中单击"编辑"进入编辑部件对话框，如图 5-38 所示，在编辑部件对话框中操作：第 1 步，单击"预览"，第 2 步，更改视图为【剖面：修改类型属性】，第 3 步，更改厚度为"240.0"。

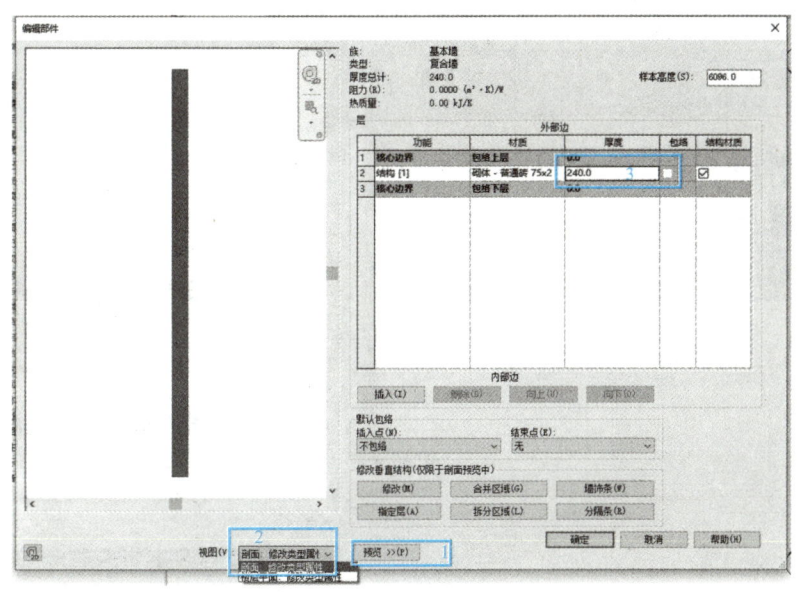

图 5-38

（3）如图 5-39 所示，在编辑部件对话框中操作：第 1 步，单击两次插入，插入两个功能层；第 2 步，选中第一个功能层单击向上将功能层移动至"2 核心边界"上方，接着选中第二个功能层单击两次向下将功能层移动至"4 核心边界"下方；第 3 步和第 4 步分别更改两个功能层的功能为"面层 1［4］"和"面层 2［5］"；第 5 步和第 6 步分别更改两个功能层厚度为"20.0"和"10.0"；第 7 步，单击"面层 1［4］"材质右侧的省略号，进入材质浏览器。

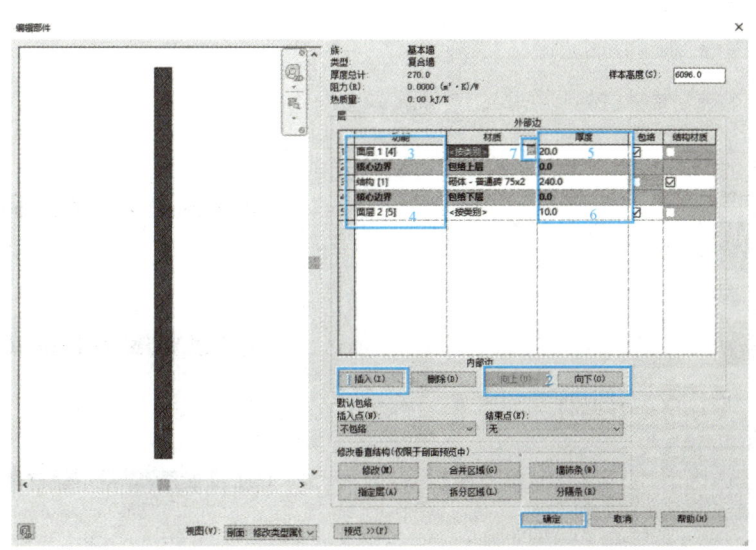

图 5-39

（4）如图 5-40 所示，首先在搜索框中输入"涂料"并按一下键盘上"Enter"键，在弹出搜索结果中单击"涂料-黄色"，最后单击确定回到编辑部件对话框。

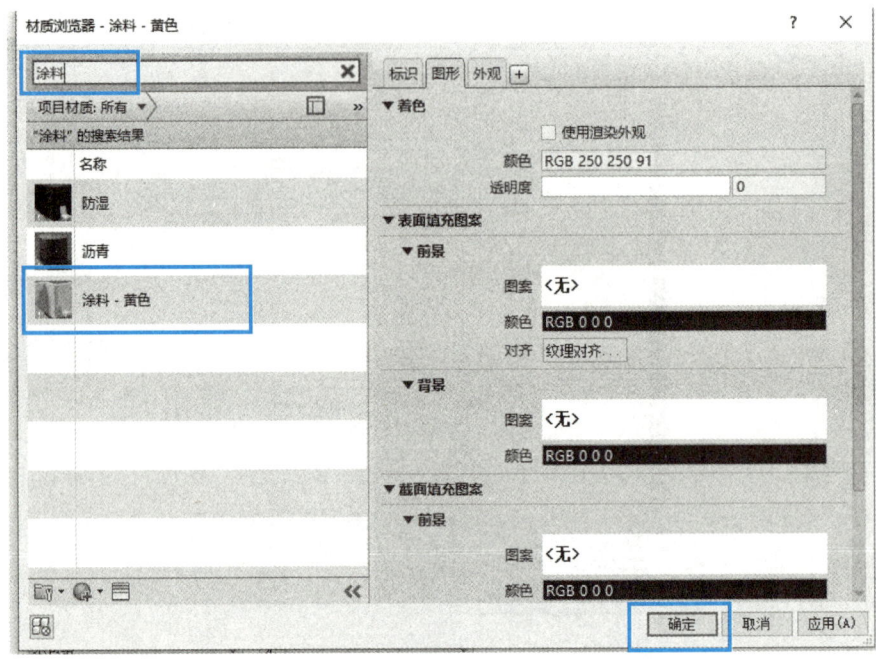

图 5-40

（5）单击"面层 2［5］"材质右侧的省略号，进入材质浏览器。如图 5-41 所示，单击新建材质。

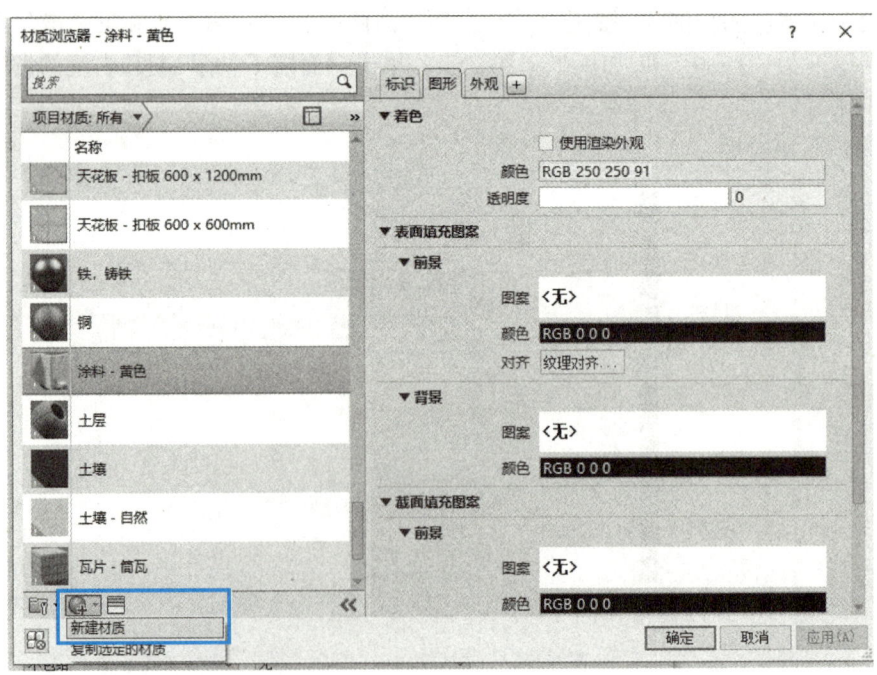

图 5-41

（6）如图 5-42 所示，鼠标放置在新建的材质上单击鼠标右键，选择重命名，将材质名称改为"涂料-白色"。

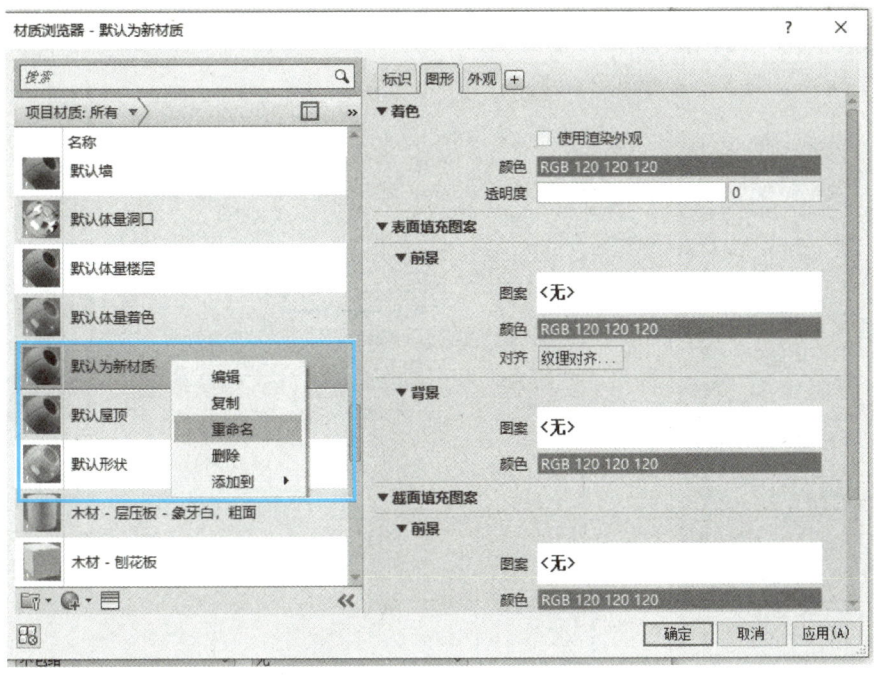

图 5-42

（7）如图 5-43 所示，单击选中材质"涂料-白色"，第 1 步，单击"打开/关闭资源浏览器"；第 2 步，在外观库中单击涂料；第 3 步，双击"粉末图层（白色）"将其外观特性赋予材质"涂料-白色"；第 4 步，在图形显示着色中勾选"使用渲染外观"，最后单击确定回到编辑部件对话框。

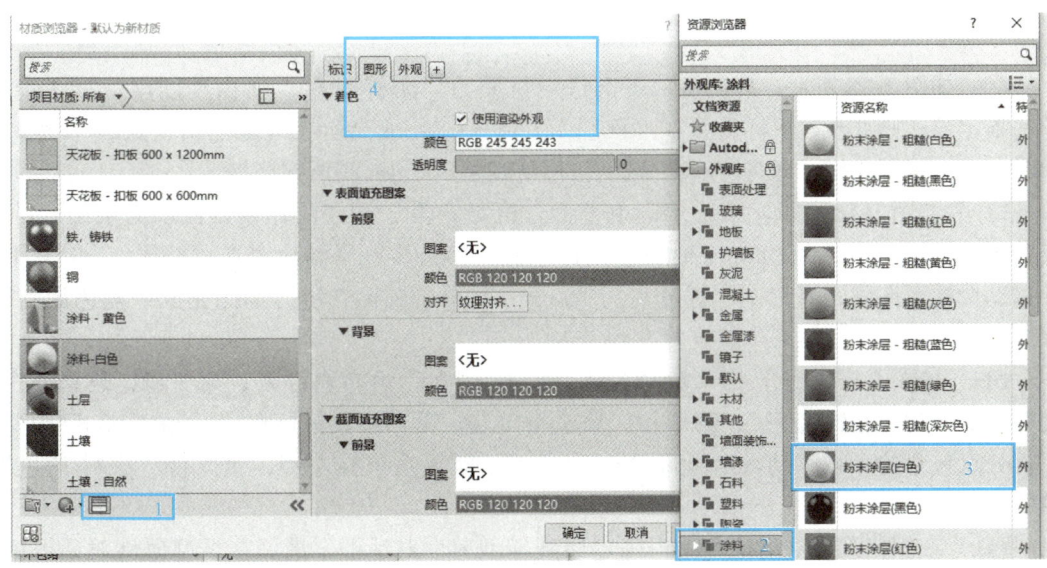

图 5-43

（8）如图 5-44 所示，第 1 步，单击插入得到一个新的功能层；第 2 步，将新插入的功能层材质改为"涂料-绿色"，功能和厚度不修改；第 3 步，单击拆分区域；第 4 步，在剖面视图中将鼠标放置在"面层 1［4］"（涂料-黄色）并移动至 800mm 高度时单击鼠标左键即将"面层 1［4］"拆分为两个区域。

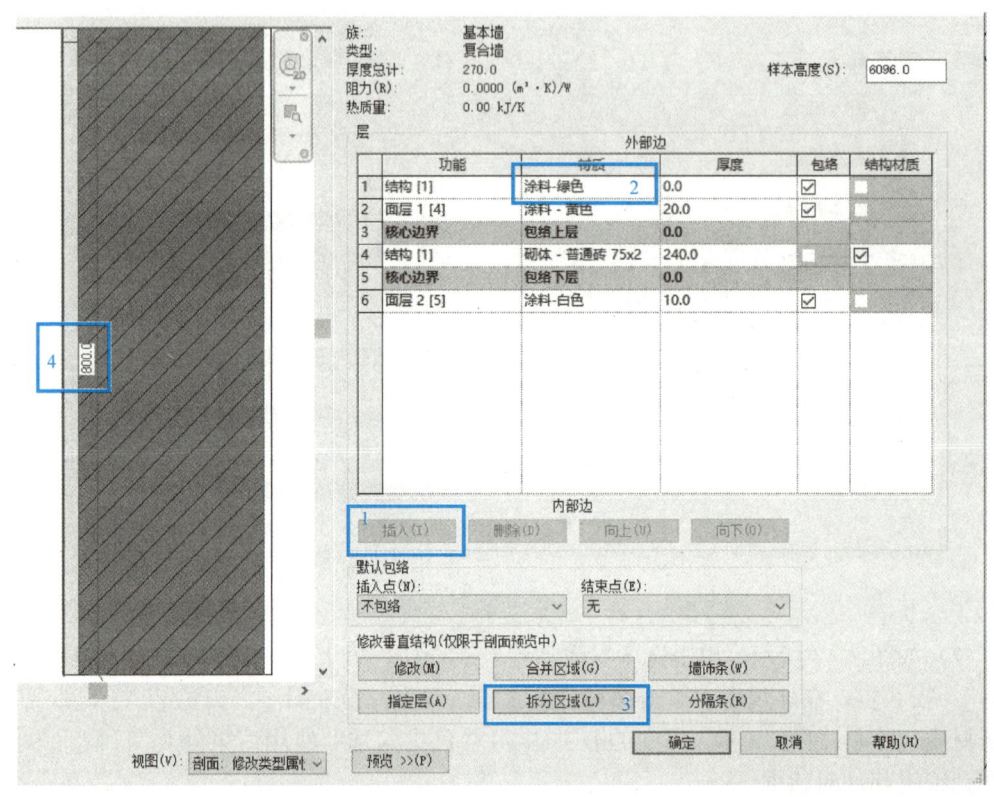

图 5-44

（9）如图 5-45 所示，第 1 步，单击选中材质为"涂料-绿色"所做功能层；第 2 步，单击指定层；第 3 步，鼠标放置在"面层 1［4］"800mm 高所在区域当出现涂料-黄色提示时，单击鼠标左键，即将"涂料-绿色"材质赋予 800mm 高所在区域。

（10）如图 5-46 所示，第 1 步，单击拆分区域；第 2 步，鼠标放置在"面层 2［5］"上并移动鼠标至高度为 300mm 时单击鼠标左键；第 3 步，鼠标放置在"面层 2［5］"上并移动鼠标至高度距离上一个拆分点为 200mm 时单击鼠标左键。至此完成"蓝色涂料"区域的拆分。

（11）如图 5-47 所示，第 1 步，选择"面层 2［5］"并单击插入；第 2 步更改新插入功能层材质为"涂料-蓝色"；第 3 步，单击指定层；第 4 步，鼠标在"面层 2［5］"中两个拆分点包含的区域移动，当出现涂料-白色提示时单击鼠标左键，至此将"涂料-蓝色"赋予该区域。

（12）在编辑部件对话框中单击确定回到类型属性对话框，最后在类型属性对话框中单击确定完成"复合墙"类型的创建。

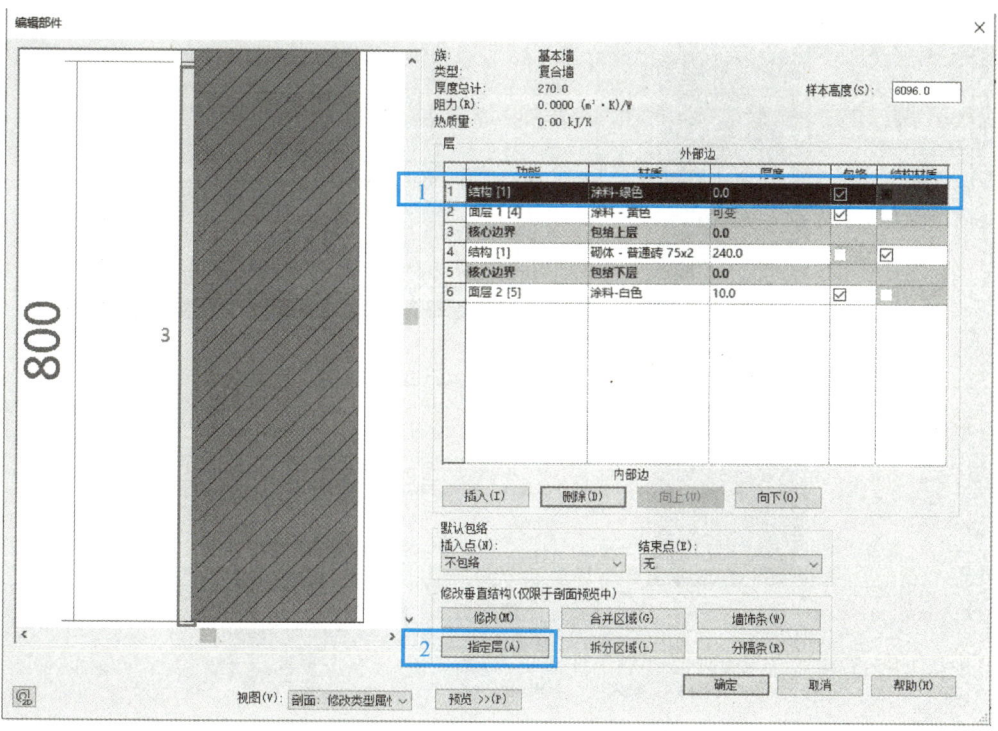

图 5-45

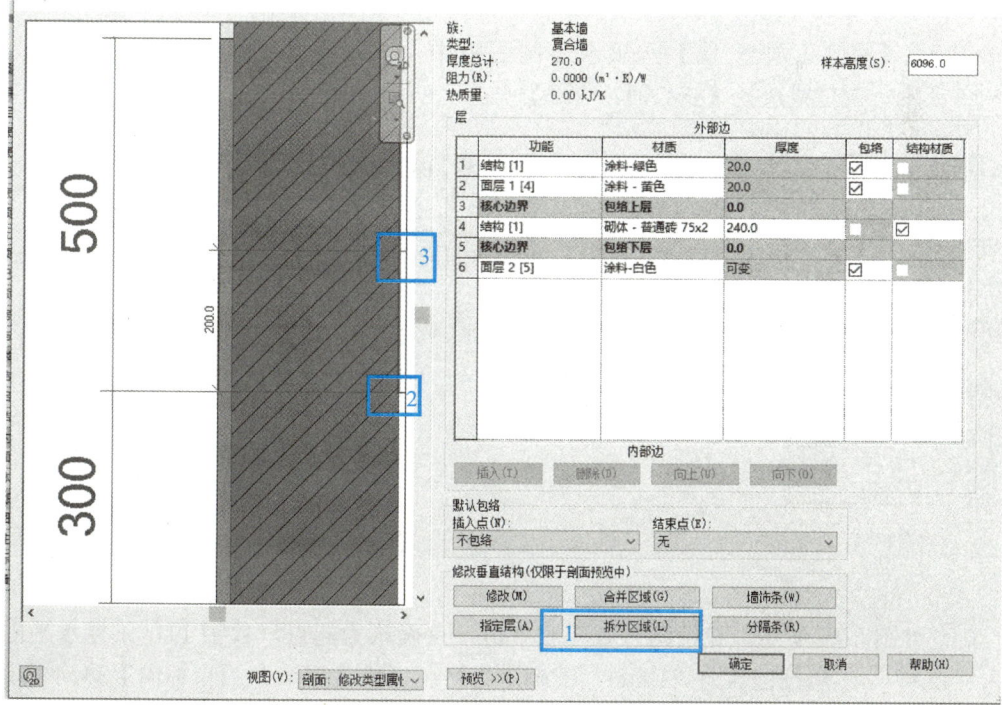

图 5-46

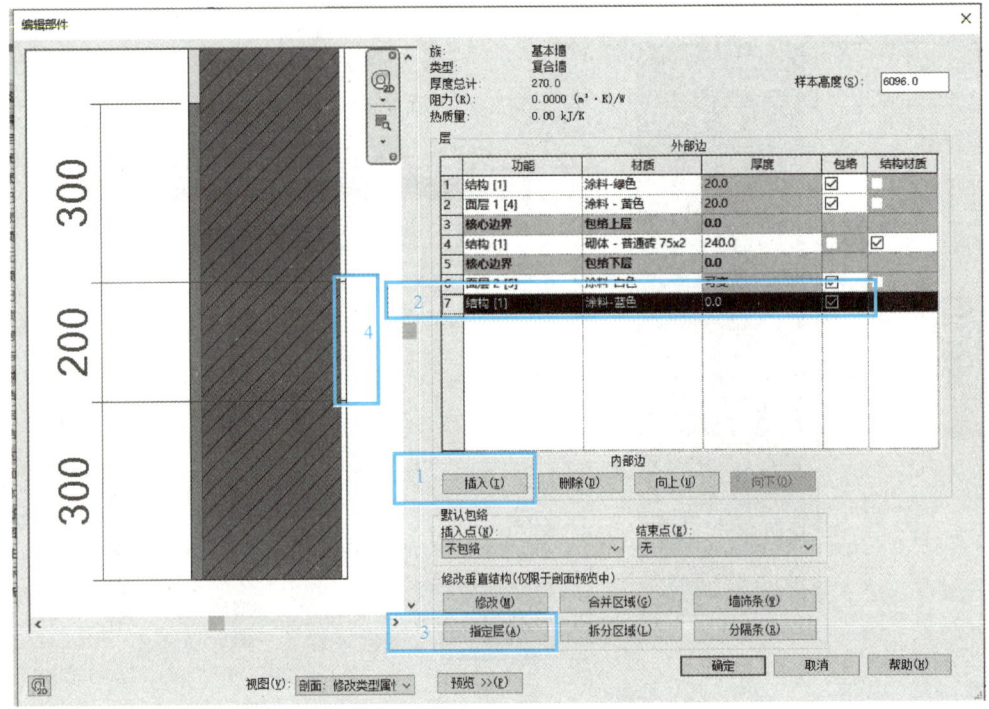

图 5-47

2. 绘制复合墙

（1）在【修改│放置 墙】选项卡绘制面板中单击"起点-终点-半径弧"命令，如图 5-48 所示，定位线选择【核心面：内部】。

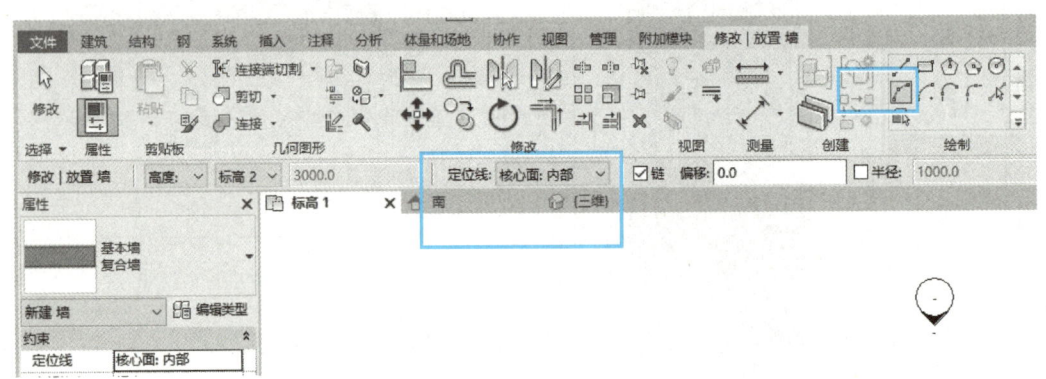

图 5-48

（2）如图 5-49 所示，在绘图区域任意单击一点确认为起点（数字 1），鼠标水平向右输入"12000"然后按键盘上"Enter"键确定为终点（数字 2），最后鼠标向上移动当出现"180.00°"时单击鼠标左键确定半圆半径。

（3）如图 5-50 所示，在选中半圆形墙体后，第 1 步，单击"镜像-绘制轴"命令；第

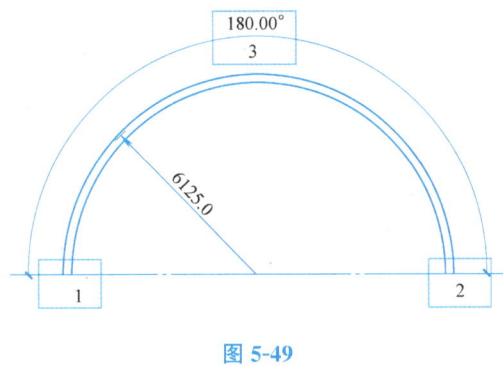

图 5-49

2 步，选择半圆墙体左端点；第 3 步，水平向右选择半圆墙体右端点绘制镜像轴。至此完成复合墙的绘制，如图 5-51 在三维视图中所示绘制的复合墙。

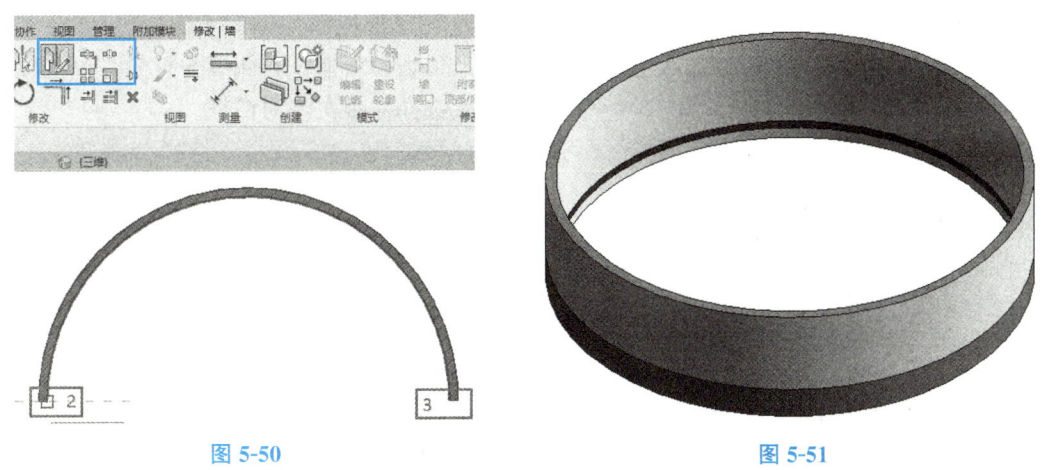

图 5-50　　　　　　　　　　　　　　　图 5-51

5.1.5　墙饰条与分割缝的应用

1. 墙饰条

墙饰条附着在墙体表面，起装饰作用，包括踢脚线、冠顶饰及其他类型的装饰用饰条，在建模过程中，常用墙饰条来创建散水。

墙饰条案例：根据图 5-52 和图 5-53，创建墙体和散水，要求尺寸与图中保持一致，

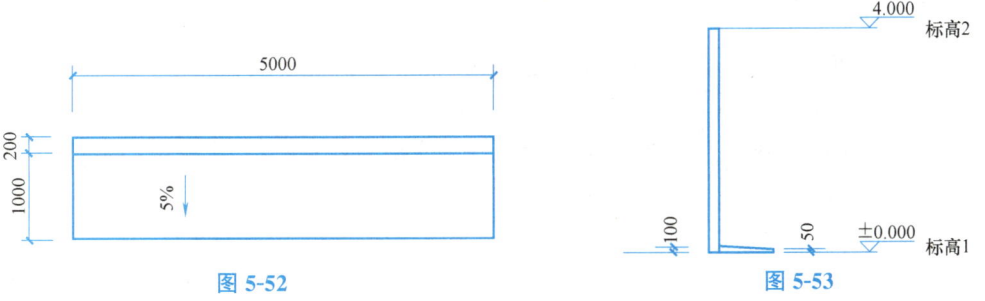

图 5-52　　　　　　　　　　　　　　　图 5-53

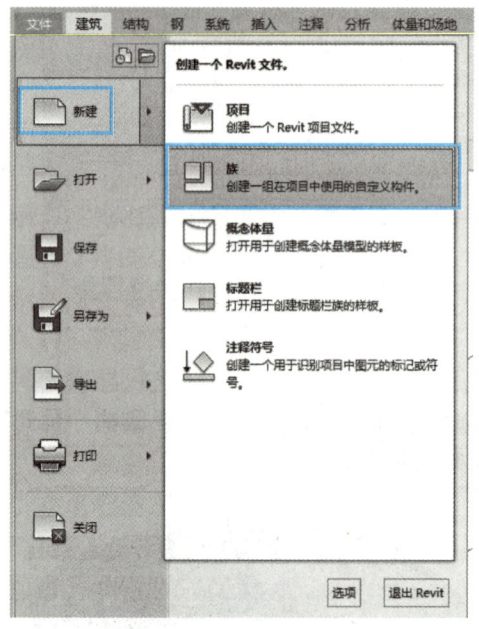

图 5-54

不考虑模型材质。

（1）以建筑样板为样板文件新建一个项目，单击楼层平面标高1，单击建筑选项卡【墙：建筑】命令激活图5-13【修改｜放置墙】选项卡，在属性面板类型选择器中选择基本"墙常规－200mm"墙类型。在属性面板中设置底部约束为"标高1"，顶部约束为"标高2"，底部偏移和顶部偏移均为0。在绘图区域任意位置单击鼠标左键，鼠标水平向右移动输入"5000.0"并按键盘上的"Enter"键，至此完成墙体绘制。

（2）在快速访问工具栏单击"默认三维视图"回到三维视图，如图5-54所示，在文件选项卡单击"新建"右侧展开符号，单击族弹出新族选择样板文件对话框。

（3）如图5-55所示，选择公制轮廓，单击打开新建一个族文件。

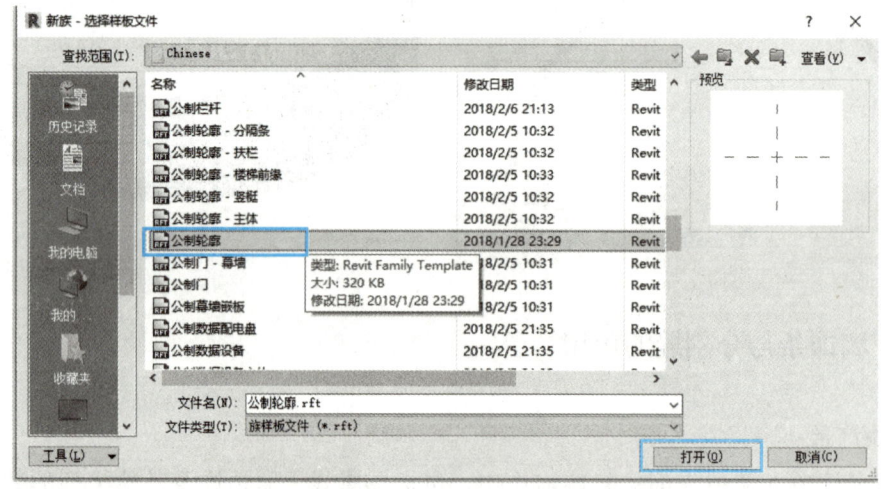

图 5-55

（4）如图5-56所示，在创建选项卡中单击【线】命令，激活【修改｜放置 线】选项卡。

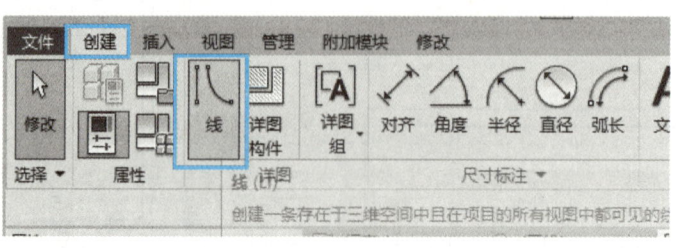

图 5-56

（5）如图 5-57 所示，在【修改｜放置 线】选项卡中绘制面板选择【线】命令绘制轮廓。

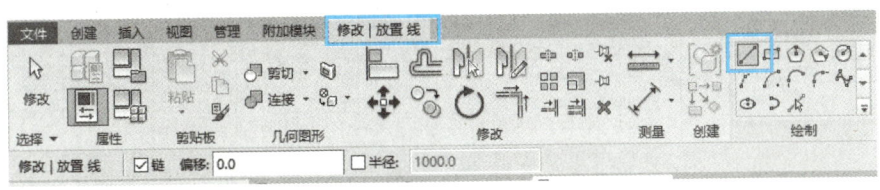

图 5-57

（6）如图 5-58 所示，鼠标单击两参照平面交点，鼠标竖直向下移动，键盘输入"100.0"并按 Enter 键确定，然后鼠标水平向右移动，键盘输入"1000.0"并按 Enter 键确定，接下来鼠标竖直向上移动，键盘输入"50.0"并按 Enter 键确定，最后回到 1 点单击鼠标左键完成散水轮廓绘制。

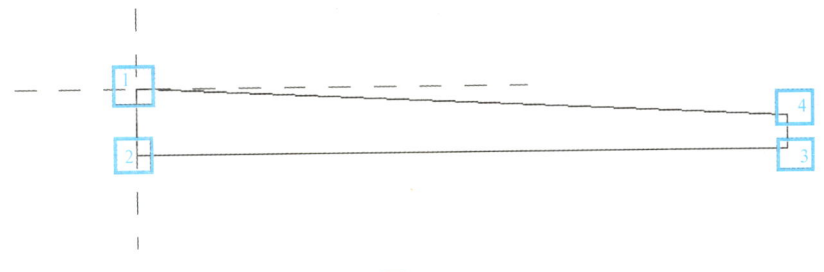

图 5-58

（7）单击"文件选项卡-另存为-族"，弹出另存为对话框，如图 5-59 所示，第 1 步，单击桌面；第 2 步，更改文件名为散水轮廓；第 3 步，单击保存。至此将散水轮廓族另存在电脑桌面上了。

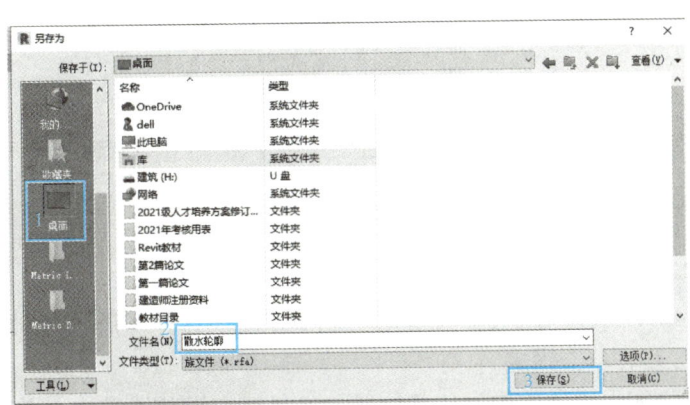

图 5-59

（8）如图 5-60 所示，单击"载入到项目并关闭"，回到项目文件。

（9）如图 5-61 所示，第 1 步，单击快速访问工具栏中默认三维视图；第 2 步，单击建筑选项卡【墙：饰条】命令激活【修改｜放置 墙饰条】选项卡。

（10）如图 5-62 所示，第 1 步，单击编辑类型；第 2 步，单击复制；第 3 步，在名称

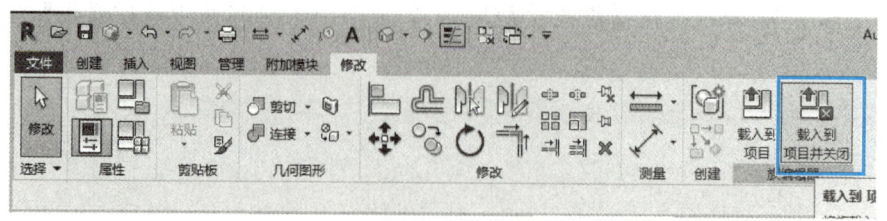

图 5-60

图 5-61

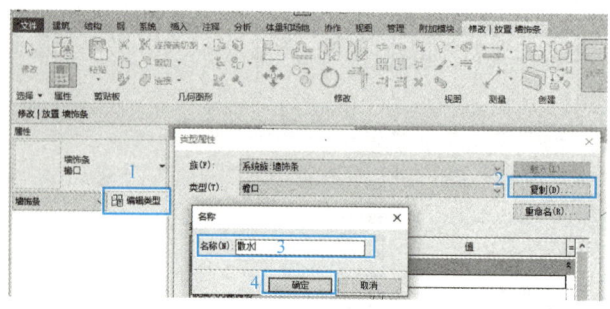

图 5-62

框中输入散水；第 4 步，单击确定回到类型属性对话框。

（11）如图 5-63 所示，第 1 步，在轮廓右侧下拉列表选择【散水轮廓：散水轮廓】作为构造轮廓；第 2 步，单击确定。

（12）在三维视图中墙体前表面任意位置单击鼠标左键放置散水，单击选中散水，如图 5-64 所示，在属性面板中"相对标高的偏移"设置为"100.0"，即完成散水的绘制。

2. 分隔缝

分隔缝又名分隔条，是指在外墙面施工时，为了防止外墙大面积建筑面层因温度、湿度、结构变形等因素而造成的裂缝、空鼓等，而在建筑面层上设置的分隔缝。利用墙饰条相同墙体，在三维视图中，单击建筑选项卡构件面板【墙：分隔条】命令激活【修改｜放

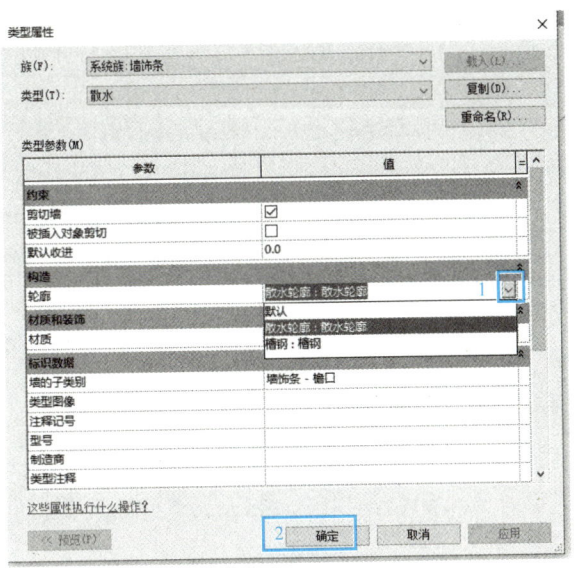

图 5-63

置分隔条】选项卡，在墙体表面任意位置单击鼠标左键，即可放置默认分隔条，如图 5-65
所示。

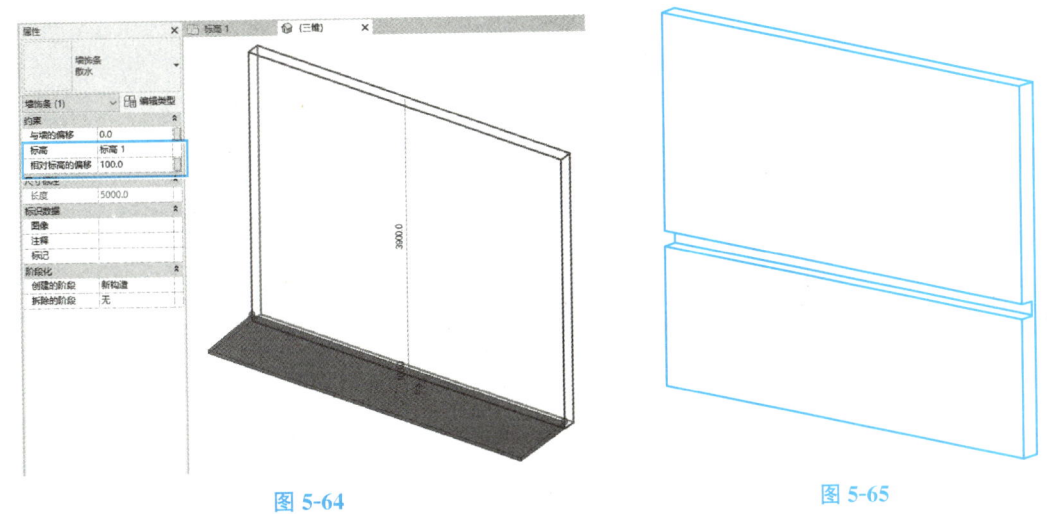

图 5-64   图 5-65

如图 5-66 所示，第 1 步，单击分隔条；第 2 步，可以更改相对标高的偏移；第 3 步，
可以单击单击编辑类型；第 4 步，可以更改分隔条的轮廓，分隔缝编辑和绘制方法与墙饰
条一样。

当然，分隔缝跟墙饰条一样，其轮廓除了可以自己新建轮廓族以外，还可以直接载入
Revit 族库中自带族，如图 5-67 所示，单击插入选项卡，在从族库中载入面板中单击"载
入族"。

分隔条族路径如图 5-68 所示，首先双击"轮廓"文件夹，接着双击"专项轮廓"文
件夹，最后双击"分隔条"文件夹，即可从中选择所需要的分隔条轮廓。

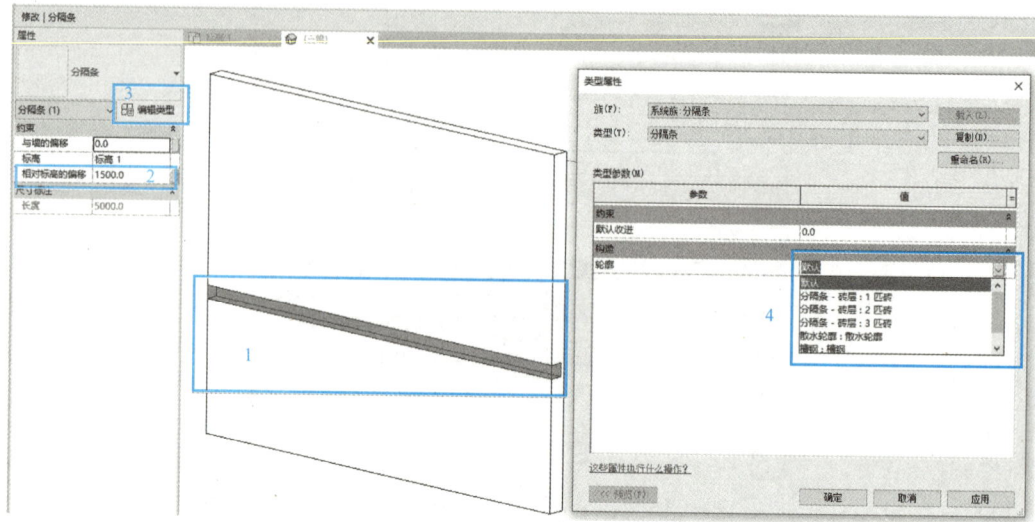

图 5-66

图 5-67

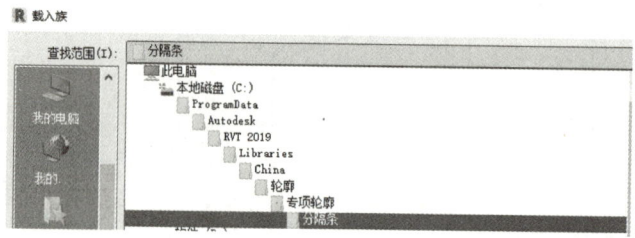

图 5-68

5.1.6　幕墙的创建

1. 任意距离绘制幕墙网格和竖梃

幕墙-案例一：如图 5-69 所示，幕墙竖梃横截面为 50mm×50mm，材质为"金属-铝-白色"，系统嵌板为无，窗嵌板为"上悬无框铝窗"，门嵌板为"四扇推拉无框铝门"无横档，幕墙底部标高为 0。根据以上条件完成"幕墙-案例一"的绘制。

（1）绘制幕墙

单击建筑选项卡构建面板下【墙：建筑】命令，激活【修改│放置墙】选项卡，在属性面板类型选择器中选择"幕墙"类型。如图 5-70 所示，第 1 步，顶

微课

18. 自由划分幕墙网格

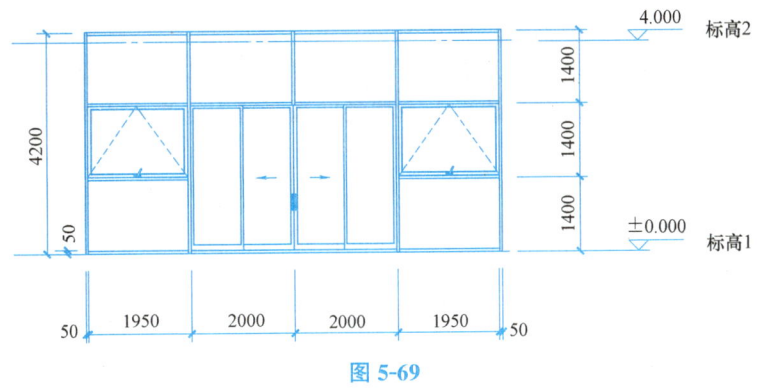

图 5-69

部约束设置为未连接且无连接高度设置为"4200.0";第2步，单击编辑类型；第3步，单击复制；第4步，在名称框中输入"幕墙-案例一"；第5步，单击确定；第6步，单击确定回到绘图界面；第7步，确保单击"线"命令绘制幕墙。

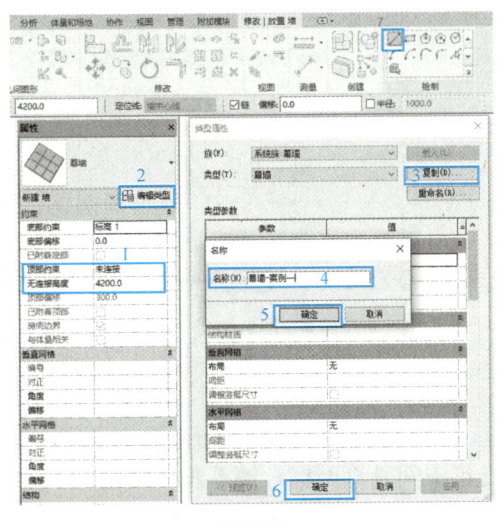

图 5-70

接下来在绘图区域任意位置单击鼠标左键，鼠标水平向右移动，在键盘上输入"8000.0"后按"Enter"键确认，此时已绘制了一段幕墙。

（2）绘制幕墙网格和竖梃

如图5-71所示，第1步，双击"项目浏览器-视图-立面-南"进入南立面；第2步，单

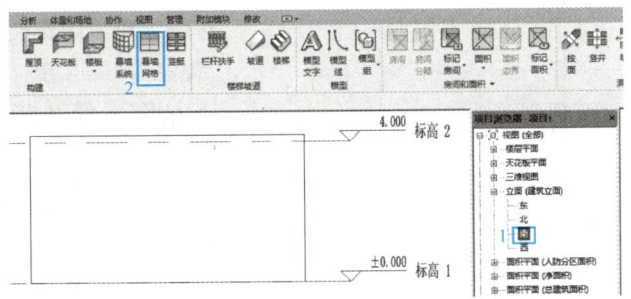

图 5-71

击建筑选项卡构件面板"幕墙网格"命令。

鼠标在幕墙左边界（或右边界）上下移动，距离上边界 1400mm 时单击一次鼠标左键划分一个水平网格，鼠标继续在左边界上下移动，当距离上一个水平网格 1400mm 时单击鼠标左键完成水平网格绘制。

鼠标在幕墙下边界（或上边界）左右移动，在距离左边界 2000mm 时单击一次鼠标左键划分一个垂直网格，接下来每间隔 2000mm 绘制一个垂直网格，总共绘制 3 个垂直网格。

如图 5-72 所示，单击选中第二个水平网格，第 1 步，单击"添加/删除线段"；第 2 步，单击数字 2 所在幕墙网格线段；第 3 步，单击数字 3 所在幕墙网格线段，此时完成水平幕墙网格的修改。

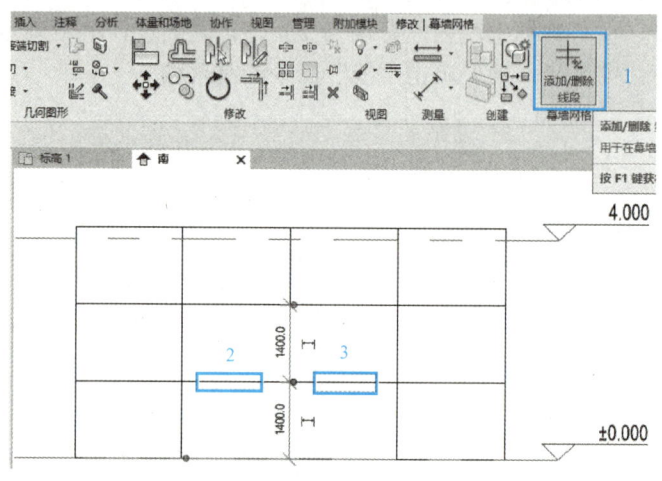

图 5-72

如图 5-73 所示，单击正中间垂直网格，第 1 步，单击"添加/删除线段"；第 2 步，单击数字 2 所在幕墙网格线段，此时完成竖直幕墙网格的修改。

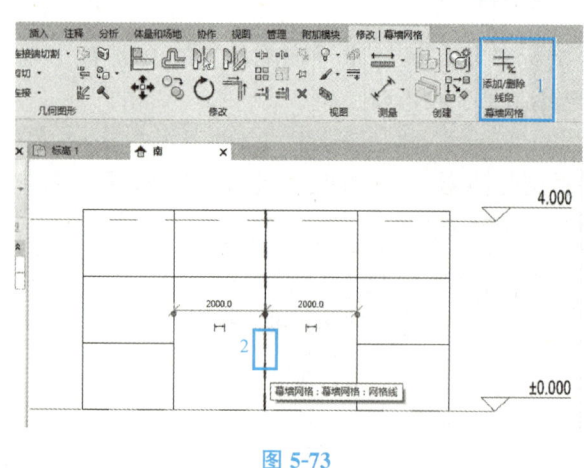

图 5-73

在建筑选项卡构建面板上单击"竖梃"命令，激活【修改｜放置竖梃】选项卡，在属性面板类型选择器中选择"矩形竖梃 30mm 正方形"类型，接下来如图 5-74 所示，第 1 步，单击编辑"编辑类型"；第 2 步，单击"复制"；第 3 步，更改名称为"50mm 正方形"；第 4 步，更改竖梃厚度为"50.0"；第 5 步，更改边 2 上的宽度为"25.0"；第 6 步，更改边 1 上宽度为"25.0"，最后单击确定。

注意，此处边 2 上宽度加上边 1 上宽度刚好为竖梃总宽度 50mm。对于边界网格，无论边 2 或边 1 上的宽度为多少，竖梃均向幕墙内侧偏移，偏移值为竖梃总宽度；对于内部水平网格，边2上的宽度为竖梃相对于网格向上偏移的距离，边1上的宽度为竖梃相对于网格向下偏移的距离；对于内部垂直网格，边2上的宽度为竖梃相对于网格向右偏移的距离，边1上的宽度为竖梃相对于网格向左偏移的距离。

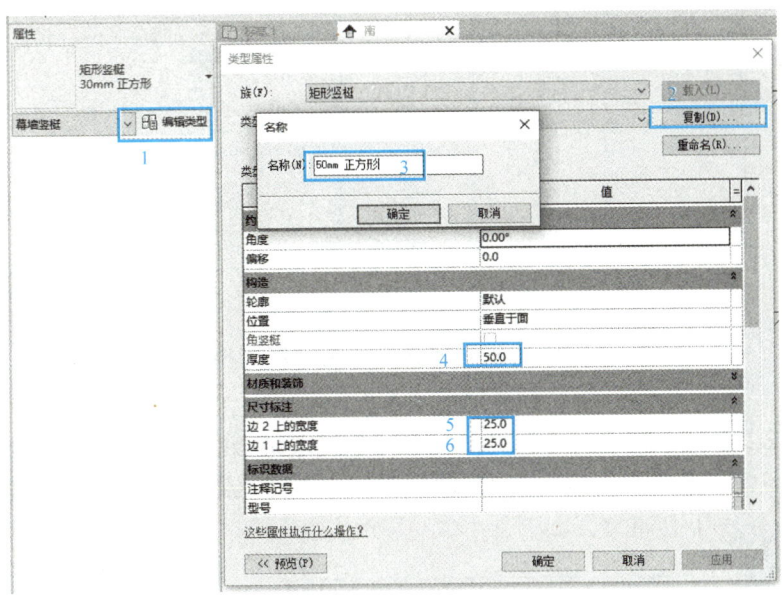

图 5-74

分别单击所有的边界网格和垂直网格生成边界竖梃和垂直竖梃。

采用同样的方法复制生成"50mm 正方形 2"的竖梃，此类型竖梃边界 2 上的宽度设置为 50，边界 1 上的宽度设置为 0，其余与"50mm 正方形"竖梃相同。最后单击所有的水平网格生成水平竖梃，至此完成所有的网格和竖梃绘制。

（3）编辑门窗嵌板

单击插入选项卡下载入族命令，首先双击"建筑"文件夹，然后双击"幕墙"文件夹，最后双击"门窗嵌板"文件夹。在"门窗嵌板"文件夹中选择"窗嵌板-上悬无框铝窗"和"门嵌板-四扇推拉无框铝门"，单击打开，载入两个嵌板族。

如图 5-75 所示，将鼠标放置在窗嵌板所在位置的边界处，按 Tab 切换，当窗嵌板所在方块高亮显示时，单击该方块，然后在属性面板类型选择器中选择"窗嵌

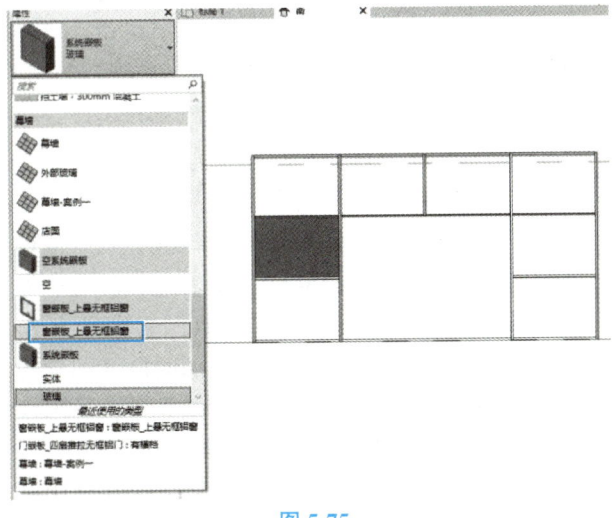

图 5-75

板-上悬无框铝窗"嵌板类型，则高亮显示的方块就被替换为选择的嵌板类型。

用同样方法完成其他窗嵌板和门嵌板的替换，结果如图5-76所示，至此完成"幕墙-案例一"的绘制。

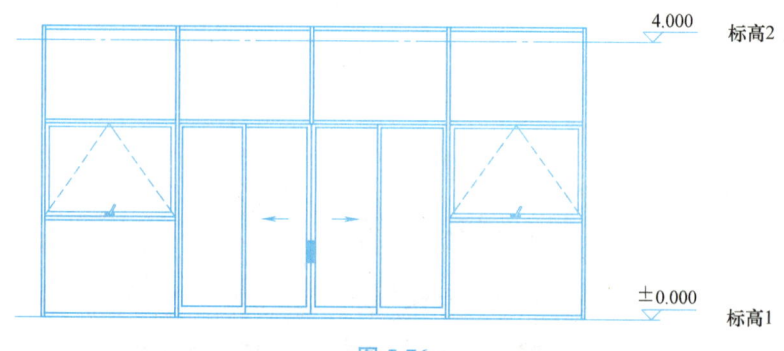

图 5-76

微课

19. 固定距离或固定数量绘制幕墙网格

2. 固定距离或固定数量绘制幕墙网格和竖梃

（1）自动划分网格基本方法

幕墙网格和竖梃处了采用"幕墙-案例一"任意距离绘制方法外，还可以采用固定距离或固定数量方法绘制。如图5-77所示，首先绘制一段幕墙。

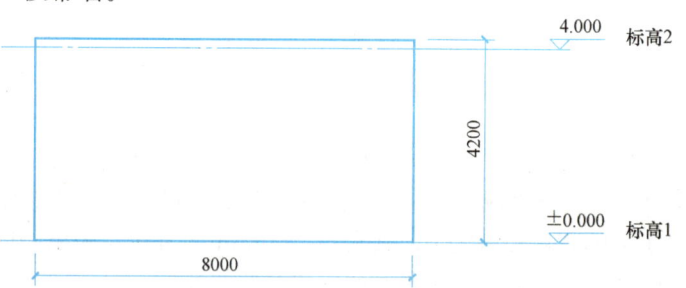

图 5-77

接下来单击选中该段幕墙，在属性面板单击"编辑类型"，进入类型属性对话框，如图5-78所示，将垂直网格布局设置为固定距离且间距为"2000.0"，水平网格布局设置为固定距离，且间距为"1400"，单击确定后即可得到如图5-79所示网格布局。

如图5-80所示，如果将垂直网格和水平网格设置为固定数量，单击确定后，选中该幕墙，如图5-81所示，在属性面板中设置垂直网格编号为3，水平网格编号为2，这里的编号为内部网格（不含边界）数量。最终网格布局结果与图5-79一模一样。

如图5-82，在类型属性对话框中，也可以设置连接条件、垂直和水平竖梃类型，此部分内容比较简单，请读者自行尝试。

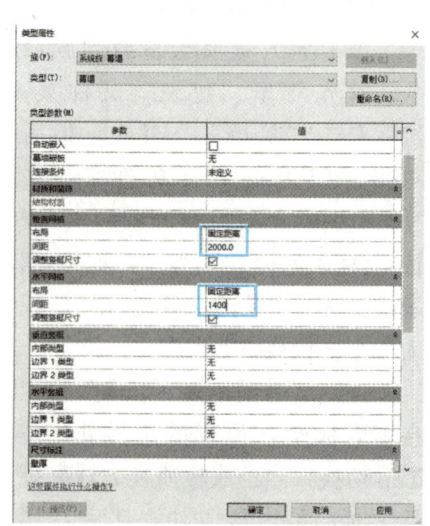

图 5-78

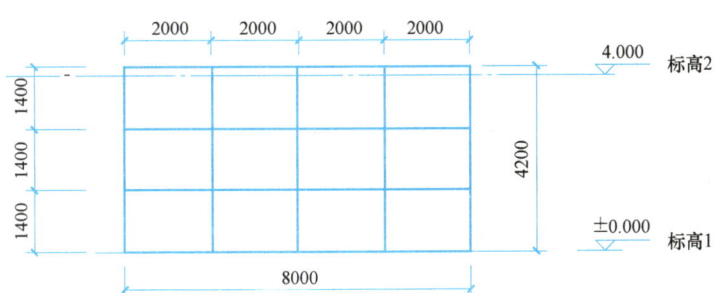

图 5-79

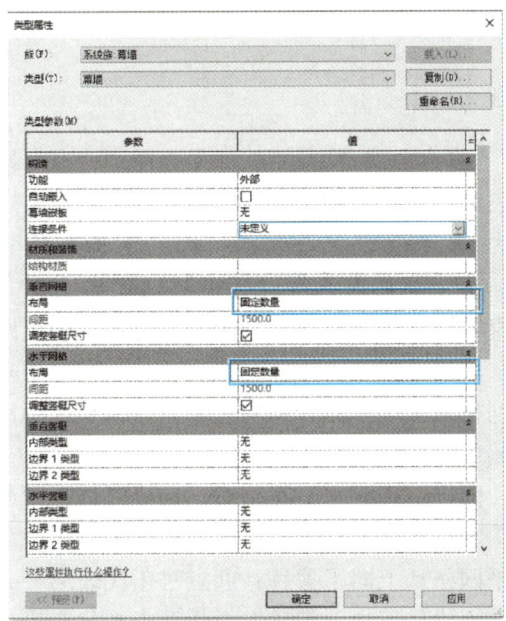

图 5-80

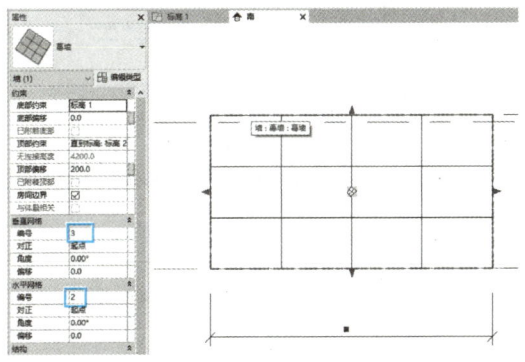

图 5-81

（2）案例实操

幕墙-案例二：完成如图 5-83 所示幕墙网格布局。

在完成一段长 8000mm、高 4200mm 幕墙绘制后，单击选中该幕墙，在属性面板中单击"编辑类型"，如图 5-84 所示，设置垂直网格布局为固定距离且间距为"3000.0"，水平网格布局为固定距离且间距为"1400.0"，最后单击确定。

单击选中该幕墙，如图 5-85 所示，在属性面板中设置垂直网格对正为终点，水平网格对正为终点，即可完成如图 5-83 所示幕墙网格布局。

属性面板中垂直网格对正可以选择"起

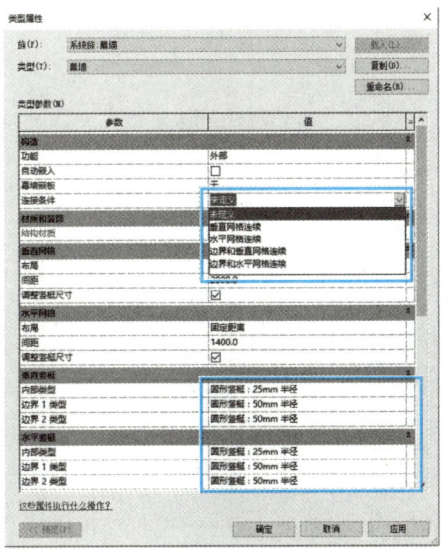

图 5-82

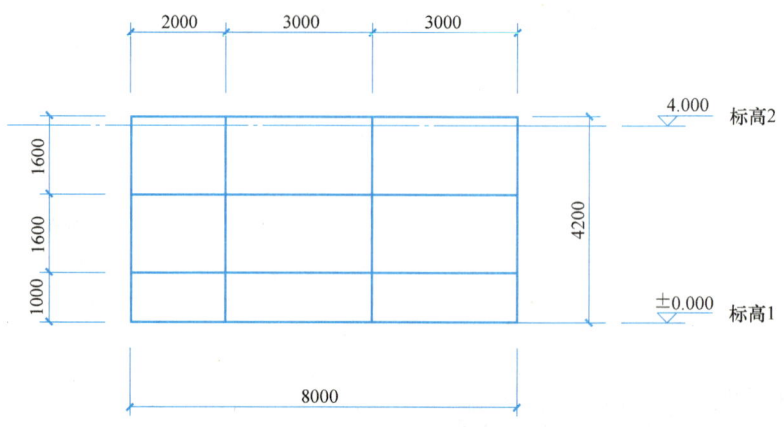

图 5-83

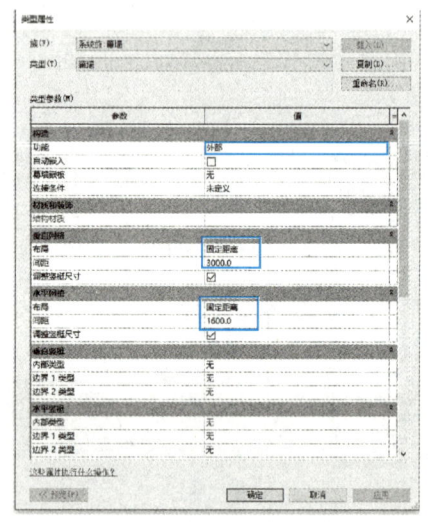

图 5-84

点""终点"或"中心"。如果选择"终点"则代表第一条垂直网格从右往左偏移,距离右边界为固定距离(幕墙-案例二固定距离为3000mm);如果选择"起点"则代表第一条垂直网格从左往右偏移,距离左边界为固定距离;如果选择"中心"则代表第一和第二条垂直网格从幕墙中心分别向左和向右偏移,距离幕墙中心为固定距离。

同样道理,水平网格对正也可以选择"起点""终点"或"中心",终点对正代表第一条水平网格从上向下偏移;起点对正代表第一条水平网格从下向上偏移;中心对正则代表第一和第二条水平网格从幕墙中心分别向上和向下偏移。偏移距离全部为在类型属性对话框中提前设置的固定距离。

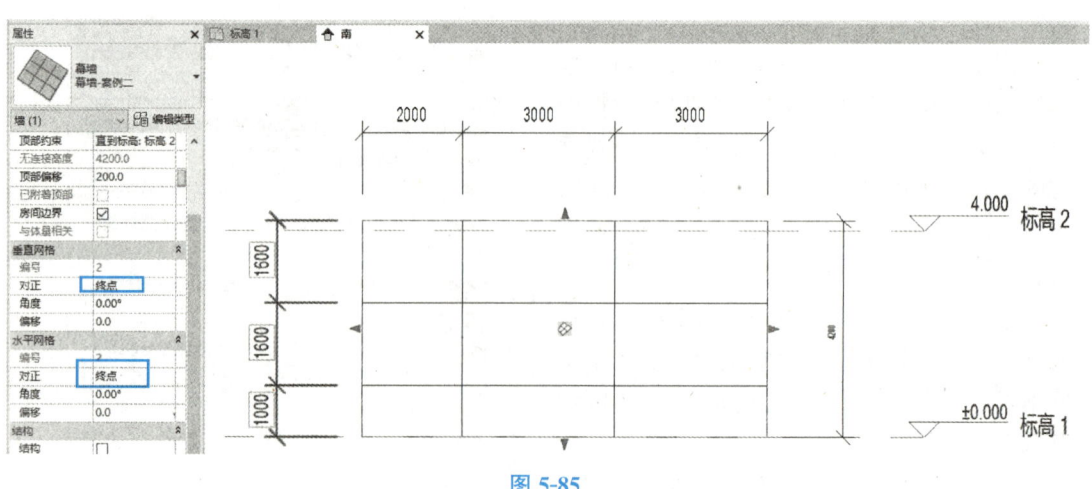

图 5-85

任务 5.2　门、窗的创建

门窗是基于主体的构件，在创建之前要保证墙体是绘制好的。门窗可以创建到各种类型的墙体上，可以在平面视图、立面视图、剖面视图、三维视图上创建，通常在平面视图上进行创建。

5.2.1　门、窗的放置

如图 5-86 所示，单击建筑选项卡构建面板下【门】命令，激活如图 5-87 所示【修改｜放置门】选项卡，同时激活图 5-88 快速访问栏和图 5-89 属性面板。

图 5-86

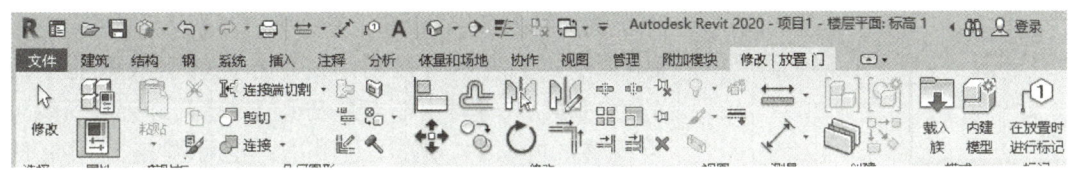

图 5-87

修改｜放置门　｜□ 水平　∨　标记… □ 引线 ↔ 12.7 mm

图 5-88

同理如图 5-86 所示，单击建筑选项卡构建面板下【窗】命令，激活图 5-90【修改｜放置 窗】选项卡，同时激活图 5-91 快速访问栏和图 5-92 属性面板。

1. 快速访问栏

（1）水平与垂直

单击 ⌐ 水平 ∨ ，弹出水平和垂直两个命令，如果选择水平，则代表门（窗）的标记是水平方向的，而如果选择垂直，则代表门（窗）的标记方向是垂直方法的。

（2）标记

标记… 为每个列出的族类别，选择可用的标记或符号族。

图 5-89

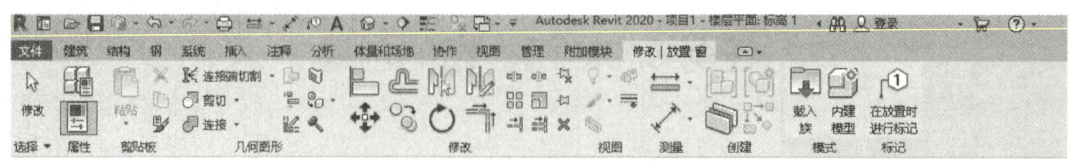

图 5-90

修改 | 放置 窗　水平　标记...　□ 引线　12.7 mm

图 5-91

（3）引线（图 5-93～图 5-94）

□ 引线 前面可勾选，可不勾选。若勾选，表示门（窗）的标记除了门（窗）标记之外还有引线引出，若不勾选，表示只有门（窗）标记无引线引出；【引线】前面在勾选的状态下 ☑ 引线　12.7 mm ，可设置引线长度，默认是12.7mm。

若门已放置，点击门标记，会弹出 ☑ 引线 附着端点，【引线】前面在勾选的状态下 ☑ 引线 附着端点，点击下拉键，弹出两个命令，包括附着端点、自由端点。【附着端点】表示可以门（窗）标记的引线只能从门（窗）上引出；【自由端点】表示门（窗）标记的引线可以调整，可从门（窗）上引出，也可调整到附近的位置。

图 5-92

修改 | 放置 门　水平　标记...　□ 引线　12.7 mm

图 5-93

修改 | 放置 窗　水平　标记...　□ 引线　12.7 mm

图 5-94

2. 属性面板

（1）单击属性面板  右侧下拉按钮，进入类型选择器，可选择不同的族类型和门类型。

（2）单击 新门 右侧下拉按钮，弹出新门和所在视图（对应标高平面）两个命令。点击【新门】，属性仍保持在门的属性，点击【所在视图】，属性会切换到对应视图属性状态。

（3）单击属性面板 编辑类型，进入图5-95类型属性编辑框，可对门属性进行编辑。

1）单击图5-95类型属性编辑框 族(F): 中式双扇门，下拉可以选择不同的族类型，分为中式双扇门2、单嵌板木门2等8种类型。

2）单击图5-95类型属性编辑框 门嵌入 [0.0]，可以输入不同的门嵌入深度。

3）单击图5-95类型属性编辑框 构造 包括【功能】、【墙闭合】和【构造类型】三个功能，其中【功能】指示门是内部的（默认值）还是外部的；【墙闭合】门周围的层包络，此参数将替换主体中的任何设置；【构造类型】门的构造类型。

4）单击图5-95类型属性编辑框 材质和装饰 可以对门的贴面、把手、框架、门嵌板 <按类别> ，点击右侧三个点进行重新选择和定义。

5）单击图5-95类型属性编辑框 尺寸标注 包括【顶部窗扇高度】【厚度】【粗略宽度】【粗略高度】【宽度】【高度】【框架宽度】7个属性功能。可分别输入数值对其属性进行修改。

6）单击图5-95类型属性编辑框 标识数据 常用【类型注释】【注释记号】【类型标记】3个属性功能。其中【类型注释】是指关于门类型的注释。【注释记号】用于添加或编辑门注释记号。【类型标记】此值指定特定的门类型。对于项目中的每个门类型，该数值必须是唯一的。

7）单击图5-95类型属性编辑框 载入(L)... ，激活5-96不同类型的族，双击【建筑】（图5-97），双击【门】（图5-98），根据项目需要，如图5-99所示，选择合适的门族双击左键载入到项目，最后在建筑选项卡构建面板单击【门】激活修改/放置门选项卡，在属性选择器中选中要放置的门类型，点击编辑类型打开门类型属性对话框，如图5-100所示，点击复制新建一个门类型（不可点重命名，只能点复制，因为复制会保留原有的门类型）。

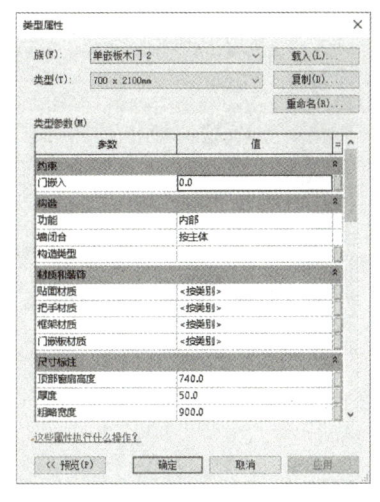

图 5-95

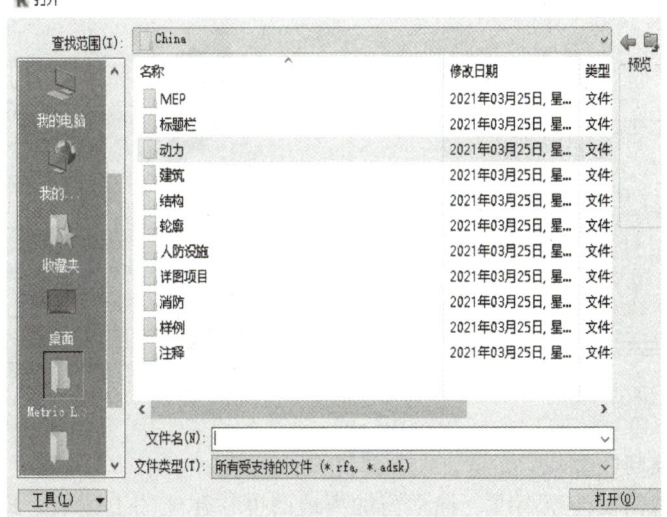

图 5-96

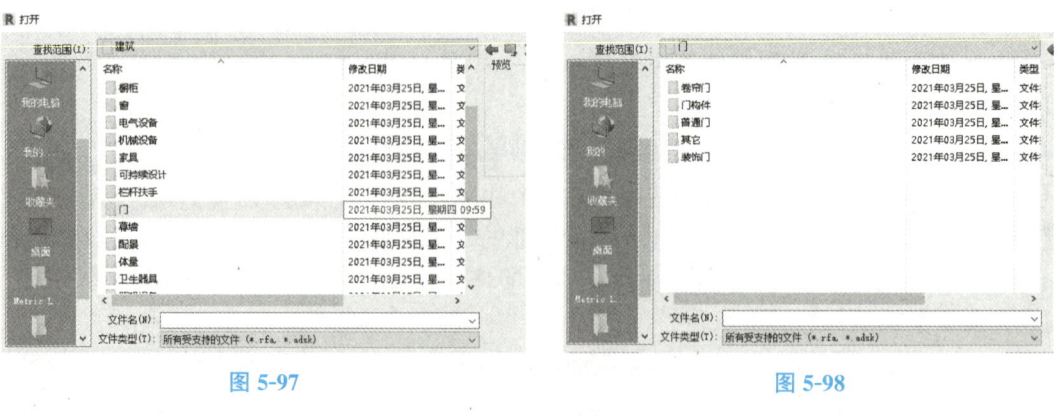

图 5-97　　　　　　　　　　　　　　　　图 5-98

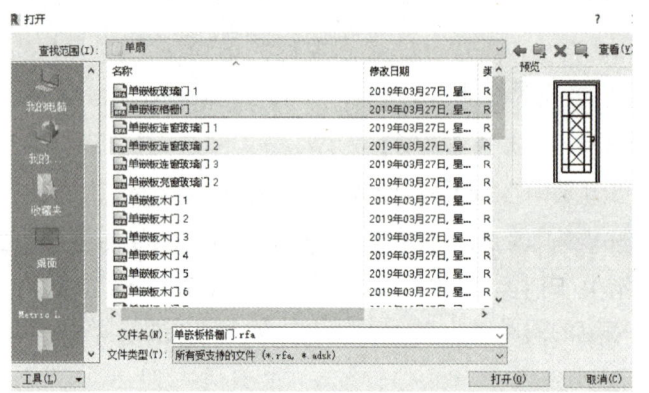

图 5-99

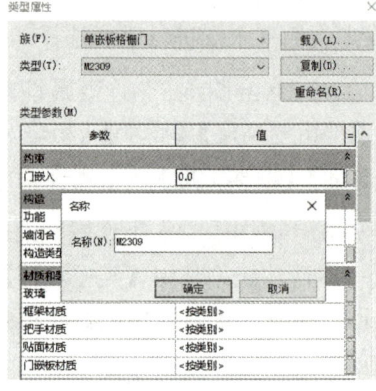

图 5-100

（4）绘制门窗前提是要将对应的墙体绘制完整后，选择项目需要的门在墙上单击放置。单击图 5-101 中的箭头可调整门的方向及开启的方向。单击图 5-101 中的数字可以调整门在墙上的位置。如图 5-102 所示，选中门可以在左侧属性栏里进行标高和底高度的修改。

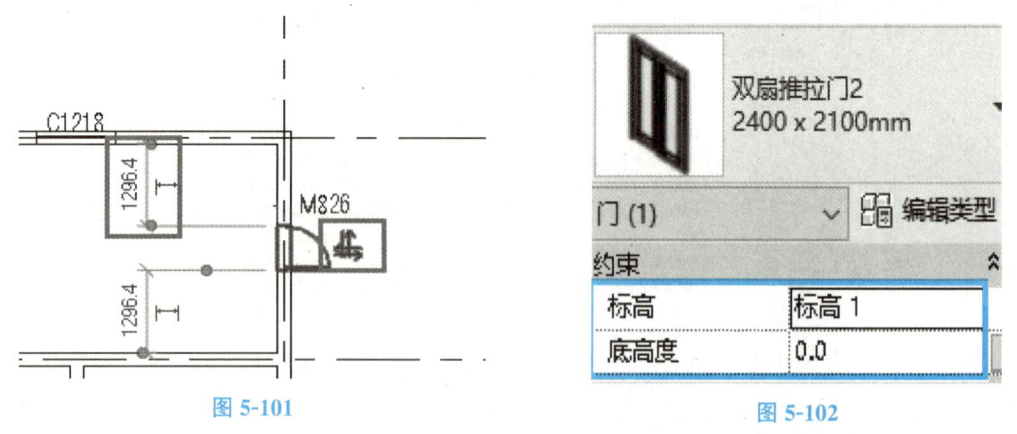

图 5-101　　　　　　　　　　　　　　　图 5-102

（5）窗的创建与门类似。

（6）窗的创建需要注意高度。通常窗的离地高度在建施图上读取，即读的是离建筑标高的高度，但项目标高的创建往往是以结构施工图的标高为准来创建的，所以窗的离地高度需要注意换算成离结构标高的高度（图5-103）。

图 5-103

5.2.2　门、窗的标记

在 Revit 中，门窗标记使用的是按类型标记，在门窗【编辑属性】面板中【标识数据】选项组的【类型标记】的值中填写的数值，就是标记的内容。门窗标记有两种方式：一种是手动标记，其对于单个标记的表达控制比较精确；另一种是自动标记，自动标记可快捷标注类型标记。

当需要标注的图元构件较多的时候，使用手动标记要耗费相对长的时间，并且有可能出现疏漏，这时候使用自动标记能够更加快捷。

1. 手动创建

手动标记对于单个标记的表达控制比较精确。具体方式有两种：

（1）按类别标记

如图5-104所示，在【注释】栏里选择【按类别标记】，再点击门窗族构件，会出现类型标记名称。前提是在门窗【编辑属性】面板中【标识数据】选项组的【类型标记】的值中填写的数值，就是标记的内容。

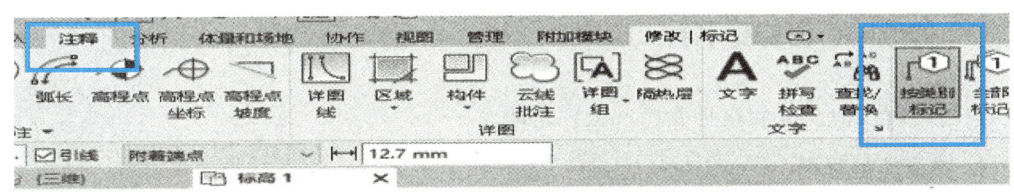

图 5-104

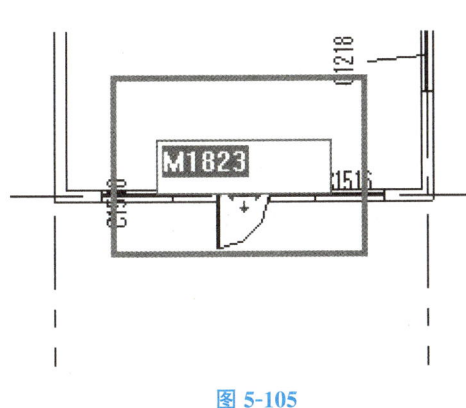

图 5-105

（2）手动输入

如图5-105所示，选中门窗构件上方的名称框，直接根据门窗的名称进行手动进行输入。

2. 自动添加

自动标记门窗标记类型。在平面视图下，如图5-106所示，在快速访问工具栏中点单击【注释】＞【全部标记】。点击全部标记后，此时会弹出标记所有未标记的对象对话框。如图5-107所示，勾选窗标记和门标记，再点击应用，即可快速对门窗进行标记。

图 5-106

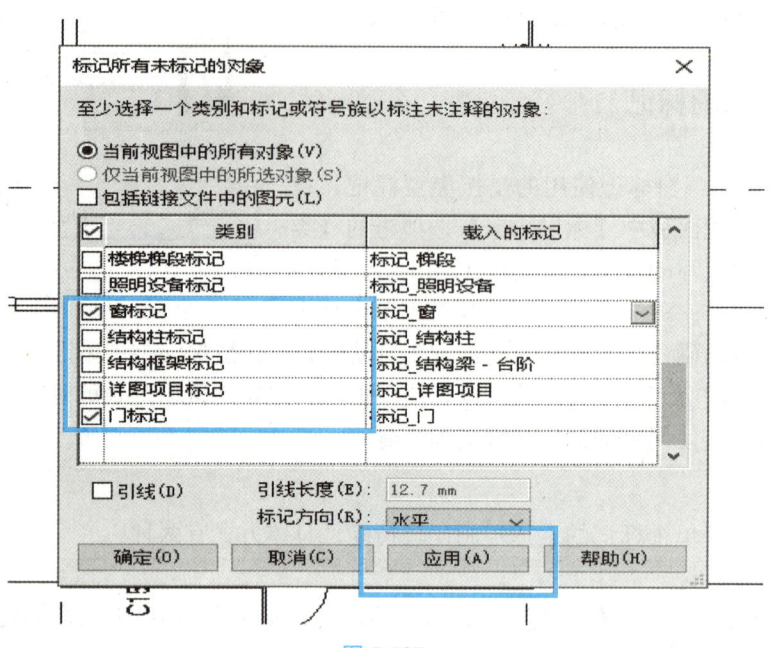

图 5-107

5.2.3 修改门、窗标记名称

对于门窗标记名称的修改方式具体有两种：

1. 修改类型标记

如图 5-108 所示，在门窗属性编辑框里【标识数据】＞【类型标

微课

20.修改门、
窗标记

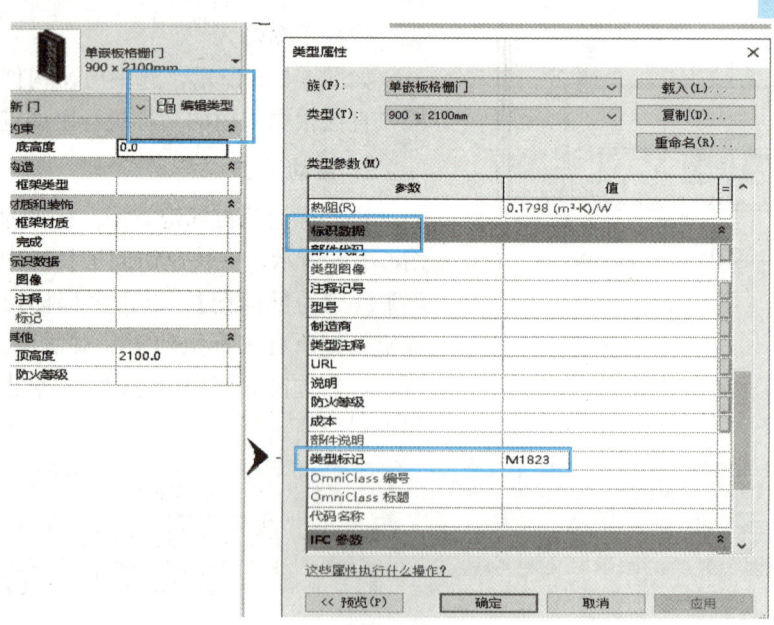

图 5-108

记】中，将值进行修改。这个方法是比较常用的，但是缺点是每新建一个类型的窗户，需要去单独修改【类型标记】的值。

2. 编辑族

（1）单击门窗标记如图 5-109 所示，以标记"C0406"为例，在【修改】面板中，选择【编辑族】，进入该标记的族编辑界面。通常进入后该标记族显示的文字样式是"1t"，如图 5-110 所示，单击"1t"，选择【修改】＞【编辑标签】。

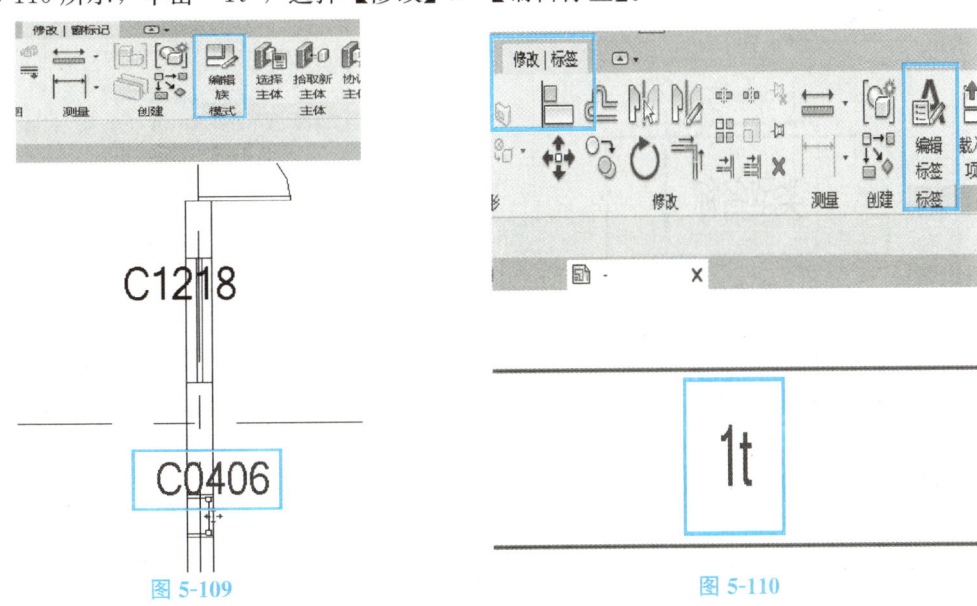

图 5-109   图 5-110

（2）如图 5-111 所示，在弹出的【编辑标签】对话框中，可以看到【类型标记】是参数名称，"1t"是样例值。若要对门窗名称标记进行统一修改标，需要将窗口中标签参数进行修改。第 1 步，在标签参数中选中【类型标记】一行；第 2 步，点击红色箭头图标；第 3 步，在左边选择框中，选择【类型名称】字段；第 4 步，点击绿色箭头图

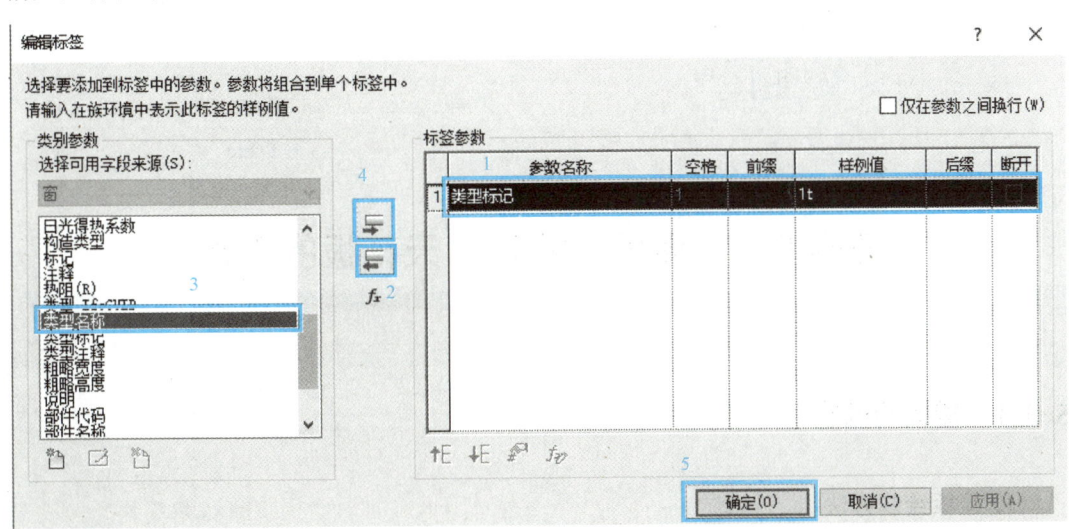

图 5-111

标将它添加到标签参数中；第5步，单击确定。

（3）如图5-112所示，退出【编辑标签】对话框，将【类型名称】重新【载入到项目】。载入之后如图5-113所示，点击第二个选项【覆盖现有版本及其参数值】。

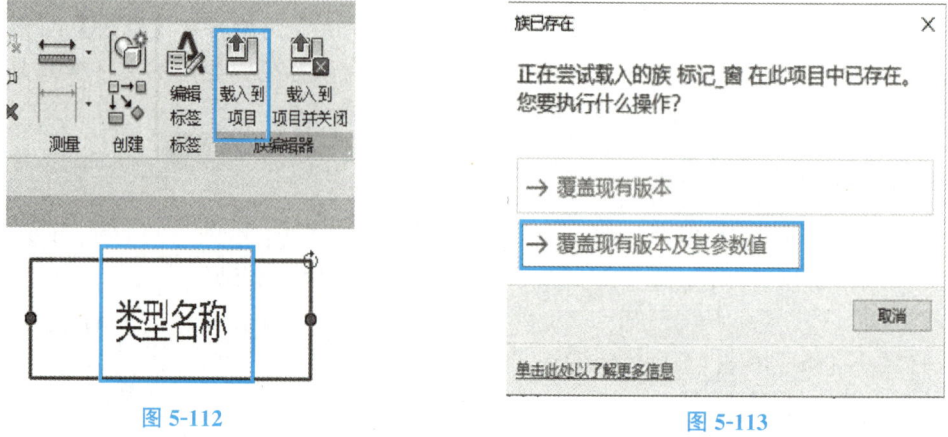

图 5-112   图 5-113

选择修改标记族，对于新建的各种类型的窗户，都是按照【类型名称】来标记的，不需要逐个修改【类型标记】。

5.2.4 门、窗尺寸标注

门窗尺寸标注同其他尺寸标注一样，在快速访问工具栏中单击 注释 中【尺寸标注】面板，点击【对齐】，如图5-114所示。点击门窗的两个边界线，拖动到合适位置，即可完成门窗的尺寸标注，如图5-115所示。

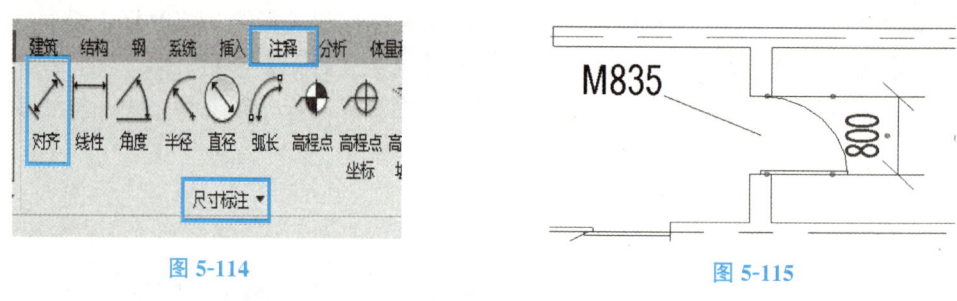

图 5-114   图 5-115

任务 5.3 楼板、屋顶、天花板的创建

5.3.1 楼板的创建

1. 楼板绘制方法

单击【建筑】＞【楼板】＞【楼板：建筑】，激活"修改｜创建楼层边界"选项卡，

如图 5-116 所示，第 1 步，将约束标高设置为"标高 1"；此约束标高约束的是楼板顶部标高；第 2 步，在绘制面板选择"矩形"绘制楼板，在空白处任意单击左键确定矩形左上角点，鼠标向右下角移动后单击左键确定矩形右下角点；第 3 步，单击"√"，完成编辑模式。此时就创建了一个顶部标高为"标高 1"的矩形水平楼板。

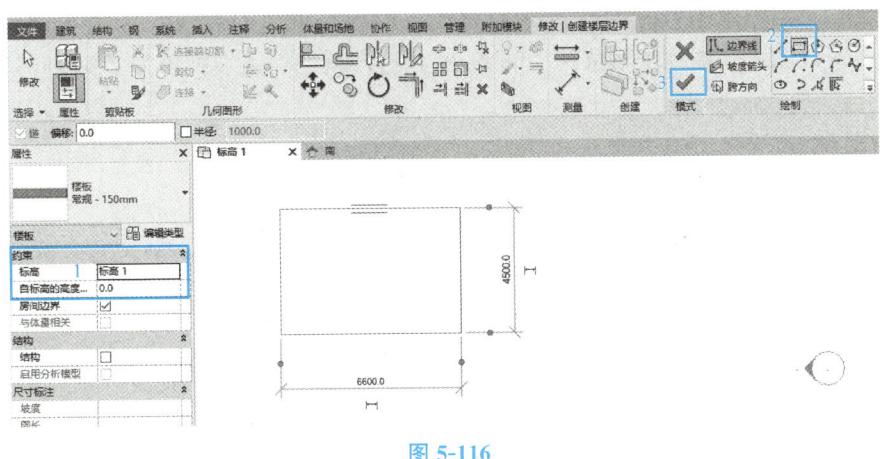

图 5-116

如图 5-117 所示，单击选中矩形水平楼板，单击编辑边界，进入编辑模式。

图 5-117

如图 5-118 所示，单击坡度箭头，在楼板左边界上单击鼠标左键确定箭尾位置，然后水平向右移动鼠标至楼板右边界，单击鼠标左键确定箭头位置，值得注意的是箭尾位置必须在楼板边界上。

单击选中坡度箭头，如图 5-119 所示，在属性面板约束处可以选择"尾高"或"坡

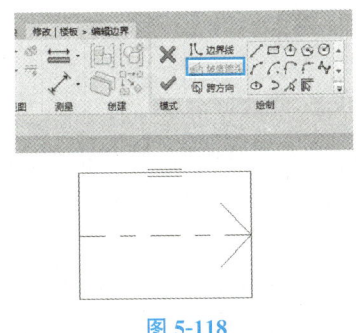

图 5-118

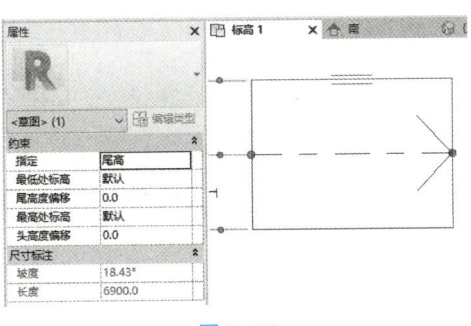

图 5-119

度"对楼板坡度进行定义。如果约束指定"尾高",则可以通过"最低处标高""尾高度偏移""最高处标高"和"头高度偏移"来定义楼板坡度;如果约束指定"坡度",则可以通过"最低处标高""尾高度偏移"和"尺寸标注"中的"坡度"来定义楼板坡度。

如果想定义一个 45°的斜楼板,要求楼板较低一侧位于"标高 1",则可以采用图 5-120 和图 5-121 两种方式中任意一种方式对楼板坡度进行定义,因为本例楼板长为6600mm,所以图 120 头高度偏移为"6600.0",这样就能保证坡度值为 1:1,即 45°。

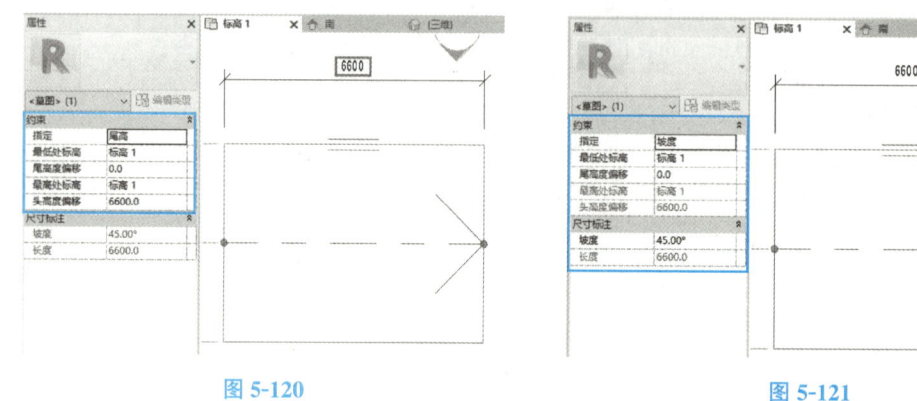

图 5-120　　　　　　　　　　　　　　　　图 5-121

2. 编辑楼板

案例要求:采用楼板方式绘制 5.1.5 节图 5-52 和图 5-53 所示散水。

墙体绘制与 5.1.5 节相同,现要在墙体底部沿表面绘制散水,如图 5-122 所示,设置楼板约束为"标高 1"向上偏移"100.0",以矩形方式沿着墙体表面绘制一段长 5000mm宽 1000mm 的楼板,图中显示了矩形楼板的左上角点(数字 1)和右下角点(数字 2)。

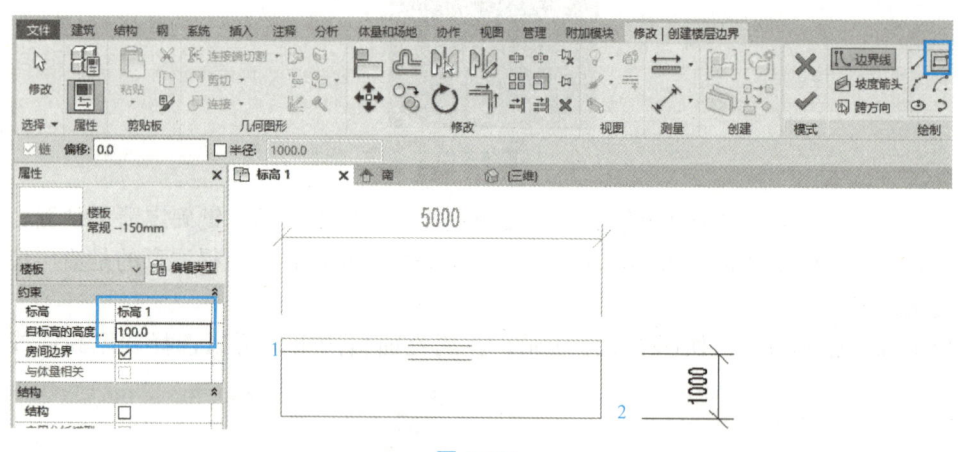

图 5-122

如图 5-123 所示,第 1 步,单击"编辑类型";第 2 步,单击"复制";第 3 步,更改名称为"常规—100mm";第 4 步,单击"确定";第 5 步,单击"编辑"进入编辑部件对话框。

按图 5-124 所示,要求完成部件编辑,在面层 1〔4〕右侧勾选可变。接着单击确定回到类型属性对话框,再次单击确定回到绘图界面,单击"√"完成编辑模式。

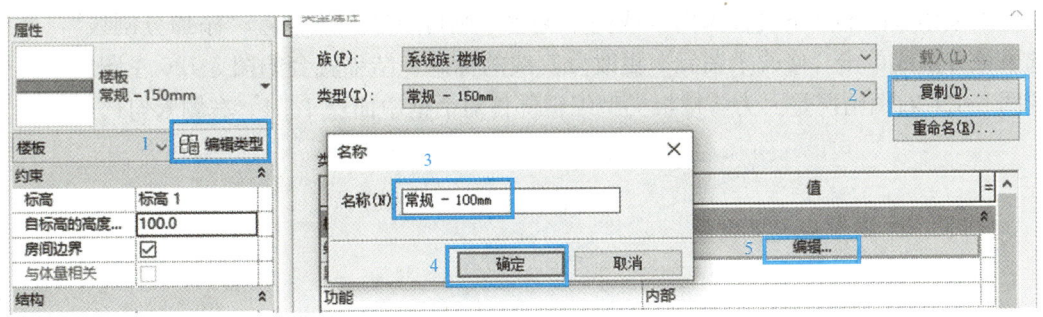

图 5-123

层	功能	材质	厚度	包络	结构材质	可变
1	面层 1 [4]	<按类别>	50.0			☑
2	核心边界	包络上层	0.0			
3	结构 [1]	<按类别>	50.0		☑	
4	核心边界	包络下层	0.0			

（编辑部件
族：楼板
类型：常规 −100mm
厚度总计：100.0（默认）
阻力(R)：0.0000 (m²·K)/W
热质量：0.00 kJ/K）

图 5-124

如图 5-125 所示，单击选中该楼板，在"修改｜楼板"选项卡中单击"修改子图元"，此时就会绿色显示楼板 4 个角点，单击选中右下角角点，在角点附近就会出现标高"0"，单击标高"0"更改为"−50"，之后按键盘上 Enter 确定，表示该角点向下偏移"50"。用同样方法将左下角角点附近标高"0"更改为"−50"并按 Enter 确定。至此完成"楼板-案例一"的绘制。

图 5-125 中"修改子图元"右侧还有"添加点"和"添加分割线"命令。如果楼板边界或内部某个位置需要向下或向上偏移，则可以在该位置"添加点"，然后用"修改子图元"命令更改新添加点的标高。

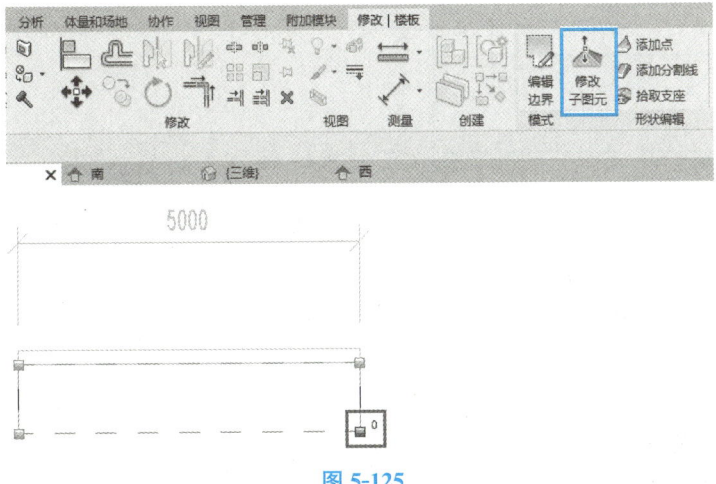

图 5-125

如果楼板内部某条线整体向上或向下偏移，则可以在该线位置"添加分割线"，然后选中该分割线单击"修改子图元"更改分割线的标高，结果就会如图 5-126 左图所示。出现图 5-126 右图情况是因为该楼板类型编辑部件对话框中面层 1〔4〕右侧未勾选可变。

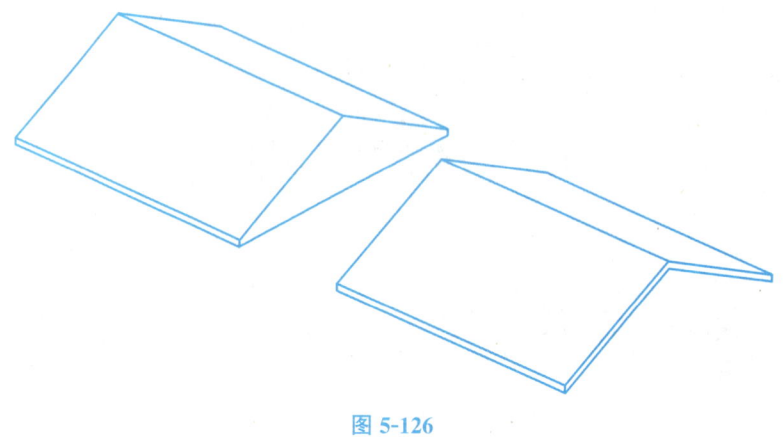

图 5-126

5.3.2 屋顶的创建

建筑选项卡"构件"面板"屋顶"下拉列表中有 6 种绘制屋顶方法，分别为"迹线屋顶""拉伸屋顶""面屋顶""屋檐：底板""屋顶：封檐板"和"屋顶：檐槽"。其中"面屋顶"在体量设计时介绍过，"屋檐：底板""屋顶：封檐板"和"屋顶：檐槽"与"墙饰条和分隔缝"类似，这里不再过多介绍。本节主要以案例形式介绍"迹线屋顶"和"拉伸屋顶"绘制方法。

屋顶案例：根据图 5-127 所示屋顶平面图和 5-128 所示屋顶南立面图，创建屋顶模型，要求：1. 屋顶、墙体、固定窗、老虎窗洞口都需要绘制；2. 屋顶为"常规－125mm"类型，材质不做要求；3. 严格按照图示尺寸标注绘制；4. 未注明的材质和尺寸不做要求。

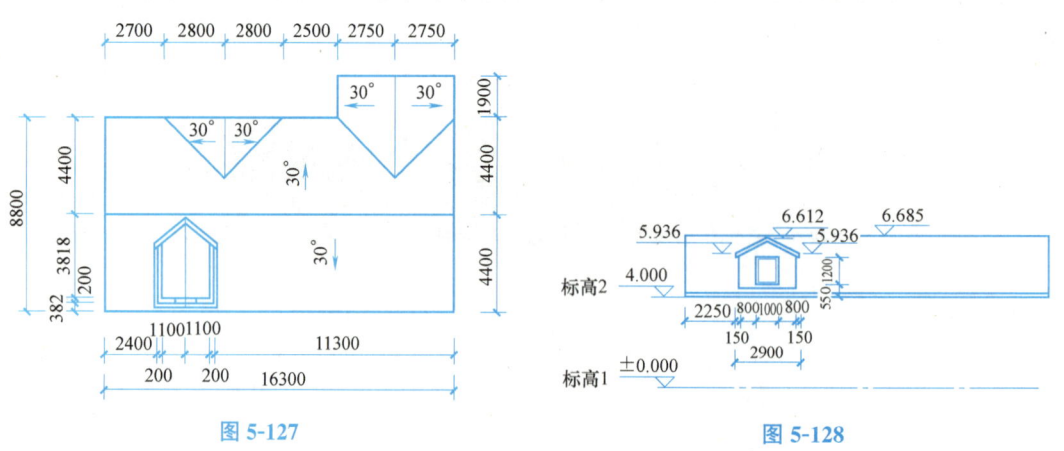

图 5-127　　　　　　　　　　　　　　　图 5-128

1. 绘制迹线屋顶

以建筑样板为样板文件新建项目后，在楼层平面"标高 2"视图，单击【建筑】＞

【屋顶】＞【迹线屋顶】，激活"修改｜创建屋顶迹线"选项卡，如图 5-129 所示，在属性面板类型选择器中选择"常规－125mm"类型，确保勾选了"链"和"定义坡度"，确保绘制面板中是以直线命令绘制屋顶边界线。在绘图区域任意位置单击鼠标左键确定第 1 点，鼠标竖直向下移动键盘输入"8800"并按 Enter 键确定第 2 点，鼠标水平向右移动键盘输入"16300"并按 Enter 键确定第 3 点，鼠标竖直向上移动键盘输入"8800"并按 Enter 键确定第 4 点，鼠标竖直向上移动键盘输入

21. 绘制迹线屋顶

"1900"并按 Enter 键确定第 5 点，鼠标水平向左移动键盘输入"5500"并按 Enter 键确定第 6 点，鼠标竖直向下移动键盘输入"1900"并按 Enter 键确定第 7 点，鼠标水平向左移动键盘输入"2500"并按 Enter 键确定第 8 点，鼠标水平向左移动键盘输入"2800"并按 Enter 键确定第 9 点，鼠标水平向左移动键盘输入"2800"并按 Enter 键确定第 10 点，鼠标水平向左移动至第 1 点单击鼠标左键完成屋顶封闭边界线。

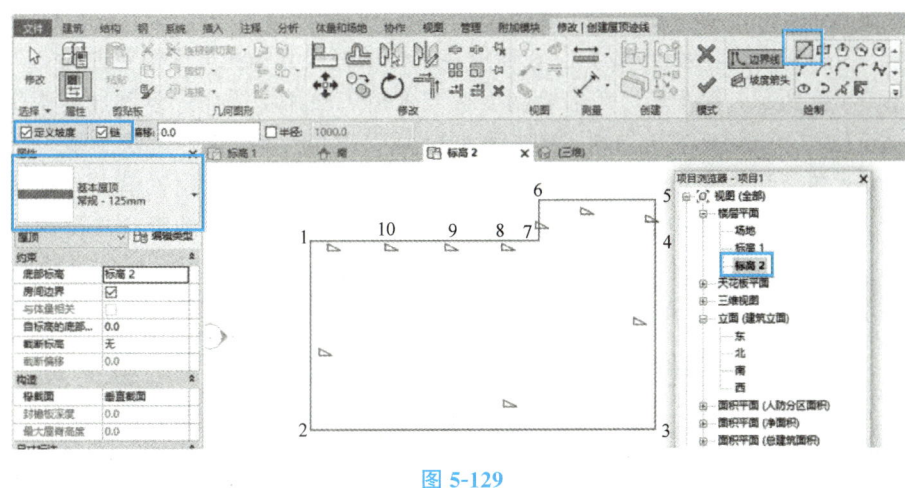

图 5-129

如图 5-130 所示，鼠标单击选中第 1～5 共 5 段边界线，然后取消勾选"定义坡度"，此时取消定义坡度的 5 段边界线附近直角三角形就消失不见，表示这 5 段边界线不定义坡度。

如图 5-131 所示，属性面板中约束为屋顶的底部标高和自标高的底部偏移，因为屋顶

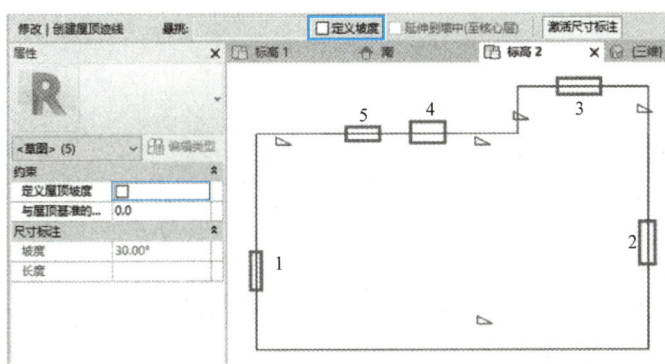

图 5-130

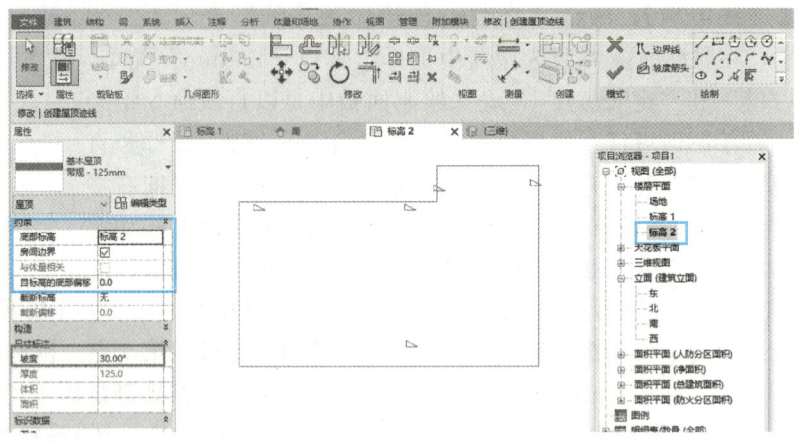

图 5-131

是在项目浏览器楼层平面"标高 2"绘制，所以约束底部标高为"标高 2"，自标高的底部偏移为 0。因为屋顶边界坡度值为 30°，所以在属性面板尺寸标注坡度值更改为 30°。

　　如图 5-132 所示，第 1 步，单击绘制面板坡度箭头激活直线命令绘制坡度箭头；第 2 步，在 a 点位置单击鼠标左键并水平向左移动鼠标至 b 点位置单击左键绘制第一个坡度箭头；第 3 步，在 c 点位置单击鼠标左键并水平向右移动鼠标至 b 点位置单击左键绘制第二个坡度箭头；第 4 步，选中这两个坡度箭头，在属性面板指定坡度约束，并设置"最低处标高"和"尾高度偏移"分别为标高 2 和 0；第 5 步，在属性面板尺寸标注处设置坡度为 30°。最后键盘上按 Enter 确定，并单击"√"完成编辑模式。

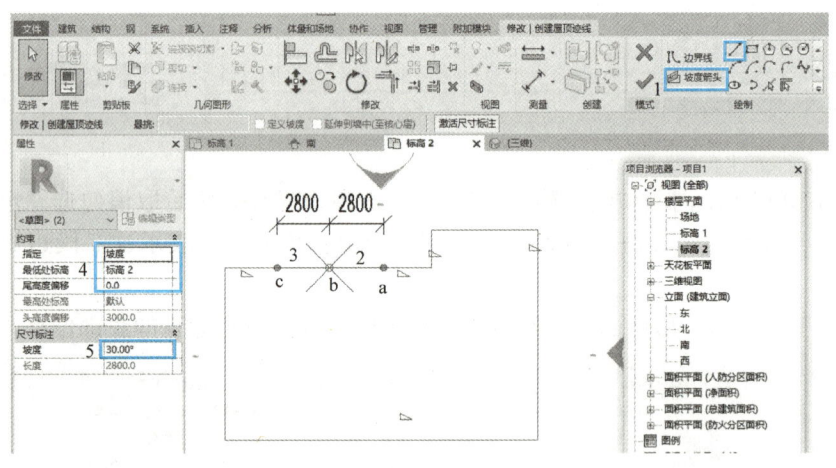

图 5-132

　　完成编辑模式后发现屋顶显示不全，需要调整视图范围。如图 5-133 所示，第 1 步，在键盘上连按几次"Esc"键取消所有命令，确保属性面板处于楼层平面：标高 2；第 2 步，单击视图范围右侧"编辑"进入视图范围编辑框；第 3 步，更改顶部和剖切面偏移值分别为"23000.0"和"12000.0"，即将顶部和剖切面调整到足够高，如果后面发现屋顶仍然显示不全，则需要将顶部和剖切面偏移值再次调高直到屋顶显示完全为止；第 4 步，单击"确定"退出视图范围编辑框。

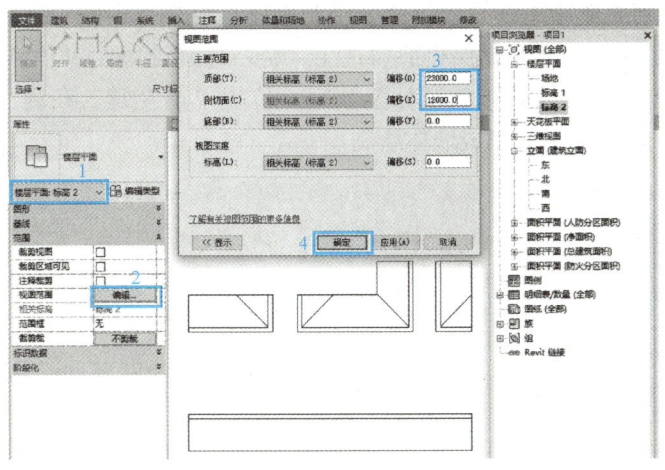

图 5-133

2. 绘制墙体

键盘输入快捷键"RP"激活"修改｜放置参照平面"选项卡，如图 5-134 所示，第 1 步，在绘制面板单击"拾取线"；第 2 步，在偏移框输入"2400.0"，第 3 步，将鼠标放置在屋顶左边界（注意鼠标需要在左边界的右侧一点距离，这样能保证参照平面向右偏移 2400mm）单击鼠标左键即可完成第一个参照平面。接下来用同样的方法完成另外两个参照平面绘制，第二个参照平面距离左边界 5000mm，第三个参照平面距离下边界 382mm。

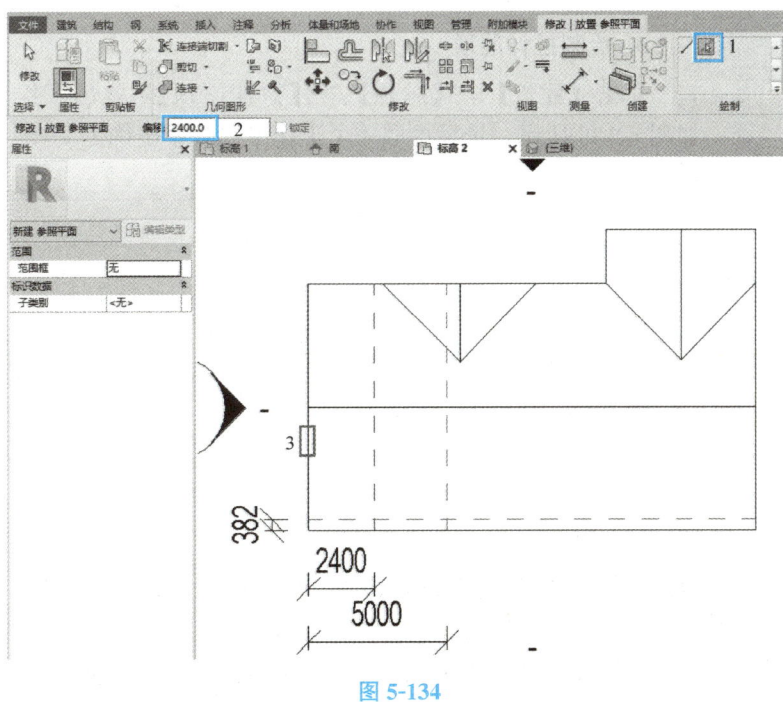

图 5-134

单击【建筑】>【墙】>【墙：建筑】，激活"修改｜放置墙"选项卡，如图 5-135 所示，在属性面板类型选择器选择基本墙"常规－200mm"类型，设置定位线为"面层面：外部"，在绘制面板选择以"线"命令绘制墙体。首先单击图中数字1的位置，然后移动鼠标至数字2单击左键（确保提前勾选了"链"才能连续绘制墙体），接着移动鼠标至数字3位置单击左键，最后移动鼠标至数字4位置单击左键。在键盘上按Esc键退出"修改｜放置 墙"命令，至此完成墙体绘制。

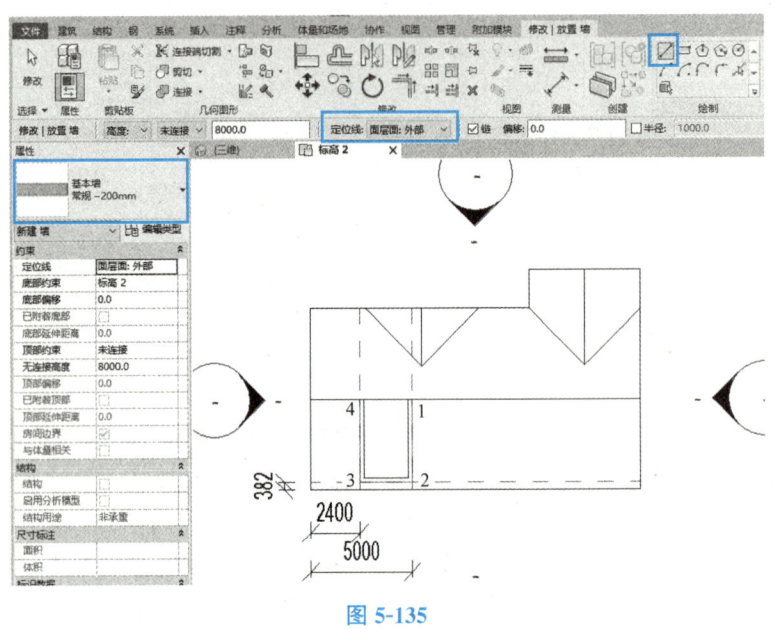

图 5-135

3. 绘制拉伸屋顶

22. 绘制拉伸
屋顶

单击【建筑】＞【屋顶】＞【拉伸屋顶】，弹出工作平面对话框，如图5-136所示，选择拾取一个工作平面并单击确定。

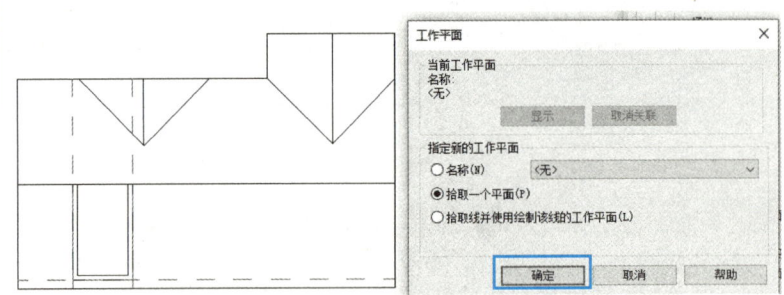

图 5-136

工作平面一般为拉伸模型的横截面方向（与拉伸方向互相垂直），而且一般需要在工作平面中绘制拉伸模型的横截面外轮廓。因为拉伸屋顶为南北方向拉伸，所以其工作平面为东西方向。如图5-137所示，本例拾取迹线屋顶下边界作为工作平面（事实上也可以拾取与迹线屋顶下边界平行的面作为工作平面），弹出【转到视图】对话框，选择"立面：南"视图，最后单击打开视图弹出【屋顶参照标高和偏移】对话框，单击确定激活【修改｜创建拉伸屋顶轮廓】选项卡。

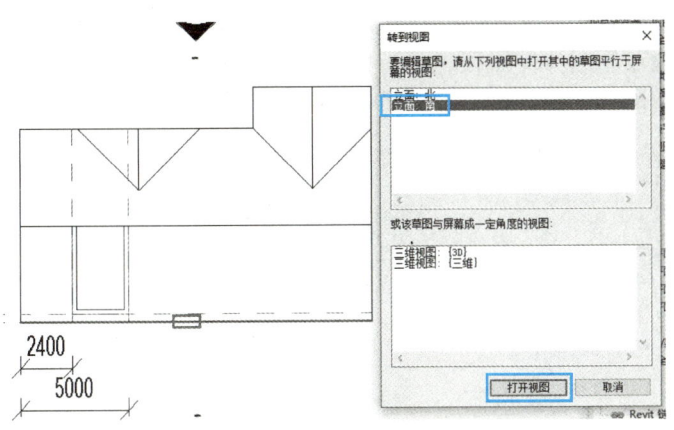

图 5-137

绘制如图 5-138 所示参照平面。事实上，如果参照平面位置绘制错误，可以通过编辑尺寸标注长度来更改位置。假设最上方参照平面位置错误，首先单击该参照平面，然后移动鼠标至尺寸界线小圆点（图 5-139 方框框内的圆点），按住鼠标左键拖拽小圆点至"标高 1"位置，接着单击"编辑尺寸标注长度"（图 5-140 方框内的数字），在键盘上输入"6612"按 Enter 确定即可完成最上方参照平面位置调整。

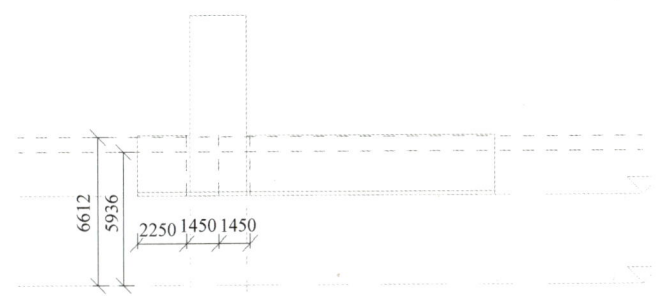

图 5-138

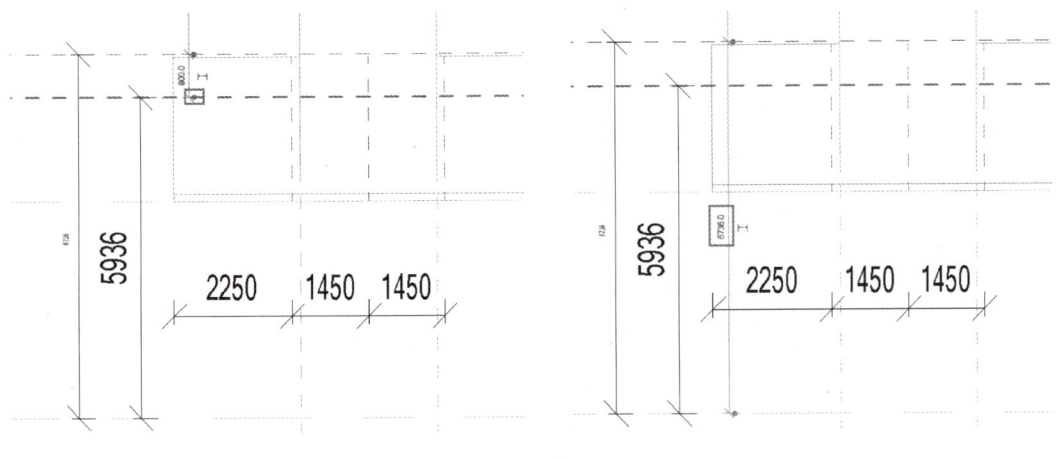

图 5-139   图 5-140

如图 5-141，在属性面板类型选择器选择基本屋顶"常规－125mm"类型，勾选"链"，以"线"命令绘制拉伸屋顶轮廓，即鼠标左键依次单击图 5-141 中 1、2、3 点，最后单击"√"完成编辑模式。

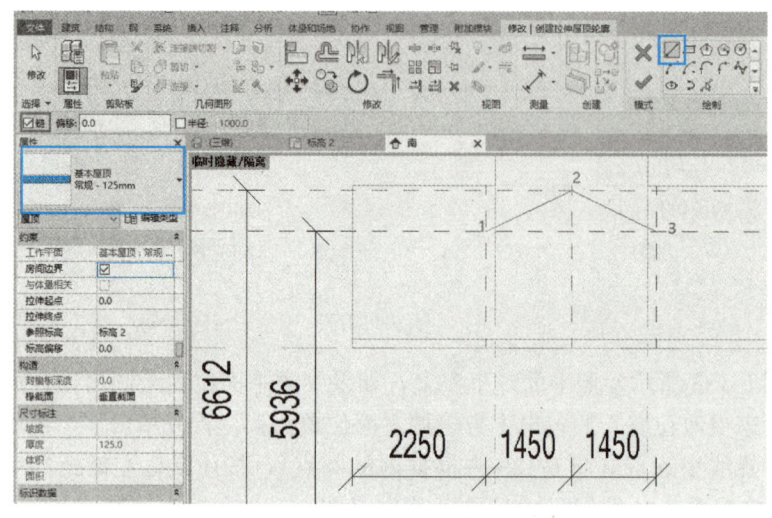

图 5-141

如图 5-142 所示，第 1 步，单击"默认三维视图"；第 2 步，选中拉伸屋顶后按住拖拽箭头向正南方拖拽屋顶至合适位置，按"Esc"键取消屋顶选中。

如图 5-143 所示，在【修改】选项卡"修改"面板上单击"连接/取消连接屋顶"，之后：第 1 步，单击拉伸屋顶的边界线（与迹线屋顶相连接的边界线）；第 2 步，单击迹线屋顶的接触面（与拉伸屋顶相连接的接触面）。至此完成拉伸屋顶与迹线屋顶的连接。

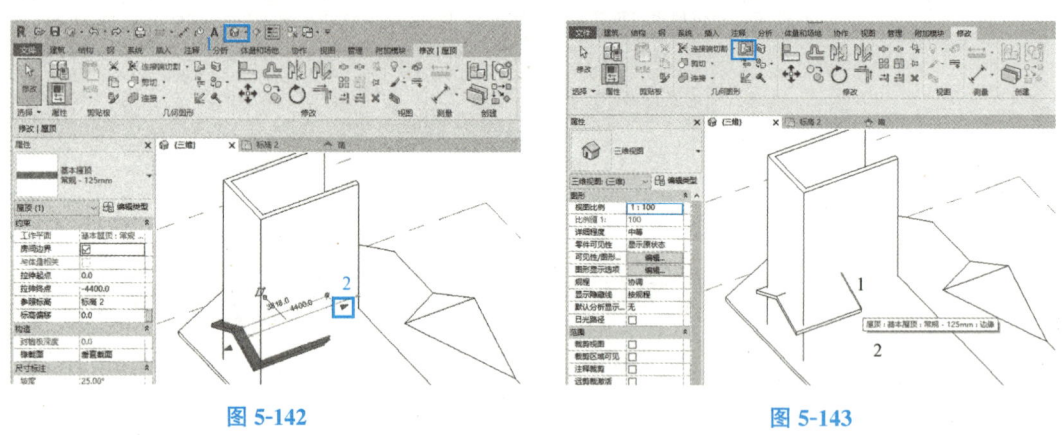

图 5-142   图 5-143

单击楼层平面"标高 2"，如图 5-144 所示，第 1 步，设置视觉样式为"线框"样式；第 2 步，单击选中左侧墙体并竖直向下拖拽小圆点至拉伸屋顶边界线上，最后以同样方法拖拽右侧墙体，结果如图 5-145 所示。

单击"默认三维视图"，选中三段墙体，如图 5-146，第 1 步，在【修改｜墙】选项卡"修改墙"面板中单击"附着顶部｜底部"；第 2 步，单击"顶部"左侧圆圈；第 3 步，单击拉伸屋顶，此时可将三段墙的顶部附着至拉伸屋顶。如图 5-147，保持三段墙体被选中状

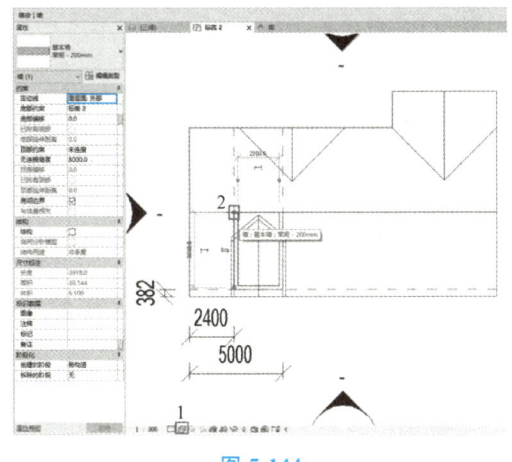

图 5-144

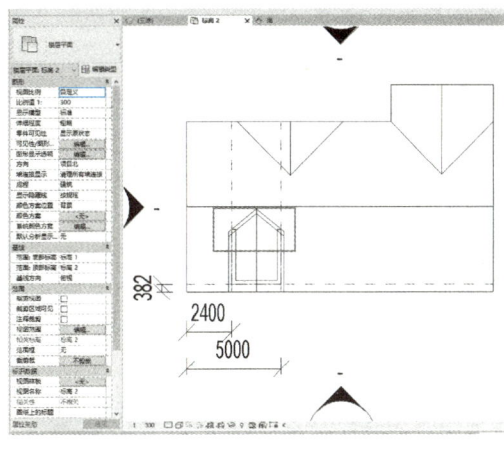

图 5-145

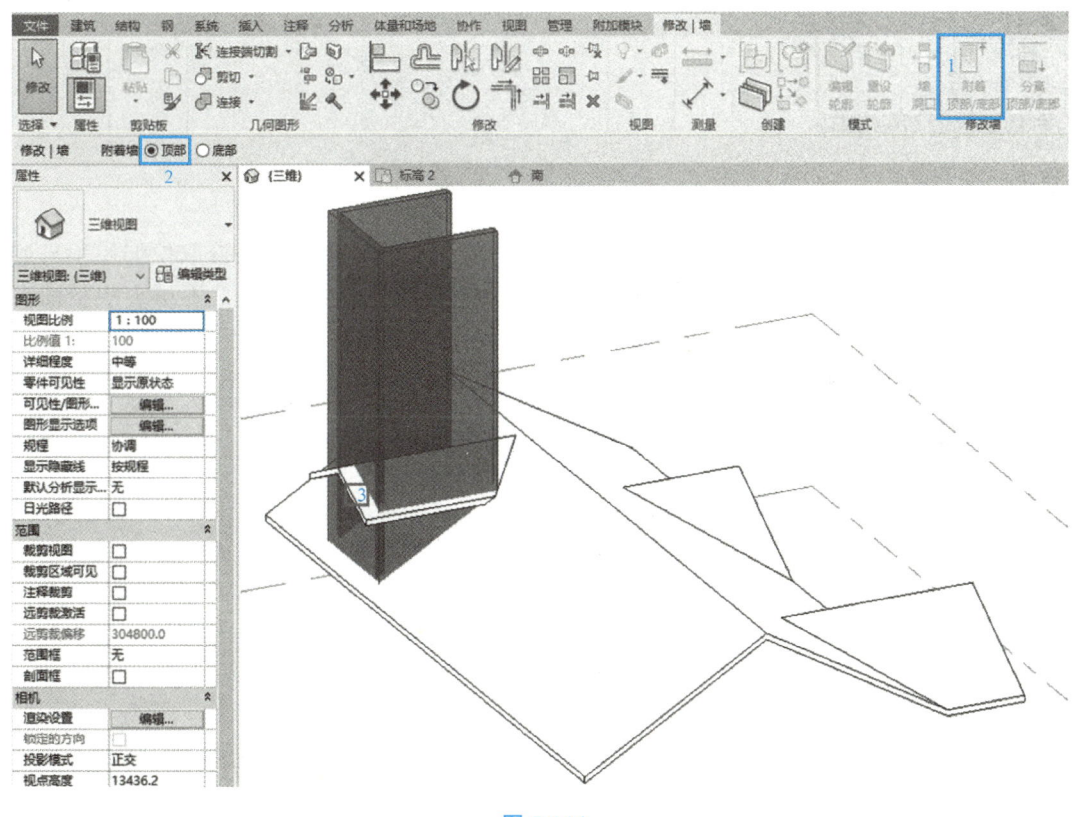

图 5-146

态，第 1 步，再次单击"附着顶部︱底部"；第 2 步，单击"底部"左侧圆圈；第 3 步，单击迹线屋顶并按键盘上"ESC"退出当前命令，此时可将三段墙的底部附着至迹线屋顶。

4. 绘制老虎窗洞口和窗户

单击【建筑】选项卡"洞口"面板"老虎窗"命令，单击选中迹线屋顶激活【修改︱编辑草图】选项卡，如图 5-148 所示：第 1 步，确保"拾取屋顶/墙边缘"被激活（蓝色

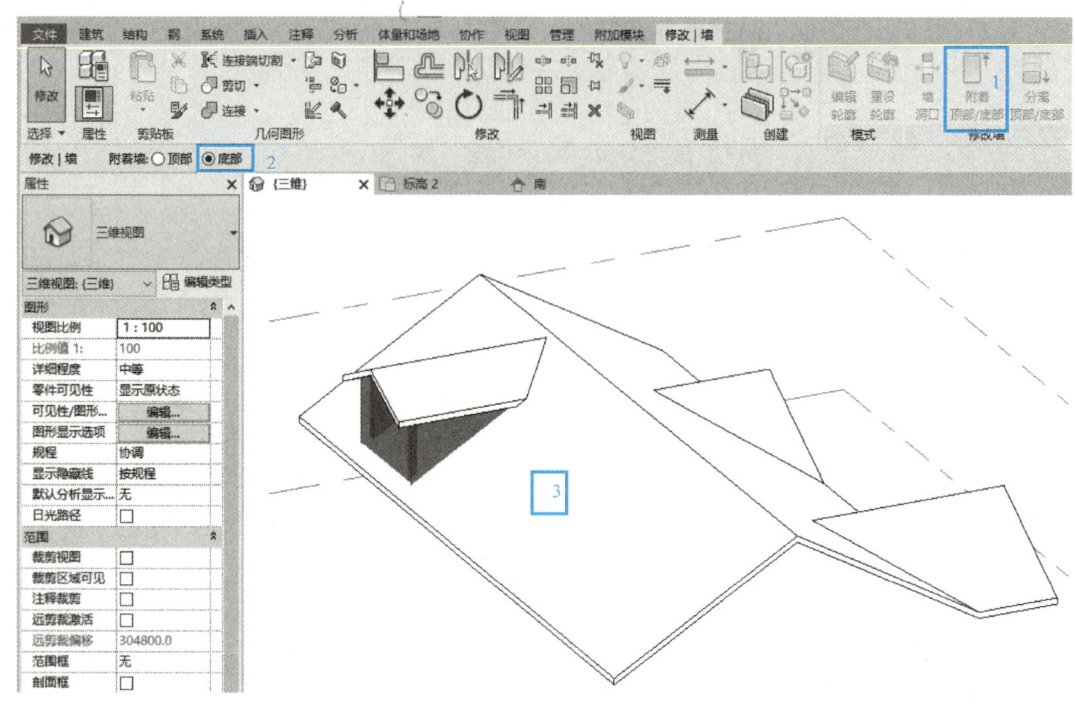

图 5-147

高亮显示表示激活，如未激活可以单击选中激活）；第 2 步，依次单击拾取拉伸屋顶与迹
线屋顶相交线以及墙体与迹线屋顶相交线（每条线只能单击拾取 1 次，不可多次拾取）；
最后按 ESC 键取消"拾取屋顶/墙边缘"命令。

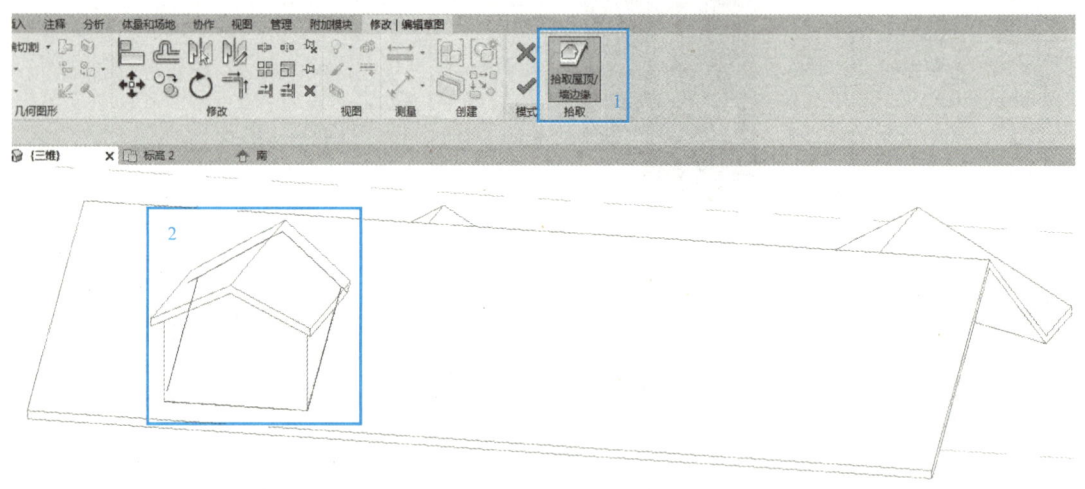

图 5-148

　　由于墙体有厚度，因此墙体外表面和内表面均与迹线屋顶接触，有两条相交线，如图
5-149 所示，单击选中一条相交线并单击翻转符号将相交线翻转至墙体内侧。依次将剩余
两段墙与迹线屋顶的相交线翻转至墙体内侧，同时确保拉伸屋顶与迹线屋顶的相交线也处
于拉伸屋顶内侧。

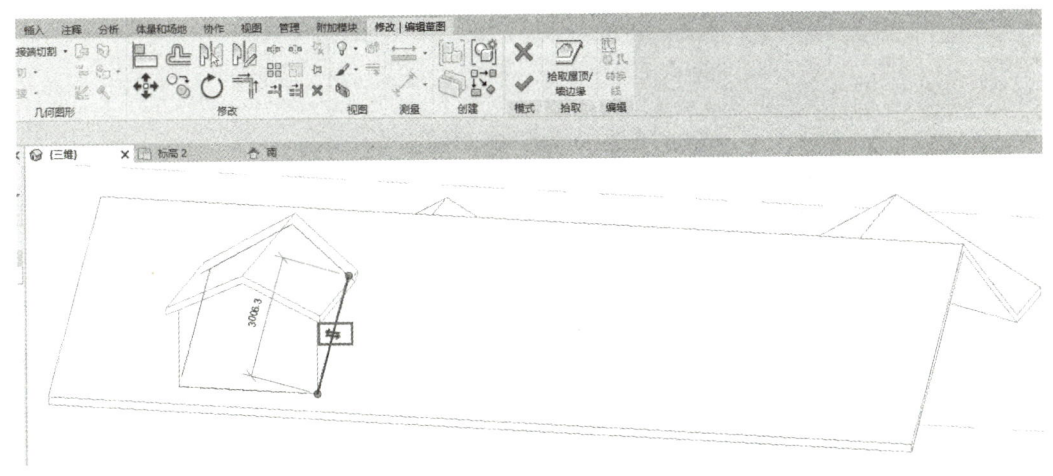

图 5-149

　　如图 5-150 所示，单击修改面板下【修剪/延伸为角】命令，依次单击线 1 和线 2，线 2 和线 3，线 4 和线 5，线 5 和线 1。注意在使用【修剪/延伸为角】命令时，单击选择线时要将鼠标放置在该线上需要保留的一侧，例如在依次单击线 1 和线 2 时，在线 2 上就需要单击与线 1 交点的北侧线段，因为交点北侧线段需要保留，而线 2 上交点的南侧线段会被修剪掉。

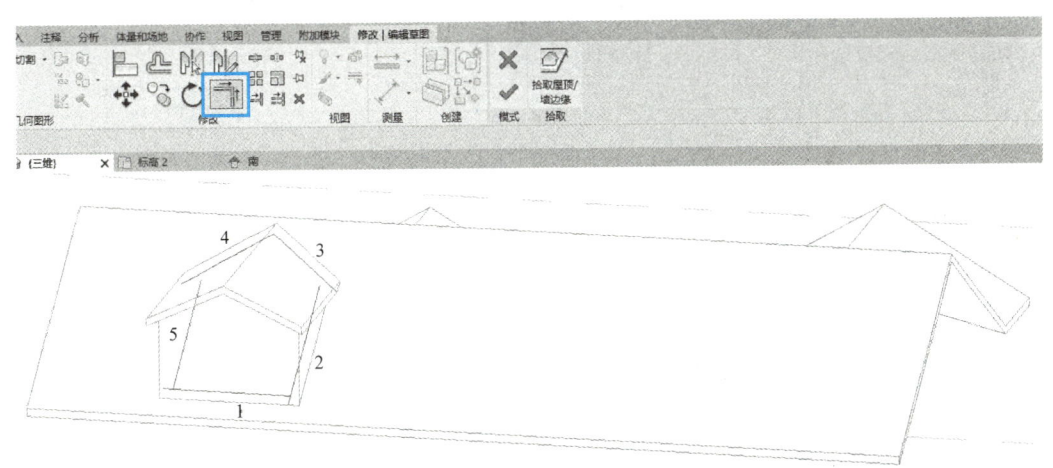

图 5-150

　　如图 5-151 所示，单击"√"完成编辑模式，完成老虎窗洞口的绘制。
　　如图 5-152 所示，第 1 步，单击项目浏览器南立面并在【建筑】选项卡"构件"面板单击"窗"命令激活"修改｜放置窗"选项卡；第 2 步，在属性面板类型选择器中选中"固定 1000×1200mm"窗类型；第 3 步，在墙上单击鼠标左键放置窗并单击选中该窗；第 4 步，类似于调整参照平面的方法来拖拽窗的尺寸界限并编辑尺寸标注长度；第 5 步，设置窗约束底高度为"550.0"（即窗底高度为"标高 2"向上偏移 550mm）。最后按 ESC 键退出当前命令，至此完成屋顶案例的创建。

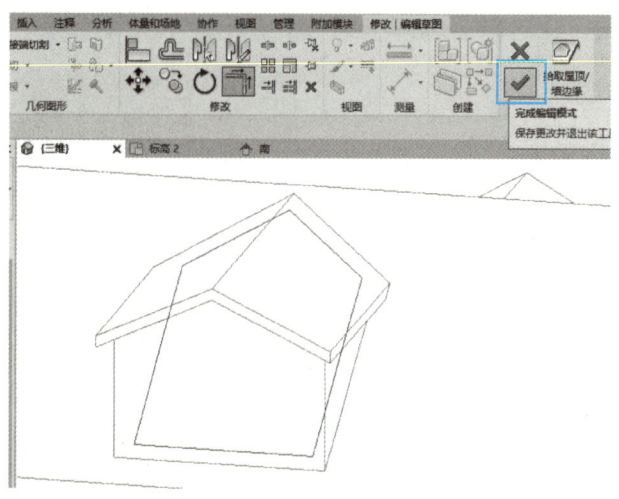

图 5-151

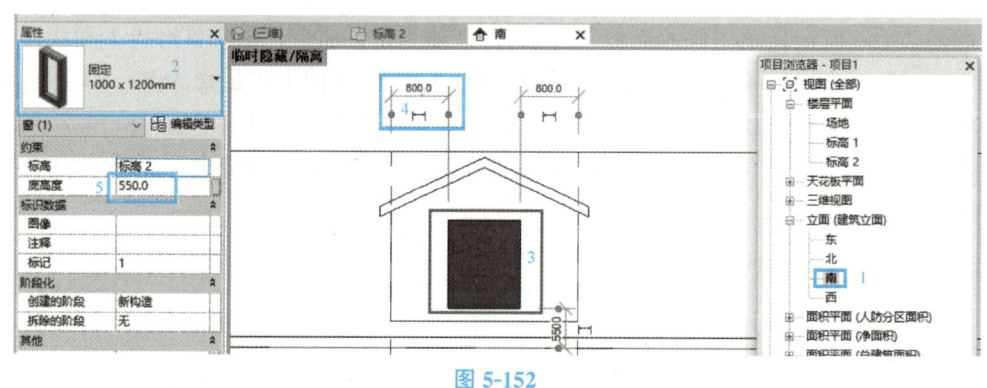

图 5-152

5.3.3 天花板的创建

如图 5-153 所示,单击【建筑】>【天花板】激活"修改 | 放置天花板"选项卡,可以看出天花板有两种绘制方式,分别是"自动创建天花板"和"绘制天花板","绘制天花板"与楼板绘制方法一样,这里不再介绍。本节主要介绍"自动"创建天花板方法。

图 5-153

天花板创建案例:如图 5-154 和图 5-155 所示,所有墙体底标高为 0m,顶标高为 3.300m,所有天花板顶部标高为 3.057m,不考虑墙体材质,天花板类型选择默认的"复合天花板 光面";以"自动创建天花板"方式绘制天花板。

根据前面介绍的墙体绘制方法绘制如图 5-154 所示墙体,接下来单击【建筑】>【天花板】激活"修改 | 放置天花板"选项卡。

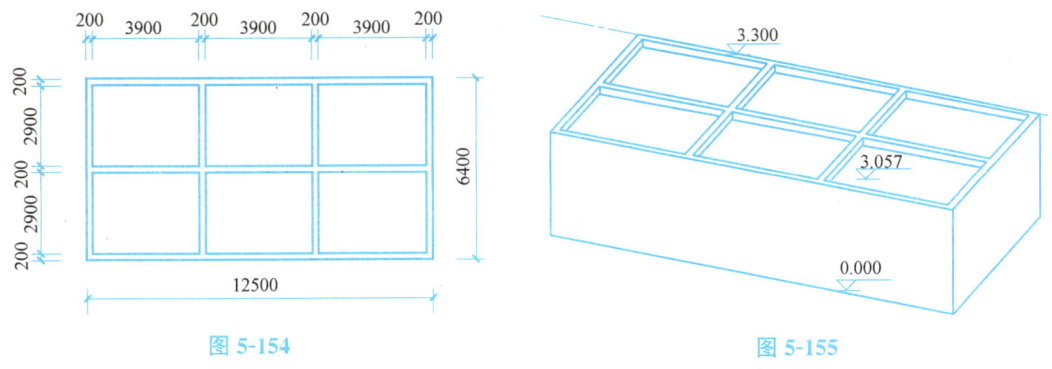

图 5-154   图 5-155

如图 5-156 所示，激活"自动创建天花板"命令，选择"复合天花板 光面"类型，在属性面板设置天花板约束为"标高 1"且自标高的高度偏移"3000.0"（因为"复合天花板 光面"默认厚度为 57mm，而属性面板中约束的是天花板底部标高，天花板顶部标高 3057mm 减去厚度 57mm 即可得天花板底部标高 3000mm）。

最后鼠标左键依次单击数字 1、2、3、4、5、6 所在区域，自动创建 6 块天花板。值得注意的是自动创建天花板只能识别封闭的区域，即墙体所包裹的区域不能有缺口。至此完成天花板创建。

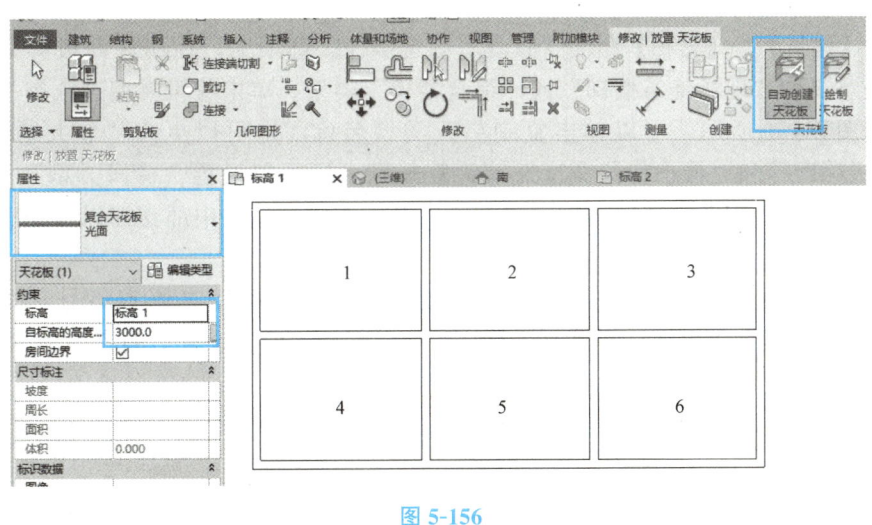

图 5-156

任务 5.4 楼梯坡道的创建

5.4.1 楼梯的创建

1. 建筑楼梯构造

图 5-157 为 Revit 软件中楼梯各构件名称，图 5-158 为软件中楼梯各部位尺寸标注名

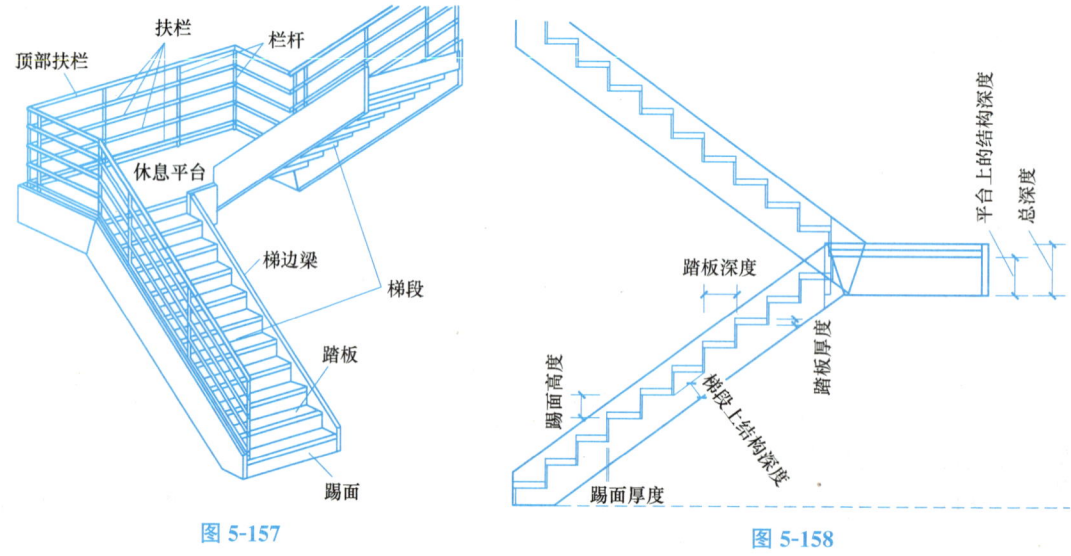

图 5-157　　　　　　　　　　　　　　图 5-158

称。利用 Revit 软件创建楼梯和栏杆扶手之前，需熟记图中构件名称和尺寸标注名称。

2. 草图模式创建楼梯

（1）按草图创建楼梯基本方法

单击【建筑】＞【楼梯】激活"修改｜创建楼梯"选项卡，在属性面板类型选择器中选择任意一种"现场浇筑楼梯"或"组合楼梯"类型，单击编辑类型进入类型属性对话框，如图 5-159 所示，可以单击复制更改类型名称，也可以更改"最大踢面高度""最小踏板深度"和"最小梯段宽度"等计算规则，还可以设置"梯段类型""平台类型"和"功能"等构造，最后还能设置左侧支撑、右侧支撑、中部支撑以及相应的支撑类型。

单击图 5-159 构造下梯段类型右侧"150mm 结构深度"右侧省略号，即可进入"150mm 结构深度"类型属性对话框，如图 5-160 所示，可以设置下侧表面为"平滑式"

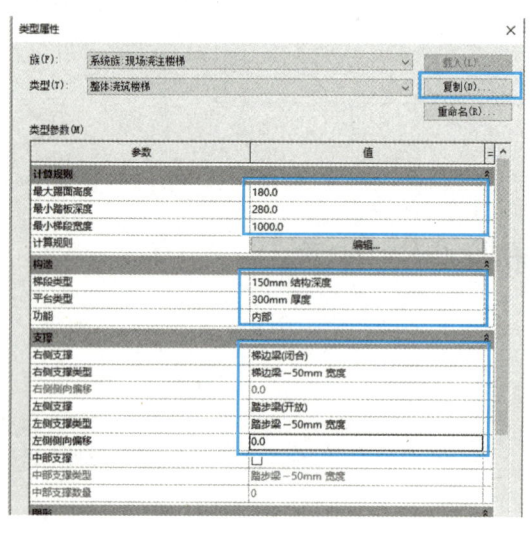

图 5-159　　　　　　　　　　　　　　图 5-160

或"阶梯式"，也可以设置结构深度值。在"构造与装饰"下面可以更改梯段"整体式材质"，勾选"踏板"和"踢面"右侧白色方框后也可更改踏板和踢面材质。在"踏板"和"踢面"下方可以更改厚度和轮廓等信息。

采用以上方法也可以对"平台类型""右侧支撑类型""左侧支撑类型"和"中部支撑类型"进行编辑。

如图5-161所示，在构件面板创建梯段时单击"创建草图"命令，激活"修改│创建楼梯＞绘制梯段"选项卡。

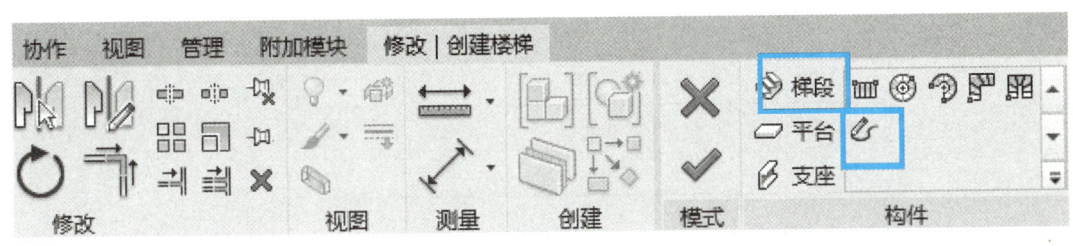

图 5-161

如图5-162所示，在"修改│创建楼梯＞绘制梯段"选项卡"绘制面板"下可以采用不同方法绘制梯段边界、踢面和楼梯路径。

此外在快速访问栏可以勾选"链"可以连续画线；在"偏移"右侧方框输入偏移值即可绘制与当前路径偏移一定距离的边界、踢面或楼梯路径；勾选"半径"并在右侧框中输入半径值则可以实现导圆角功能。

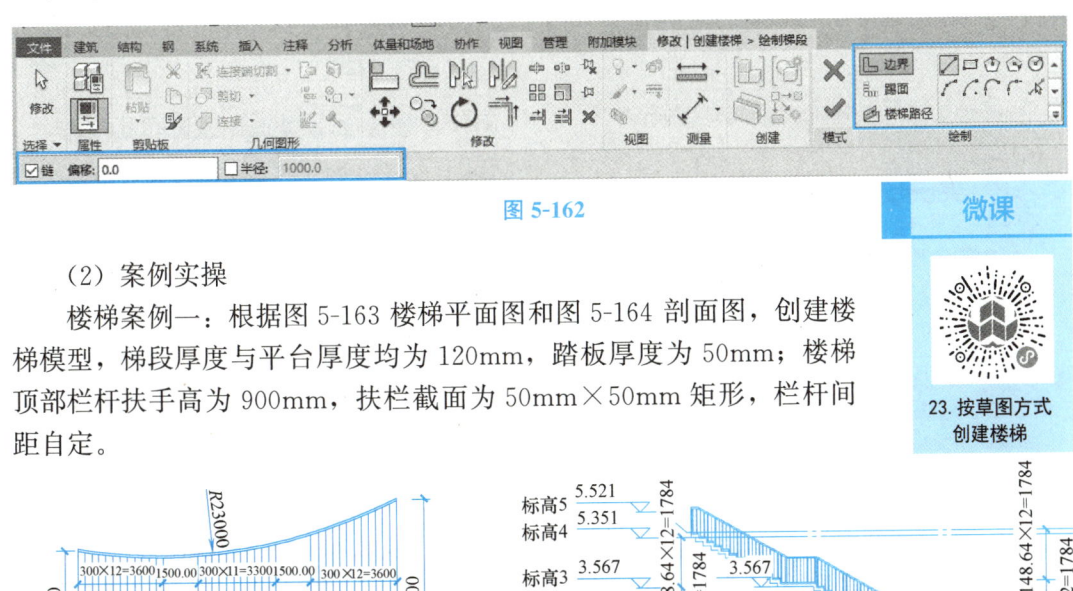

图 5-162

（2）案例实操

楼梯案例一：根据图5-163楼梯平面图和图5-164剖面图，创建楼梯模型，梯段厚度与平台厚度均为120mm，踏板厚度为50mm；楼梯顶部栏杆扶手高为900mm，扶栏截面为50mm×50mm矩形，栏杆间距自定。

微课

23. 按草图方式
创建楼梯

图 5-163

图 5-164

首先绘制如图 5-165 所示标高，然后单击【建筑】>【楼梯】激活"修改｜创建楼梯"选项卡，在属性面板类型选择器中选择"现场浇筑楼梯-整体浇筑楼梯"类型，单击"编辑类型"进入类型属性对话框，单击"复制"更改类型名称为"楼梯案例一"。

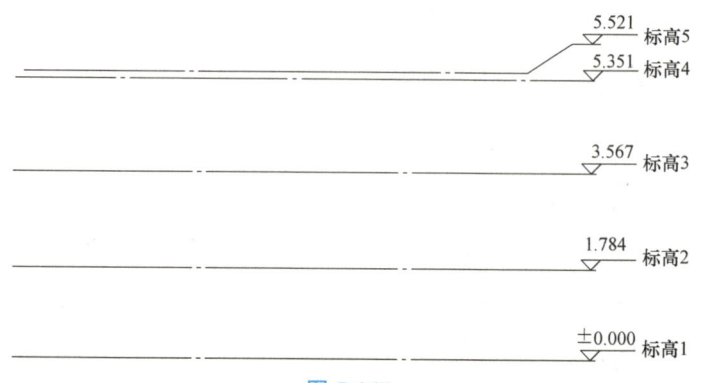

图 5-165

如图 5-166 在楼梯案例一类型属性对话框中单击梯段类型右侧省略号，进入图 5-167 梯段类型属性对话框。如图 5-167 所示，第 1 步，单击复制；第 2 步，更改名称为 120mm 结构深度并单击确定；第 3 步，将下侧表面更改为阶梯式；第 4 步，将结构深度设置为"120.00"；第 5 步，勾选踏板并设置踏板厚度为"50.00"；第 6 步，单击确定回到楼梯案例一类型属性对话框。

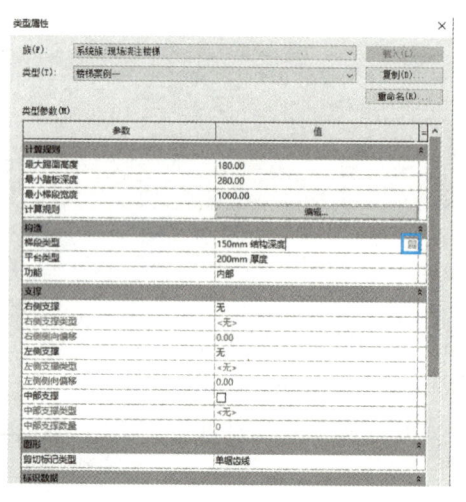

图 5-166

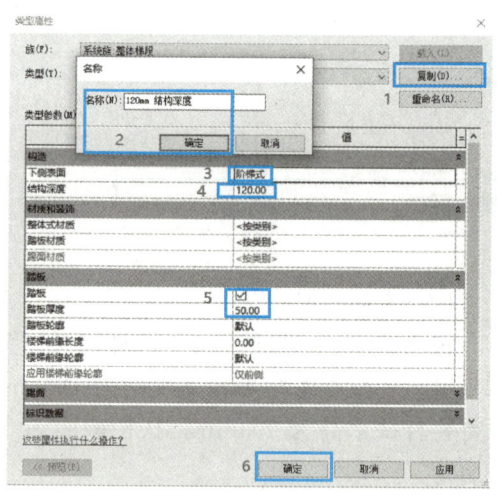

图 5-167

单击平台类型右侧省略号，进入平台类型属性对话框，如图 5-168 所示，第 1 步，单击复制；第 2 步，更改名称为"120mm 厚度"并单击确定；第 3 步，更改整体厚度为"120.00"；第 4 步，单击确定回到楼梯案例一类型属性对话框。最后单击确定完成楼梯案例一类型属性设置。

在"修改｜创建楼梯"选项卡构件面板单击"创建草图"，激活"修改｜创建楼梯>绘制梯段"选项卡。如图 5-169 所示，在属性面板取消勾选"以踢面结束"，然后单击以"线"命令绘制梯面。

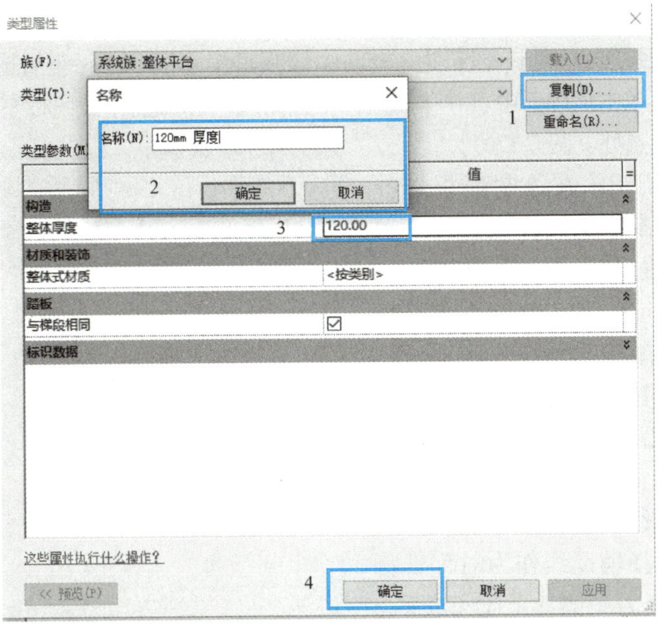

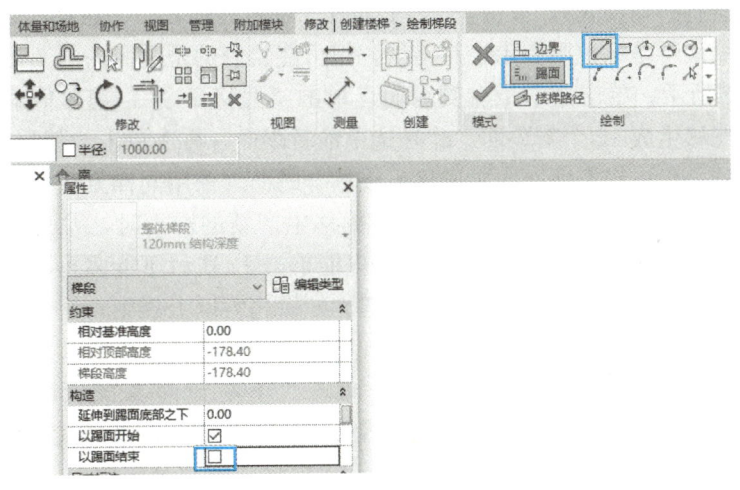

图 5-168

图 5-169

在绘图区域任意位置单击鼠标左键，将鼠标竖直向下键盘输入"6000.00"并按 Enter 确定绘制第 1 段踢面，按 ESC 键取消当前命令。注意：在白色背景下默认的踢面颜色为黑色，如果是绿色，则表示绘制错误，绘制的是边界。

单击第 1 段踢面中点为起点，水平向右键盘输入"13500.00"并按 Enter 确定绘制一段踢面作为辅助线，按 ESC

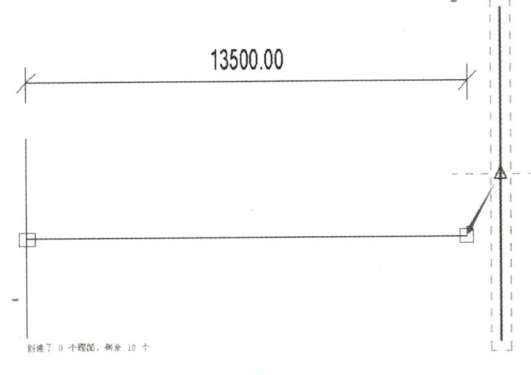

图 5-170

键取消当前命令。

　　在右侧空白区域竖直绘制一段长为10000mm的踢面，按两次Esc键后选中该踢面，键盘输入快捷键"MV"，单击该踢面中点并移动鼠标至辅助线右侧端点单击鼠标左键，将踢面中点移动至辅助线右侧端点处（图5-170）。

　　如图5-171所示，在绘制面板选择"起点-终点-半径弧"绘制梯段边界，单击图中数字1的位置，接着单击数字2的位置之后鼠标向数字2的右下方略微移动，在键盘上输入"23000"并按Enter确定完成第1段边界绘制。之后鼠标向上移动键盘，在键盘上输入"23000.00"并按Enter确定完成第1段边界绘制。选中该边界单击"镜像-拾取轴"，然后单击选择辅助线作为对称轴将第1段边界镜像至另一侧，至此完成第2段边界的绘制。单击如图5-171所示的对

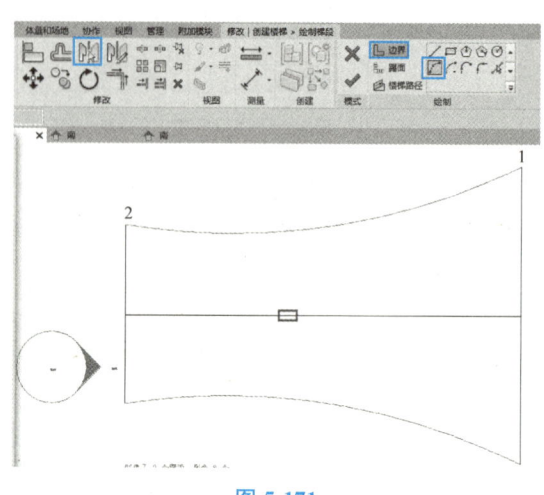

图 5-171

称轴（用踢面绘制的辅助线），按键盘上"Delete"键将其删除。要注意：绘制的边界默认为绿色，如果默认不是绿色则表示绘制错误，很可能绘制的是踢面。

　　如图5-172所示，单击选中最右侧踢面，单击"偏移命令"，偏移值输入"300.00"，依次从右向左偏移生成12个新踢面。此时选中最新踢面，再次单击"偏移命令"，偏移值输入"1500.00"，单击最新踢面向左偏移生成一个踢面。采用同样方法完成所有踢面的偏移，最后按两次ESC键取消所有命令。通过偏移生产新的踢面时，尤其注意不要胡乱单击鼠标左键，如果生成12个踢面，鼠标左键仅能单击12次，不能多也不能少，而且每次都是鼠标从左向右去拾取最新的踢面单击左键。如果违背以上规则，很可能会导致生成重复的踢面，进而导致绘制楼梯报错。

　　单击选中一段边界线，如图5-173所示，单击"修剪/延伸多个图元"，再次单击选中该边界，然后从右往左交选所有踢面，可以将所有的踢面端点修剪至该边界线上。采用同样方法将所有踢面另一侧端点修剪至另一段边界线上。

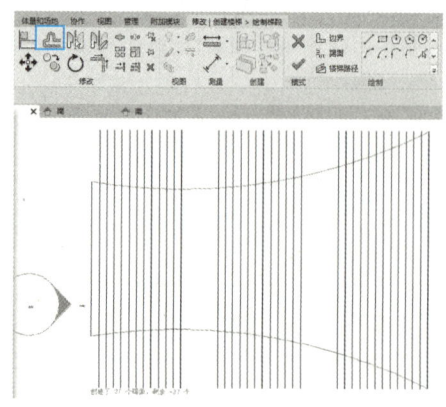

图 5-172

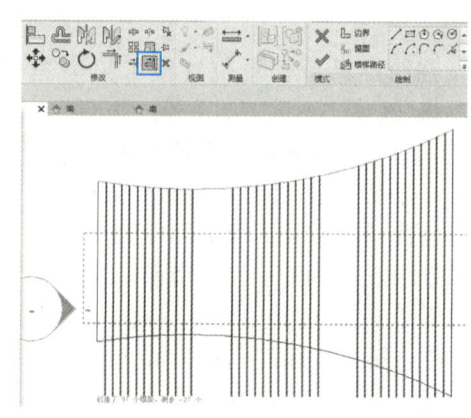

图 5-173

单击绘制面板"楼梯路径"，单击选择"线"命令，然后单击最右侧踢面中点，鼠标移动至最左侧踢面中点处单击左键，从右往左水平绘制一段楼梯路径，这段楼梯路径表示楼梯从右往左向上。

单击"√"完成编辑模式，即可退出草图编辑模式，单击"√"完成编辑模式退出草图编辑模式，再次单击"√"完成编辑模式退出楼梯编辑。最后单击选中楼梯，进入"修改│楼梯"选项卡。如图 5-174 所示，将属性面板顶部标高设置为"标高 5"，并将所需踢面设置为"37"，此处原本有 38 个踢面，但是在图 5-169 中取消勾选了"以踢面结束"，所以会少一个踢面，实际踢面数为 37。注意如果楼梯上下方向弄反了，在选中楼梯后可以单击图 5-174 所示箭头，更改楼梯上下方向。

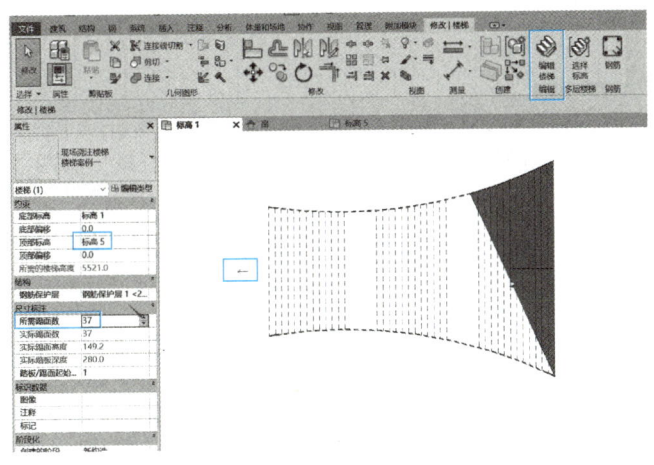

图 5-174

在南立面中测量发现，第一个踢面高度不符合要求，故选中梯段，如图 5-175 所示，在属性面板中"延伸到踢面底部之下"右侧方框输入"＝148.64－170"，即向下延伸21.36mm，在键盘上按 ESC 取消当前命令。

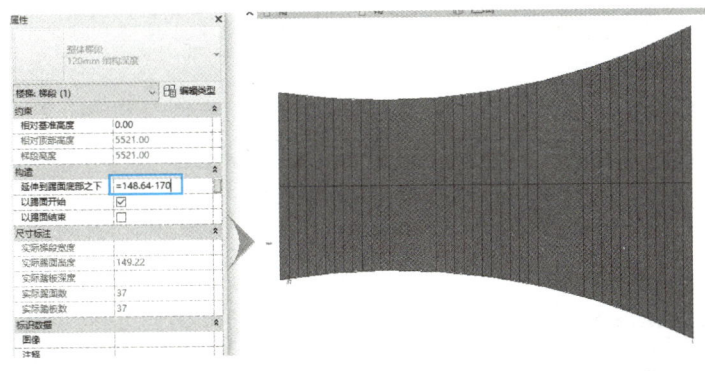

图 5-175

如图 5-176 所示，在属性面板将底部偏移设置为"21.36"，按键盘上回车键确认，此时在属性面板中发现实际踢面高度不符合题目要求，可以在属性面板把所需踢面数由 37更改为 36，在空白处单击左键后，再次将踢面数更改为 37，在空白处单击左键，此时发现实际踢面高度已经符合题目要求，此处操作相当于将踢面高度进行刷新。之后单击"√"完成编辑模式。至此完成所有梯段绘制。

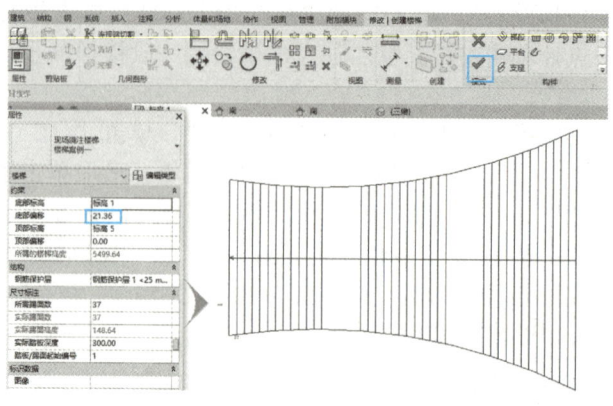

图 5-176

回到楼层平面"标高 1"，将鼠标放置在栏杆扶手附近按 Tab 键进行切换，直到栏杆扶手高亮显示时双击鼠标左键进入"修改｜绘制路径"选项卡。如图 5-176 所示，单击粉红色栏杆路径线并删除，然后第一步单击绘制面板的拾取线命令；第二步修改偏移值为 10，此处意味着拾取的栏杆路径线向楼梯内侧偏移了 10 毫米，避免出现栏杆悬空的情况；第三步单击拾取楼梯边界，此时沿着边界向楼梯内侧 10 毫米距离生成了粉红色栏杆路径线；第四部单击修改面板拆分图元命令，并在数字 1、2、3、4 的位置依次单击鼠标左键，将梯段与平台相交位置的栏杆进行了拆分；第五步在属性面板更换栏杆类型为"900mm"。接下来单击"√"完成编辑模式。最后选中另外一侧栏杆扶手并删除，选中拆分好的栏杆扶手，将其镜像至另一侧。至此完成楼梯案例一。

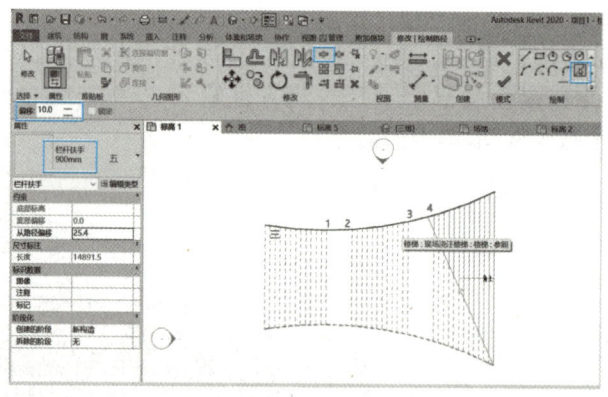

图 5-177

3. 构件模式创建楼梯

（1）构件创建楼梯基本方法

单击【建筑】>【楼梯】激活"修改｜创建楼梯"选项卡，选择"组合楼梯 190mm 最大踢面 250mm 梯段"楼梯类型。

1）梯段的绘制方法

如图 5-178 所示，在构件面板中可以选择"直梯""全踏步螺旋""圆心-端点螺旋""L 形转角"和"U 形转角"等命令创建不同构件楼梯。

微课

24. 按构件方式
创建楼梯

2）选项栏

如图 5-178 所示，快速访问栏有"定位线""偏移""实际梯段宽度"和"自动平台"四个命令。

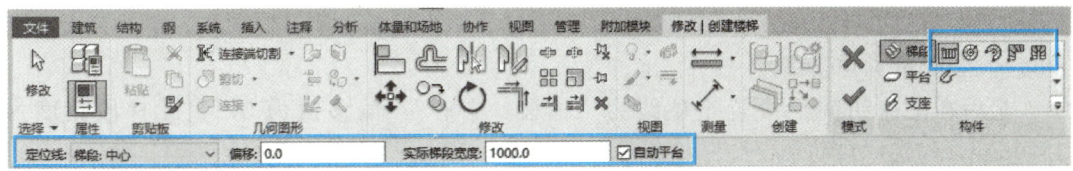

图 5-178

在绘制直梯时，可假设鼠标左键单击的两点连线为路径线，定位线分别选择"梯边梁外侧：左""梯段：左""梯段：中心""梯段：右"和"梯边梁外侧：右"，绘制结果如图5-179 所示（图中数字 1 和 2 的连线为各段直梯的路径线）。

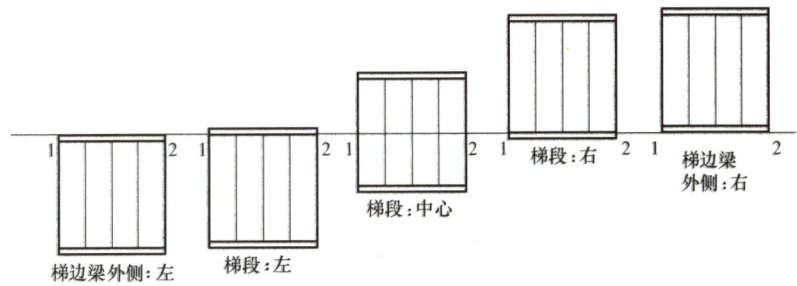

图 5-179

"偏移"右侧方框可以设置楼梯"定位线"与路径线的距离。

"实际梯段宽度"右侧方框可以设置梯段宽度，此梯段宽度为不包含梯边梁的宽度。

"自动平台"被勾选表示在绘制构件楼梯时，可以自动创建休息平台。

3）带休息平台的楼梯绘制方法

如图 5-180 所示，第 1 步，回到楼层平面"标高 1"并激活"修改│创建楼梯"选项卡；第 2 步，单击选择"直梯"命令创建梯段；第 3 步，选择"整体浇筑楼梯"类型；第

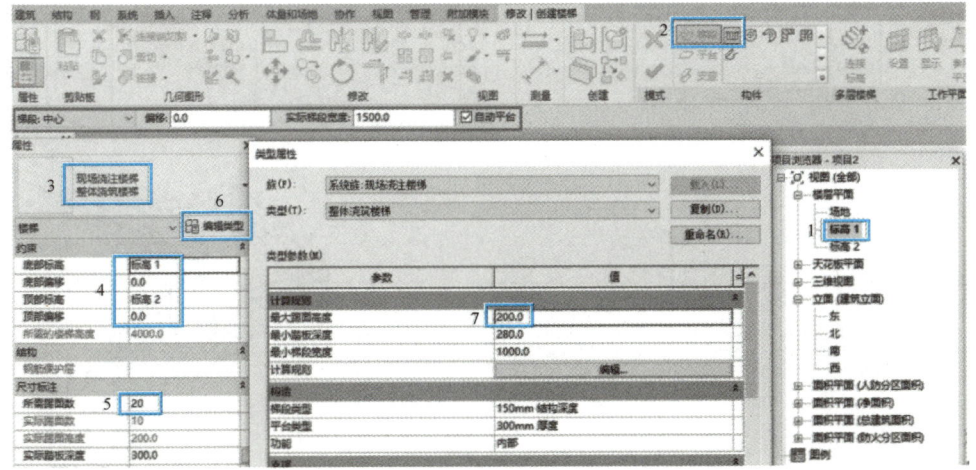

图 5-180

4 步，在属性面板设置底部和顶部约束分别为"标高 1"和"标高 2"且偏移值为 0，这表示楼梯底部为"标高 1"，顶部为"标高 2"；第 5 步，在属性面板设置所需题目数为"20"，此时实际踢面高度变为 200mm，会弹出"实际踢面高度大于最大踢面高度"警告（因此要在第 7 步更改最大题目高度值）；第 6 步，单击编辑类型；第 7 步，更改最大踢面高度为 200mm 并单击确定。

最后在快速访问栏设置定位线为"梯段：中心"，偏移值为 0，实际梯段宽度为 1500mm，勾选"自动平台"。

如图 5-181 所示，在绘图区域任意位置单击左键作为第 1 点，水平向右移动鼠标，当梯段下方出现"创建了 10 个踢面，剩余 10 个"时单击左键确定第 2 点。

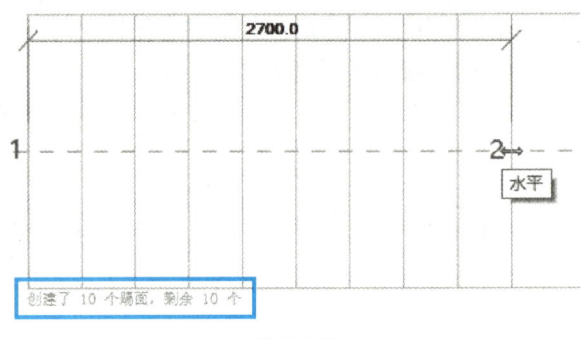

图 5-181

如图 5-182 所示，将鼠标放置在 2 点并向下移动鼠标，当出现虚线并且临时尺寸出现 2400 时单击鼠标左键确定第 3 点，水平向左移动鼠标当梯段下方出现"创建了 10 个踢面，剩余 0 个"时单击左键确定第 4 点，单击"√"完成编辑模式。

回单默认三维视图，单击选中楼梯，如图 5-183 所示，单击编辑楼梯激活"修改｜创建楼梯"选项卡。单击选中休息平台并删除，接着单击"√"完成编辑模式，此时休息平台被删除。

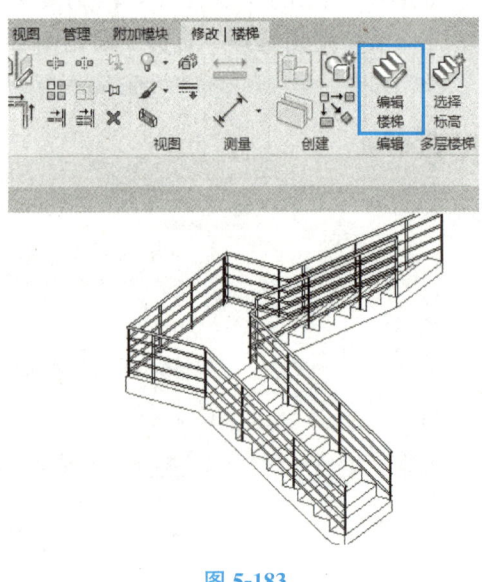

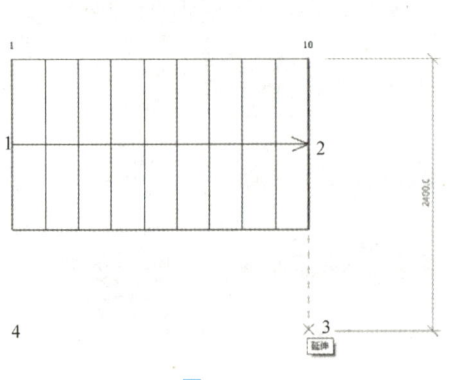

图 5-182   图 5-183

　　单击楼层平面"标高1"，选择【建筑】>【楼梯】，激活"修改｜创建楼梯"选项卡，如图 5-184 所示，单击"拾取两个梯段"绘制休息平台，将鼠标放置在第 1 个梯段单击左键，接着放置在第 2 个梯段单击左键，两梯段之间会自动生成新的休息平台，最后单击"√"完成编辑模式。至此完成按构件方式创建休息平台。

　　采用图 5-138 同样方法可以将新休息平台删除，然后回到楼层平面"标高1"，再次选择【建筑】>【楼梯】命令，在构件面板中平台右侧单击"创建草图"绘制休息平台，如图 5-185 所示，单击"矩形"绘制休息平台边界，然后在数字 1 和数字 2 位置分别单击鼠标左键完成矩形休息平台的绘制，最后连续两次单击"√"完成编辑模式。至此完成按草图方式创建休息平台（此时创建的休息平台一般需要对栏杆扶手重新编辑）。

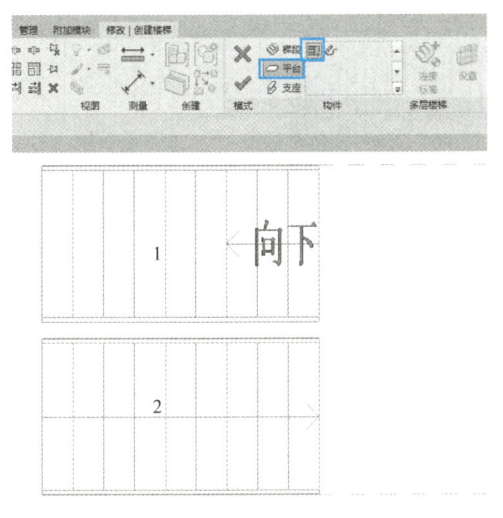

图 5-184

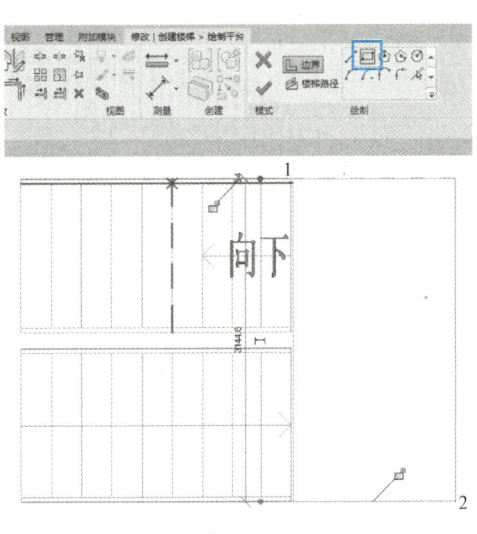

图 5-185

　　4）构件楼梯转换为草图模式楼梯

　　如图 5-186 所示，在"修改｜创建楼梯"选项卡下，创建了构件楼梯后，单击选中某个梯段或平台，可以单击"转换"命令可将构件楼梯转换为基于草图绘制楼梯。

　　（2）案例实操

　　楼梯案例二：根据图 5-187 平面图和图 5-188 南立面图创建楼梯和扶手，梯段宽度为 1200mm，实际踏板深度为 250mm，实际踢面高度为 150mm，踏板厚度为 50mm，踢面厚度为 12.5mm，栏杆高度为 900mm，栏杆类型为"矩形 50×50mm"，未标注尺寸和材质不做要求。

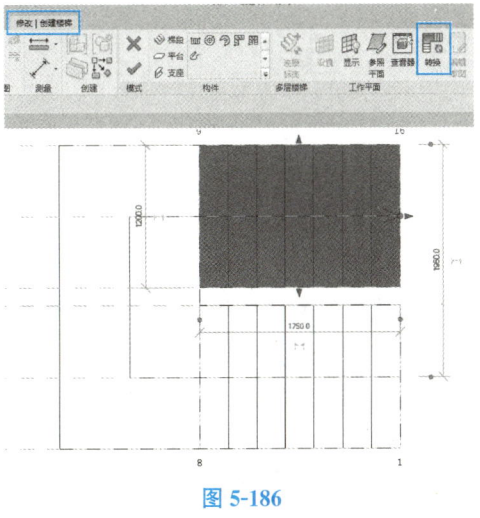

图 5-186

　　根据南立面图给定数值绘制"标高 1"至"标高 4"，在楼层平面"标高 2"创建如图 5-189 所示参照平面作为辅助线。

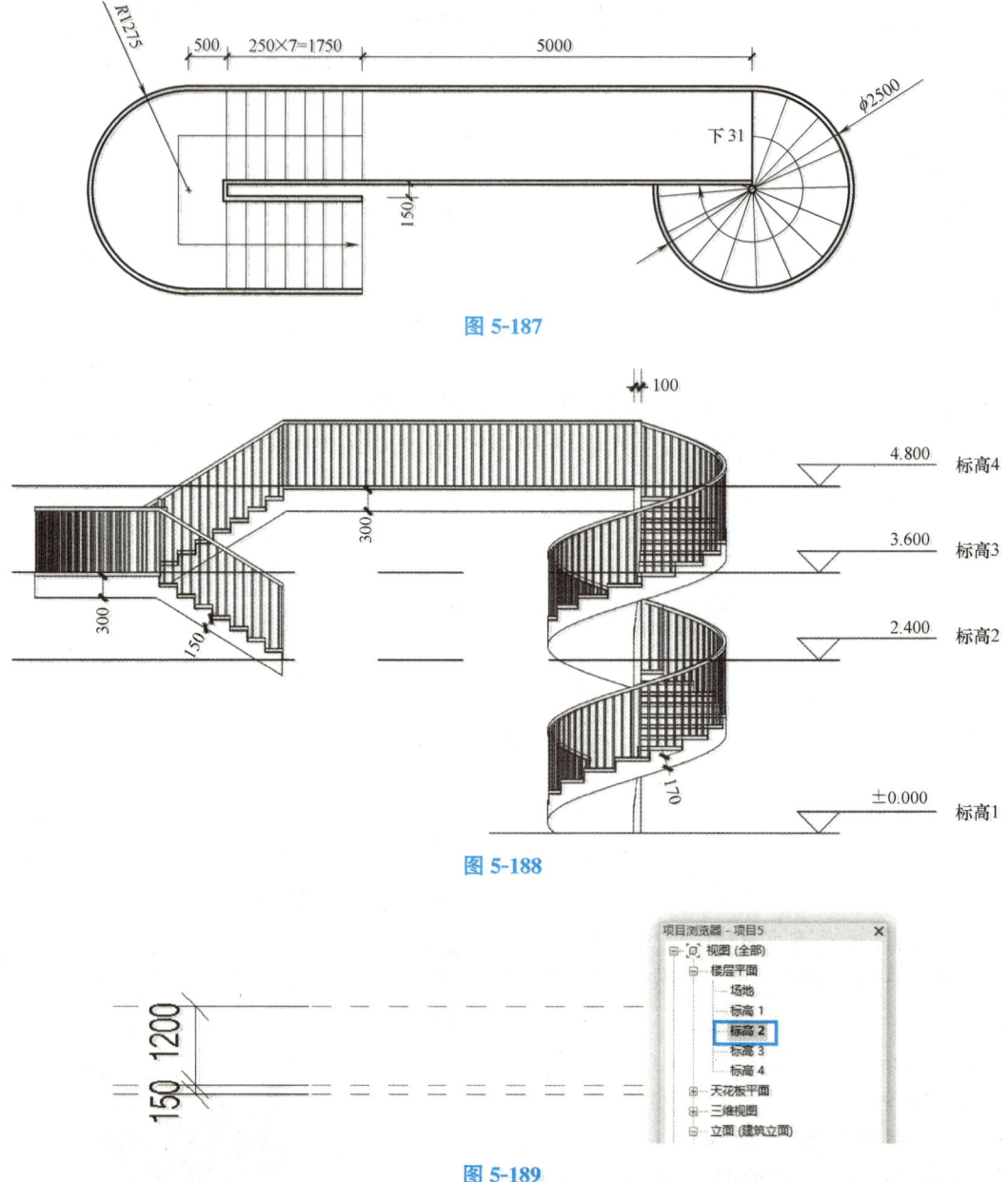

图 5-187

图 5-188

图 5-189

单击【建筑】>【楼梯】激活"修改｜创建楼梯"选项卡，如图5-190所示，第1步，单击选择"直梯"命令绘制楼梯；第2步，在类型选择器选择"现场浇筑楼梯整体浇筑楼梯"类型；第3步，单击"编辑类型"；第4步，单击复制并在名称框输入"楼梯案例二：直梯"；第5步，单击梯段类型右侧省略号进入梯段类型属性对话框；第6步和第7步分别勾选踏板和踢面右侧小方框；第8步和第9步分别单击梯段类型和楼梯类型属性对话框中的确定；第10步，在属性面板约束下设置楼梯底部标高和顶部标高分别为"标高2"和"标高4"并且底部偏移和顶部偏移均设置为0；第11步，在属性面板更改所需踢面数为16；第12步在属性面板更改实际踏板深度为250mm；第13步，在快速访问栏设置定位线为"梯段：右"；第 14 步，在快速访问栏设置偏移为 0；第 15 步，在快速访问栏设置实际梯段宽度为 1200mm；第 16 步，在快速访问栏勾选"自动平台"。

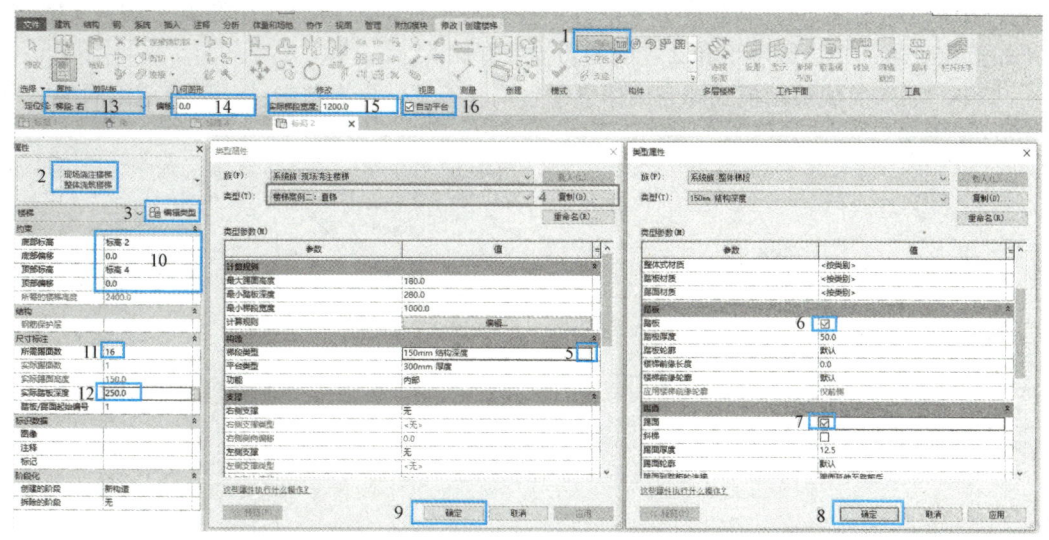

图 5-190

如图 5-191 所示，在最下方参照平面上任意位置单击左键，鼠标水平向左移动当临时尺寸标注为 1750.0 时单击左键，鼠标竖直向上移动至距最下方参照平面 150 的参照平面上（数字 3 的位置）单击左键，鼠标水平向右移动至临时尺寸标注为 1750 时（数字 4 的位置）单击左键。

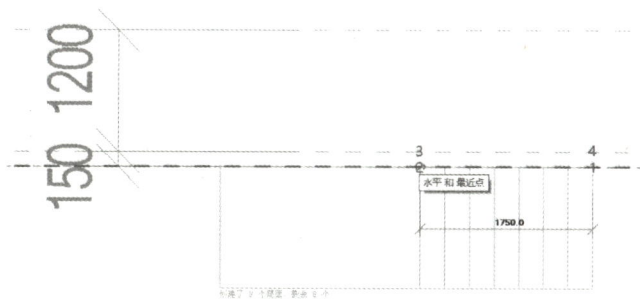

图 5-191

如图 5-192 所示，单击选中休息平台并单击工具面板上"转换"命令，关提示后再次选中休息平台并单击工具面板上"编辑草图"命令，激活"修改｜创建楼梯＞绘制平台"选项卡。

如图 5-193 所示，单击选中休息平台左边界，将左边界"尺寸界线"小圆点拖拽至休息平台右边界并松开鼠标，最后单击临时尺寸标注长度将 1200 更改为 500

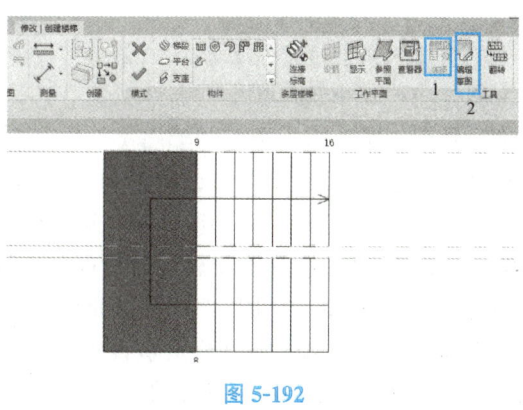

图 5-192

并按 Enter 确定。

如图 5-194 所示，在绘制面板单击"起点-终点-半径弧"绘制休息平台边界，鼠标先单击图中数字 1 位置，后单击数字 2 位置，接着将鼠标向左移动并在键盘上输入 1275 按 Enter 确定，最后单击数字 1 和 2 之间的边界线并删除。

单击"√"完成编辑模式即完成休息平台草图编辑，再次单击"√"完成编辑模式即完成直梯绘制。

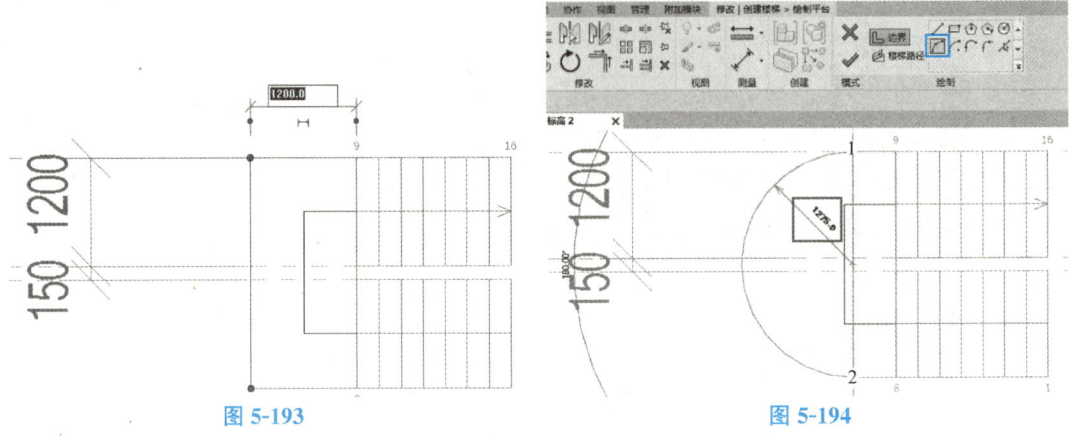

图 5-193   图 5-194

在键盘上输入快捷键"RP"激活"修改│放置参照平面"选项卡，如图 5-195 所示，第 1 步，单击绘制面板"拾取线"命令；第 2 步，在快速访问栏偏移右侧方框输入 5000mm；第 3 步，单击直梯最后一个踢面即可向右偏移 5000mm 创建一个新的参照平面。

如图 5-196 所示，第 1 步，单击"线"命令绘制参照平面；第 2 步，在快速访问栏偏移右侧方框输入 50mm；第 3 步，单击新参照平面下端点并水平向左移动鼠标至任意位置单击左键。

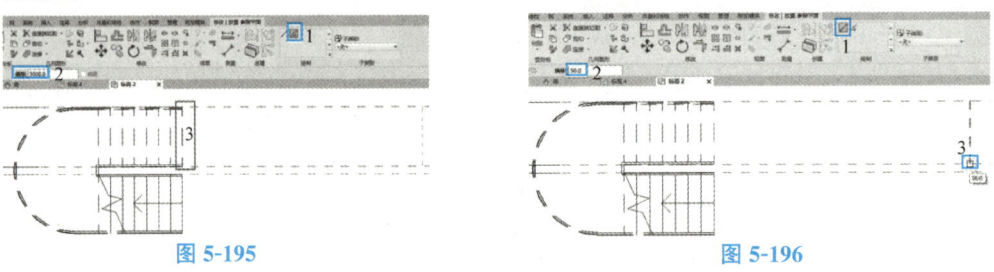

图 5-195   图 5-196

单击【建筑】>【楼梯】激活"修改│创建楼梯"选项卡，如图 5-197 所示，第 1 步，单击构件面板"全踏步螺旋"命令；第 2 步，在类型选择器选择"现场浇筑楼梯案例二：直梯"类型；第 3 步，单击"编辑类型"；第 4 步，单击"复制"并在名称框输入"楼梯案例二：螺旋楼梯"；第 5 步，单击梯段类型右侧省略号；第 6 步，在类型右侧下拉列表选择"170mm 结构深度"梯段类型；第 7 和第 8 步依次勾选踏板和踢面右侧小方框；第 9和第 10 步依次单击梯段类型属性对话框和楼梯类型属性对话框的确定；第 11 步，在属性面板设置楼梯底部标高和顶部标高分别为"标高 1"和"标高 4"并且底部偏移和顶部偏移均设为 0；第 12 步，在属性面板设置所需踢面数为 32；第 13 步，在属性面板设置实际踏板深度为 250mm；第 14 步，在快速访问栏设置定位线为"梯段：右"；第 15 步，在快速访问栏设置实际梯段宽度为 1200mm。

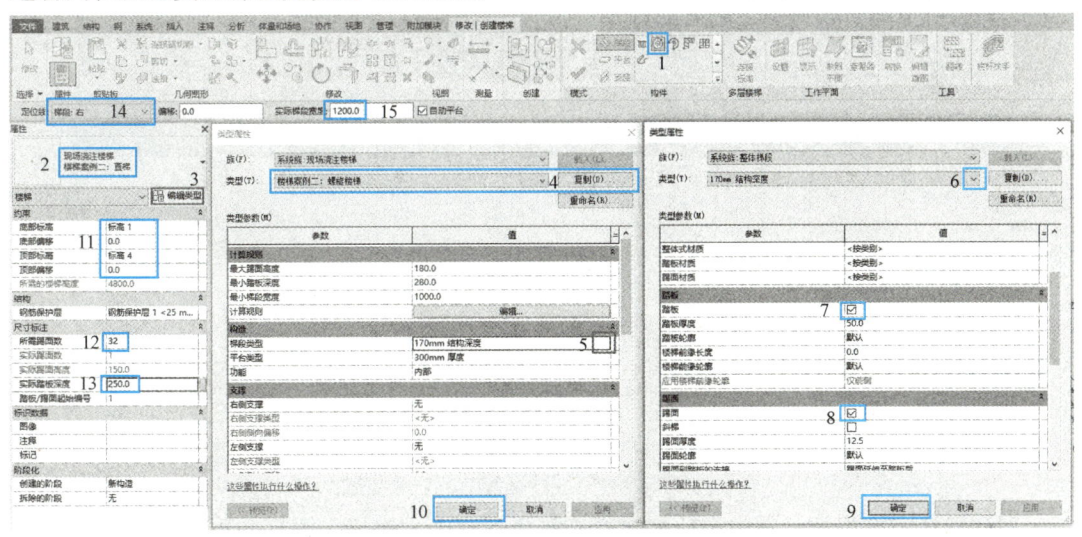

图 5-197

如图 5-198 所示，单击最新创建的参照平面右端点，水平向左移动鼠标在键盘上输入"1250.0"并按 Enter 确定。

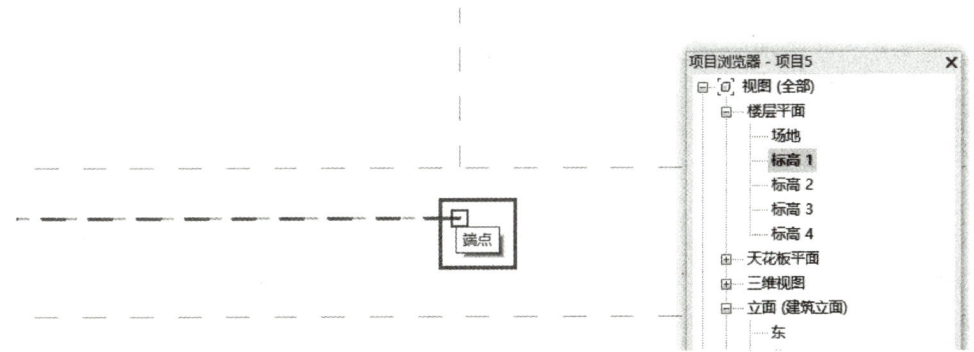

图 5-198

如图 5-199 所示，单击选中螺旋楼梯，在修改面板中单击"旋转"，首先单击数字 32 附近小圆点，然后顺时针移动鼠标数字 2 的位置（正北方向）单击左键，即可将螺旋楼梯移动至正确方向。

回到楼层平面"标高 4"，首先单击构件面板"平台"，然后单击"创建草图"激活"修改｜创建楼梯＞绘制平台"选项卡。如图 5-200 所示，单击绘制面板"矩形"绘制平台边界，首先单击数字 1 位置，然后向右上角移动鼠标至数字 2 位置单击左键。单击"√"完成编辑模式即可完成平台草图绘

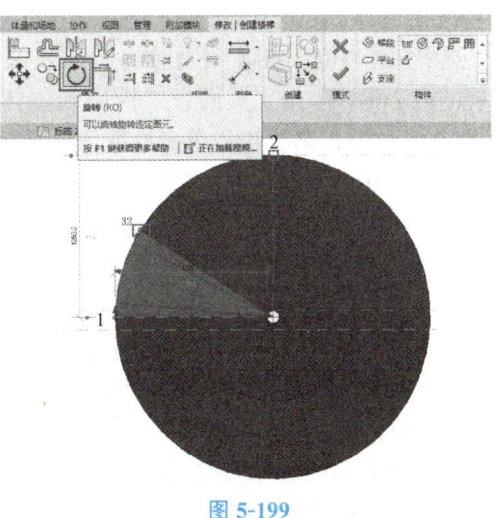

图 5-199

制,再次单击"√"完成编辑模式即可完成楼梯绘制。

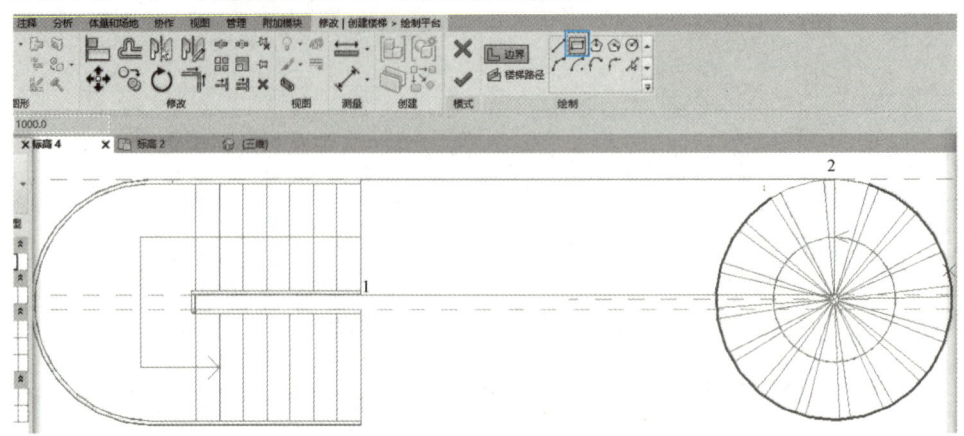

图 5-200

回到默认三维视图,选中螺旋楼梯栏杆扶手,双击左键进入栏杆扶手"修改 | 绘制路径"选项卡,如图 5-201 所示,将数字 1、2 和 3 处的栏杆扶手选中并删除,最后单击√"完成编辑模式"完成栏杆扶手路径修改。

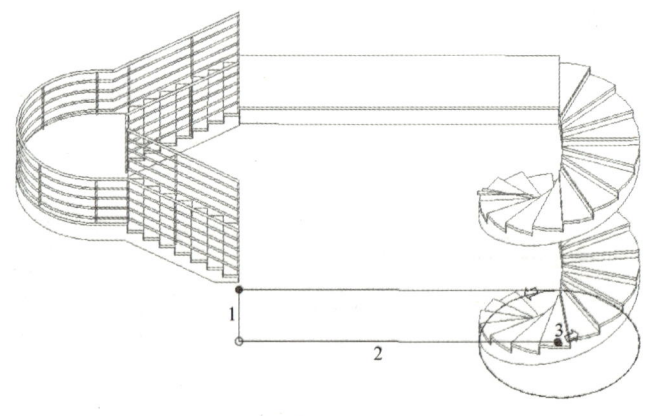

图 5-201

选中直梯右侧(内侧)栏杆扶手,双击左键激活"修改 | 绘制路径"选项卡,如图 5-202 所示,第 1 步,单击工具面板"拾取新主体"并单击拾取直梯;第 2 步,单击绘制面板"拾取线"命令;第 3 步,单击拾取休息平台边界线,最后单击"√"完成编辑模式。

如图 5-203 所示,在三维视图中选中所有栏杆扶手,在属性面板类型选择器中选择"栏杆扶手 900mm"类型并单击属性面板应用,至此完成栏杆扶手的绘制。

单击【插入】>【载入族】,双击【结构】文件夹>【柱】文件夹>【混凝土】文件夹,选择"混凝土-圆形-柱",单击打开。

回到楼层平面"标高 1",单击【结构】>【柱】,激活"修改 | 放置结构柱"选项卡,如图 5-204 所示,第 1 步,在属性面板类型选择器选择"混凝土-圆形-柱 300mm"类型;第 2 步,单击编辑类型;第 3 步,单击复制;第 4 步,更改名称为 100mm;第 5 步;尺寸标注 b 值改为 100mm;第 6 步,单击确定;第 7 步,在快速访问栏将高度设置为"标高 4"。最后将鼠标放置在螺旋楼梯的圆心位置,单击左键放置结构柱。

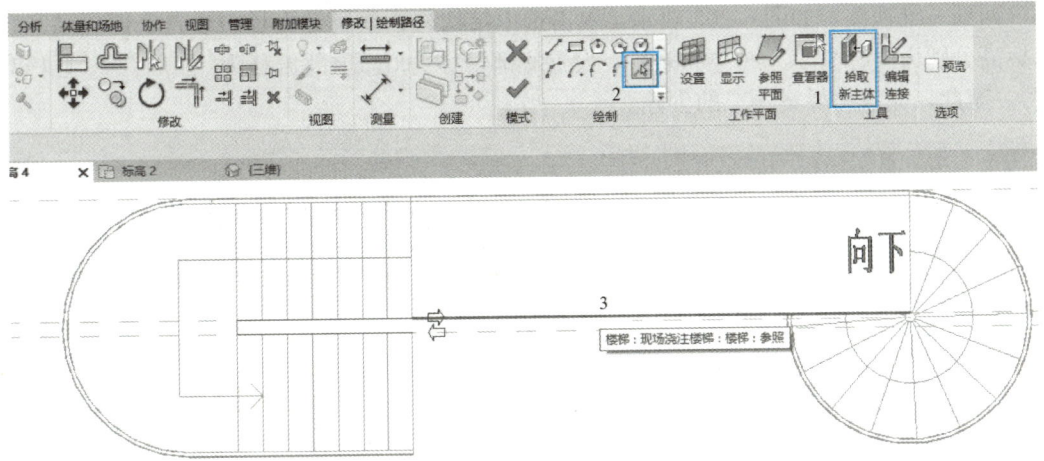

图 5-202

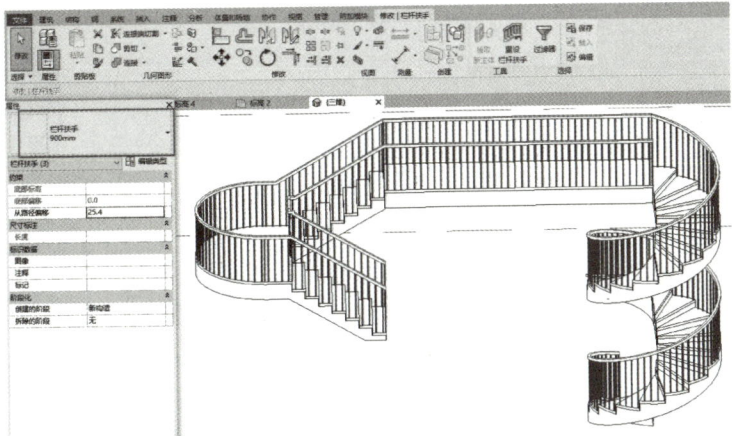

图 5-203

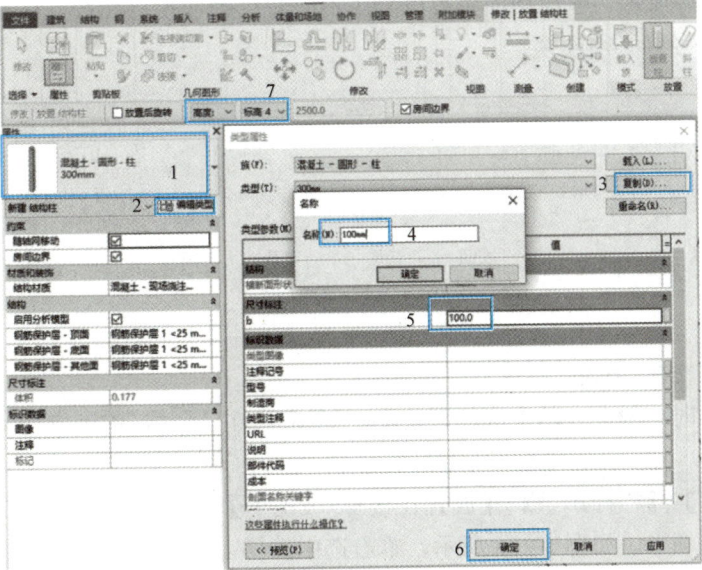

图 5-204

回到三维视图，如图 5-205 所示，单击选中结构柱，在属性面板中设置底部标高和顶部标高分别为"标高 1"和"标高 4"，设置底部偏移为 0，顶部偏移为"900.0"（栏杆高度）。至此，完成楼梯案例二的创建。

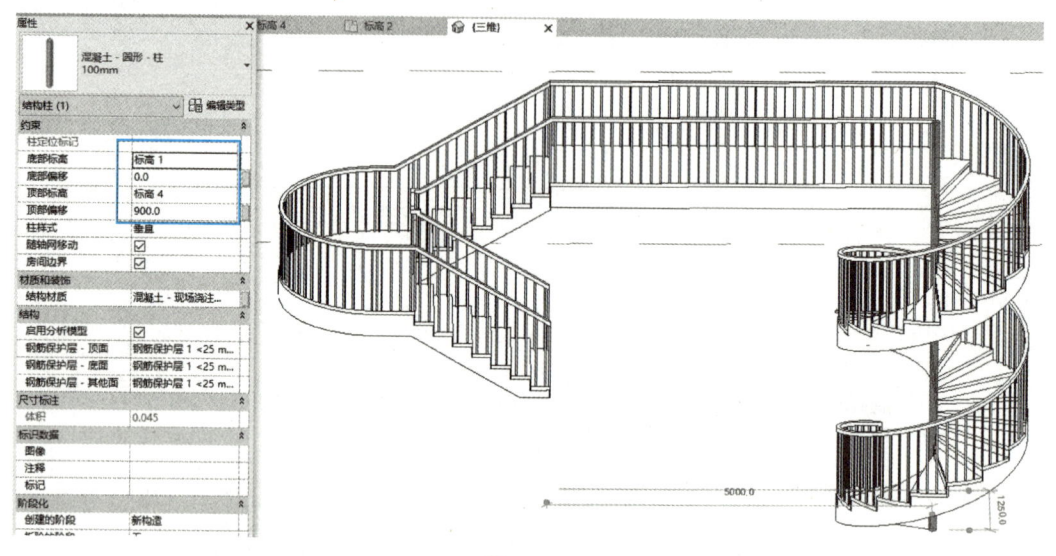

图 5-205

5.4.2 栏杆扶手的创建

1. 绘制栏杆

（1）绘制栏杆路径

单击【建筑】>【栏杆扶手】>【绘制栏杆路径】，激活"修改｜创建栏杆扶手路径"选项卡，如图 5-206 所示，在绘制面板可以采用不同命令创建栏杆路径，一次只能创建一条栏杆路径，即路径线必须连续。

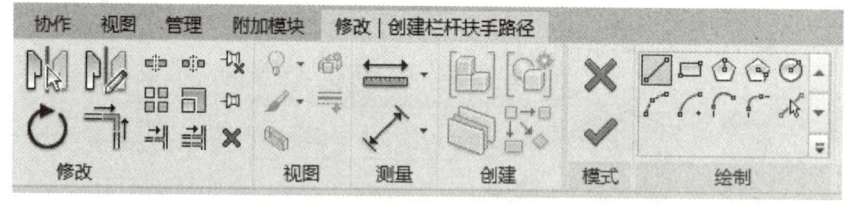

图 5-206

（2）放置在楼梯/坡道上

在绘制楼梯时一般会自动生成栏杆扶手，如图 5-207 所示，单击选中自动生成的栏杆扶手后删除。

单击【建筑】>【栏杆扶手】>【放置在楼梯/坡道上】，激活"修改｜在楼梯/坡道上放置栏杆扶手"选项卡，如图 5-208 所示，单击选中楼梯，在属性面板类型选择器可以选择栏杆扶手类型，此外在位置面板可以选择将栏杆扶手放置在"踏板"上还是"梯边梁"

上。事实上，如图 5-209 所示，在绘制梯段之前，也可以在"修改｜创建楼梯"选项卡，工具面板中单击"栏杆扶手"命令，选择栏杆扶手类型和位置。

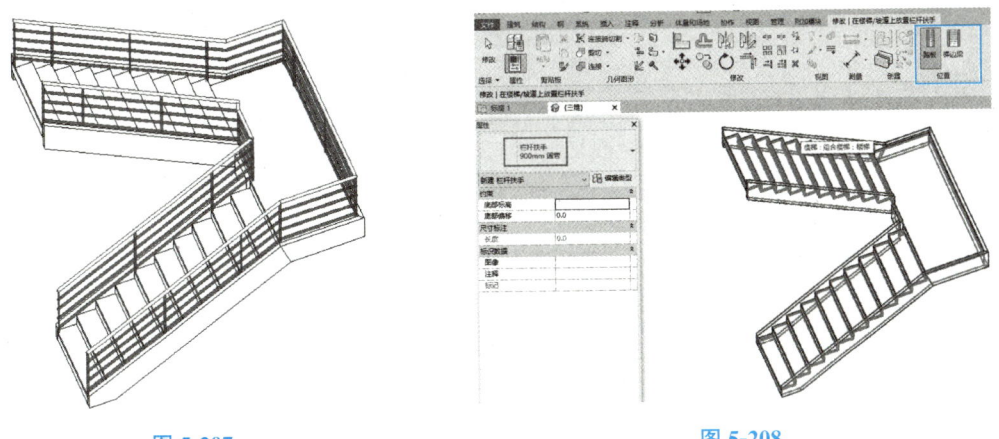

图 5-207　　　　　　　　　　　　　　　　　　图 5-208

图 5-209

2. 编辑栏杆

（1）编辑路径与拾取新主体

如图 5-210 所示，单击选中栏杆扶手，在模式面板单选"编辑路径"即可对栏杆扶手路径进行编辑。

如图 5-211 所示，如果单独绘制的栏杆扶手，并没有附着在楼梯上，可以选中该栏杆扶手，单击工具面板上"拾取新主体"，然后单击楼梯即可将栏杆扶手附着至楼梯。

（2）编辑栏杆属性

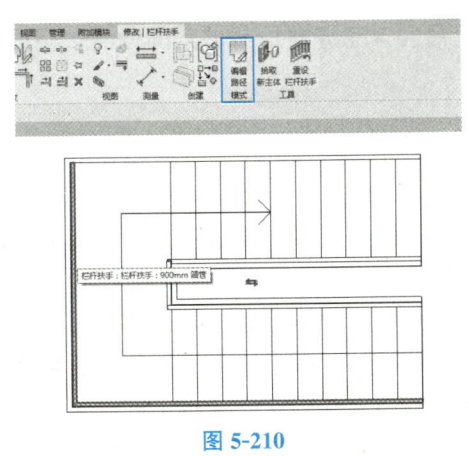

图 5-210　　　　　　　　　　　　　　　　　　图 5-211

选中已绘制的栏杆扶手，如图 5-212 所示，可以在属性面板设置"从路径偏移"值，如果设置正值则表述向楼梯内侧偏移，如果是负值则表示向楼梯外侧偏移。

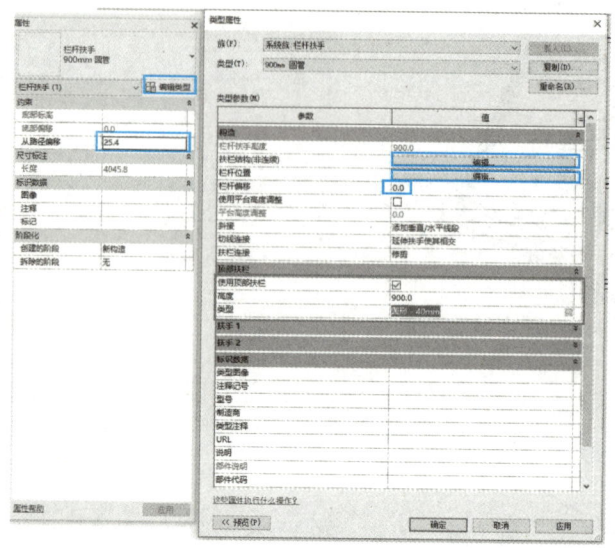

图 5-212

单击"编辑类型"，在类型属性对话框中可以编辑"扶栏结构（非连续）"（此处扶栏不包含顶部扶栏，建议读者首先学习 5.4.1 建筑楼梯构造的名称与相应位置）。

单击编辑"栏杆位置"可以对栏杆类型和位置进行编辑。

在"栏杆偏移"右侧可以输入栏杆偏移值，此值如果为正则表述栏杆向上偏移，如果为负则表示向下偏移。

在"顶部扶栏"下方，可以选择是否使用"顶部扶栏"，也可以设置顶部扶栏高度和类型。

5.4.3 坡道的创建

1. 坡道案例一

根据图 5-213 平面图和图 5-214 南立面图给定尺寸，完成楼板与坡道的绘制，栏杆扶手自定，材质不做要求。

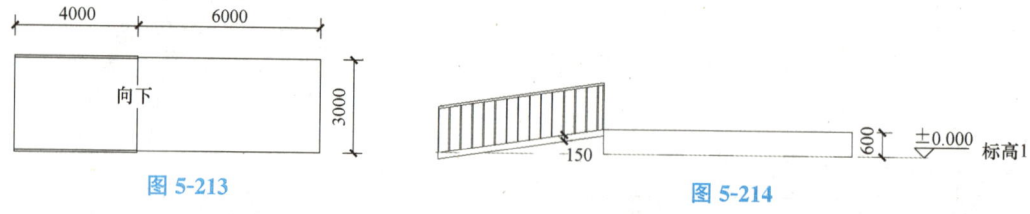

图 5-213　　　　　　　　　　　图 5-214

在楼层平面"标高 1"，单击【建筑】>【楼板】>【楼板：建筑】，激活"修改｜创建楼层边界"选项卡，如图 5-215 所示，第 1 步，单击边界线并单击绘制面板上的"矩形"命令；第 2 步，在属性面板类型选择器选择"楼板常规－150mm"类型；第 3 步，单击"编辑类型"；第 4 步，单击复制并在名称框输入"常规－600mm"；第 5 步，单击编辑进入编辑部件对话框并将"结［1］"厚度改为"600.0"，单击确定后再次单击确定；第 6 步，在属性面板约束楼板顶部标高为"标高 1"且自标高的高度偏移设置为"600.0"；第 7 步，绘制长 6000mm 宽 3000mm 的矩形边界；第 8 步，单击"√"完成编辑模式完成楼板绘制。

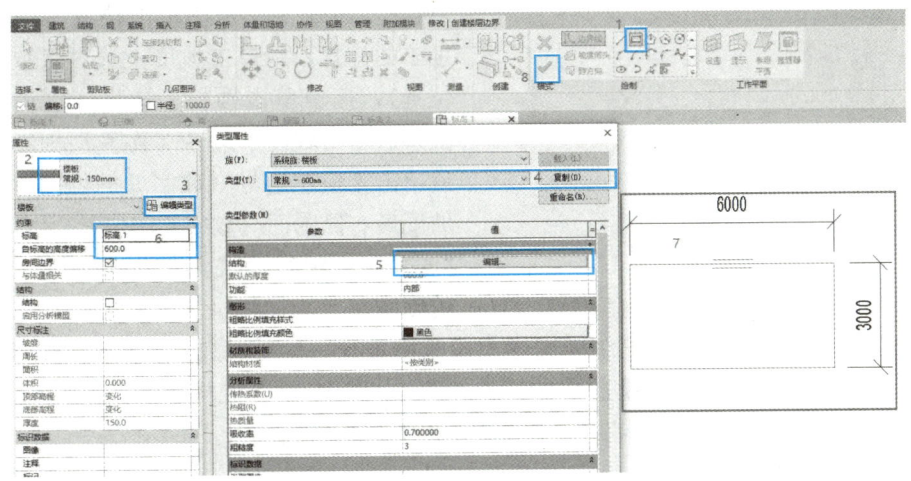

图 5-215

单击【建筑】＞【坡道】，激活"修改｜创建坡道草图"选项卡，如图 5-216 所示，第 1 步，在绘制面板单击"线"；第 2 步，在属性面板类型选择器选择"坡道 坡道 1"类型；第 3 步，单击编辑类型；第 4 步，单击复制并在名称框输入"直坡"；第 5 步，设置坡道最大坡度（1/x）为 1（即设置坡道最大坡度为 1：1，这是因为实际工程中坡道坡度不会超过 45°），单击确定；第 6 步，在属性面板设置坡道底部标高和顶部标高均为"标高 1"且底部偏移和顶部偏移分别为"0.0"和"600.0"；第 7 步，在属性面板设置坡道宽度为"3000.0"。

如图 5-217 所示，快捷键"RP"绘制一段距离楼板左边界 4000mm 距离的参照平面，

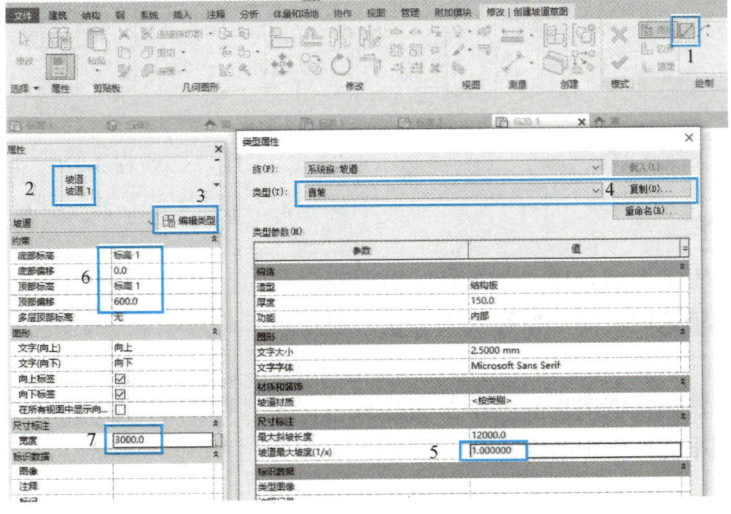

图 5-216

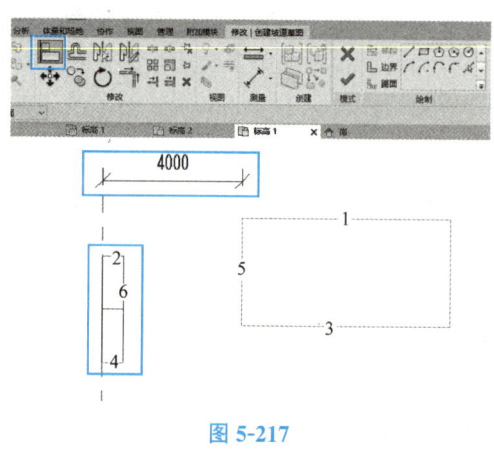

图 5-217

在该参照平面任意位置单击左键并水平向右移动鼠标至距离 600mm 时单击左键绘制一段坡道。

快捷键"AL"或者单击"修改面板"上"对齐"命令，首先在单击楼板上边界（数字 1 的位置）后单击坡度上边界（数字 2 的位置），接着单击楼板下边界（数字 3 的位置）后单击坡度下边界（数字 4 的位置），最后单击楼板左边界（数字 5 的位置）后单击坡度最右侧踢面（数字 6 的位置）。最后单击"√"完成编辑模式，至此完成坡度案例一的创建。

如图 5-218 所示，首先在三维视图中单击选中坡道，然后在属性面板单击编辑类型，可以在类型属性对话框中设置直坡的"造型"。如果选择"结构板"造型，则结果如图 5-219 所示；如果选择"实体"造型，结果如图 5-220 所示。

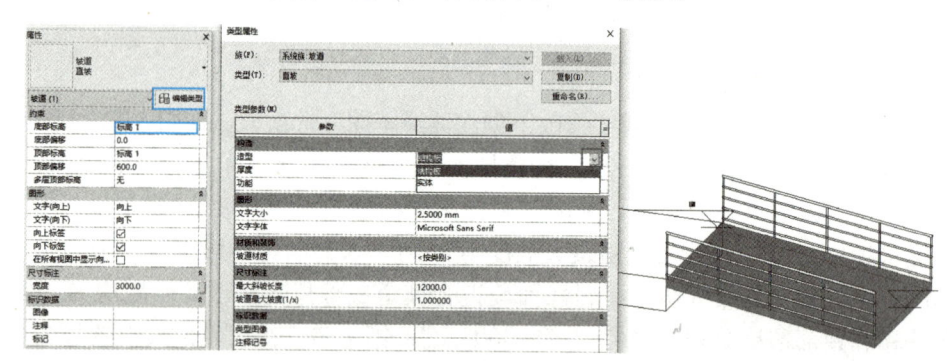

图 5-218

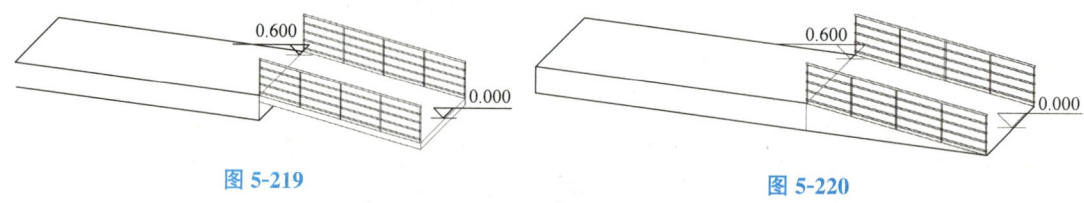

图 5-219   图 5-220

2. 坡道案例二

根据图 5-221 平面图和图 5-222 南立面图给定尺寸，完成楼板与坡道的绘制，栏杆扶手自定，材质不做要求。

楼板绘制方法同坡道案例一，绘制完楼板后，需要绘制几个参照平面作为辅助线。

在楼层平面"标高 1"，如图 5-223 所示，快捷键"RP"激活"修改 | 放置参照平面"选项卡，在绘制

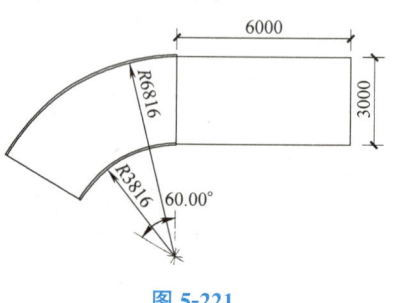

图 5-221

面板单击"拾取线"并在快速访问栏设置偏移为"3186"，单击楼板下边界创建第一个参照平面。

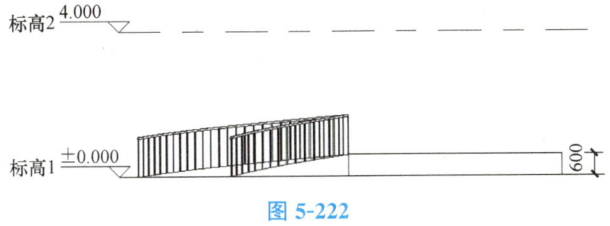

图 5-222

在绘制面板单击"线"，设置偏移为 0，依次单击矩形楼板左上角角点（图中数字 2 的位置）和第一个参照平面左端点（图中数字 3 所在位置）创建第二个参照平面。

单击选中第二个参照平面，在修改面板单击"旋转"，在快速访问栏勾选"复制"并单击"旋转中心"，单击数字 3 的位置作为旋转中心，接着单击数字 2 的位置，逆时针移动鼠标并在键盘上输入"60"按 Enter 确定，至此创建了第三个参照平面。

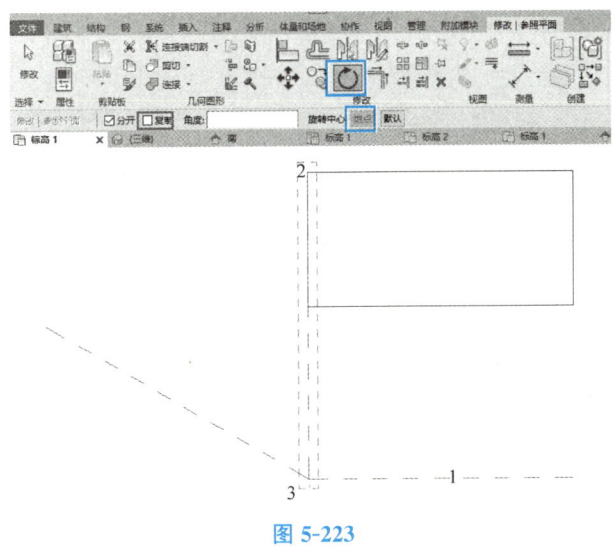

图 5-223

单击【建筑】>【坡道】，激活"修改 | 创建坡道草图"选项卡，如图 5-224 所示，第 1 步，在绘制面板单击"圆心-端点弧"命令；第 2 步，在属性面板类型选择器选择"坡道坡道 1"类型；第 3 步，单击编辑类型；第 4 步，单击复制并在名称框输入"弧形坡"；第 5 步，设置坡道造型为"实体"；第 6 步，设置坡道最大坡度（1/x）为 1，单击确定；第 7 步，在属性面板设置坡道底部标高和顶部标高均为"标高 1"且底部偏移和顶部偏移分别为"0.0"和"600.0"；第 8 步，在属性面板设置坡道宽度为"3000.0"。

坡道中心线的半径＝3816＋3000/2＝5316mm，如图 5-225 所示，在数字 3 的位置单击左键确定圆心，鼠标在第三个参照平面移动并在键盘输入"5316"按 Enter 确定弧形坡道起点，顺时针移动鼠标至第二个参照平面上单击左键确定弧形终点。单击"修改"面板"对齐"命令，先单击第二个参照平面，后单击坡度右边的踢面即可将坡度踢面对齐至第二个参照平面位置。最后单击"√"完成编辑模式，至此完成坡道案例二的绘制。

事实上，在绘制完图 5-223 参照平面并且定义好坡道参数后，也可以先按图 5-226 绘

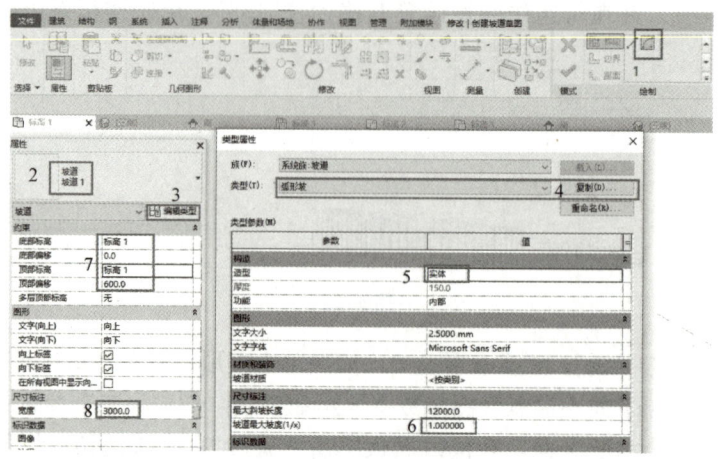

图 5-224

制面板"圆心-端点弧"命令来绘制坡道的两条边界，接着按图 5-227 绘制面板"线"命令来绘制坡道两个踢面。最后单击"√"完成编辑模式也可以完成坡道案例二的绘制。

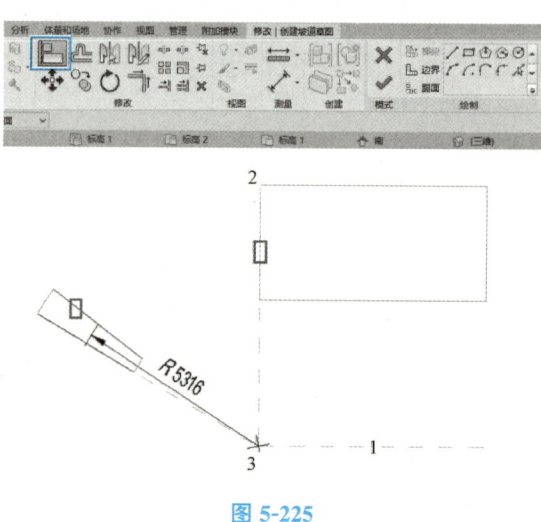

图 5-225

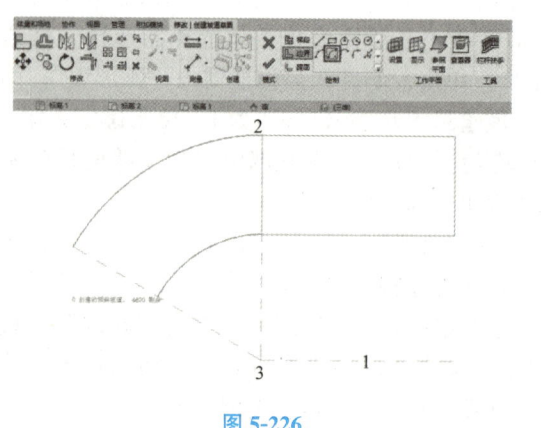

图 5-226

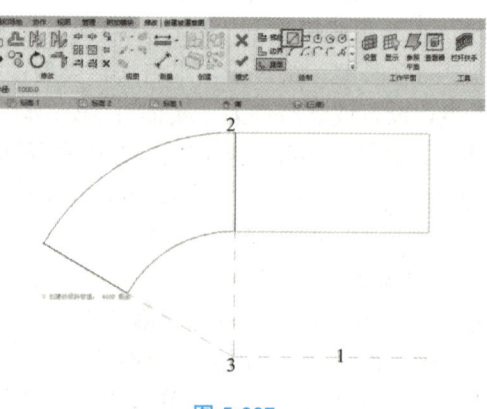

图 5-227

任务 5.5　结构构件的创建

5.5.1　结构柱的创建

微课

25. 常用结构
构件创建方法

结构柱常用的有两种：框架柱与构造柱。框架柱在框架或框剪结构中承受梁和板传来的荷载，并将荷载传给基础，是主要的竖向支撑结构。构造柱是与圈梁连接在一起，起到了增强砖混结构的整体性和稳定性。

在 Revit 中，如图 5-228 所示，项目浏览器中选择【结构】>【柱】，在属性面板中点击【编辑类型】>【载入】，可载入不同种类型的柱子；如图 5-229 所示，点击【复制】>【重命名】；之后可在【类型属性】>【尺寸标注】中修改柱子的尺寸；同时

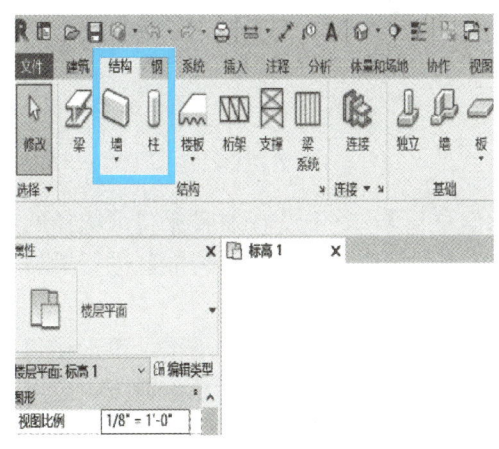

图 5-228

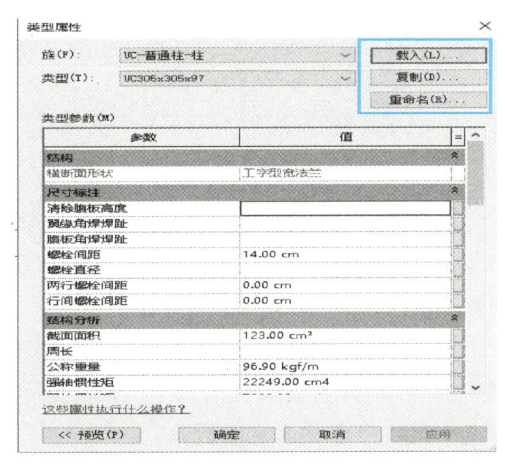

图 5-229

如有需要在【类型属性】>【材质和装饰】中可对柱子的材质和色彩进行调整。

如图 5-230 所示，在属性面板中选择定义好的柱，在快速访问栏中点击【高度】>【标高】/【深度】>【标高】，并在标高后输入柱高度，分别表示柱在当前标高状态下向上或向下偏移距离，也可选择【顶部连接】/【底部连接】定义好柱顶端和底端的位置。

在所有属性均定义好后，转到平面图上，进行点绘即可。绘制完成后转到三维视图进行检查校对。

图 5-230

5.5.2　结构梁的创建

框架梁是指两端与框架柱相连的梁。主要承受框架结构或框剪结构中的横向荷载。

在 Revit 中，如图 5-231 所示，选择【结构】>【梁】，在属性面板里点击【编辑类型】>【载入】>【结构】>【框架】>【混凝土】>【混凝土-矩形梁】>【打开】，可载入不同种类型的梁；如图 5-232 所示，点击【复制】>【重命名】；之后可在【类型属性】>【尺寸标注】中修改梁的尺寸，点击【确定】。

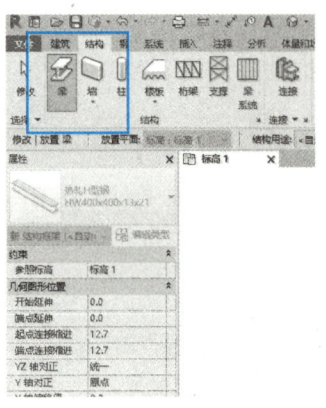

图 5-231

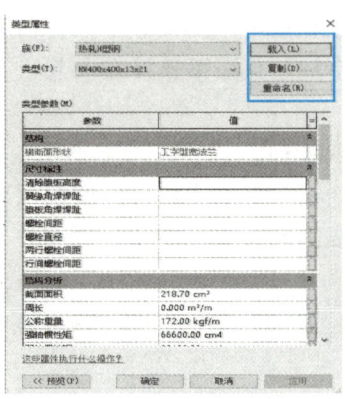

图 5-232

绘制时，点击属性面板【参照标高】>【Z 轴偏移值】，对于没有参照标高可选择的梁绘制需要先创建参照平面。如图 5-233 所示，可在属性面板对【材质与装饰】进行梁材质的修改。

在某些项目中会出现斜梁，其绘制方式为：先在对应位置绘制好水平梁，单击梁，如图 5-234，选择该梁属性面板中【起点偏移】【终点偏移】，输入不同的数值即可；也可直接选中梁，修改梁两端的标高。

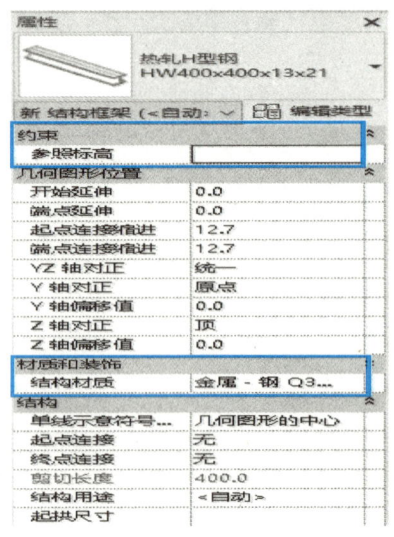

图 5-233

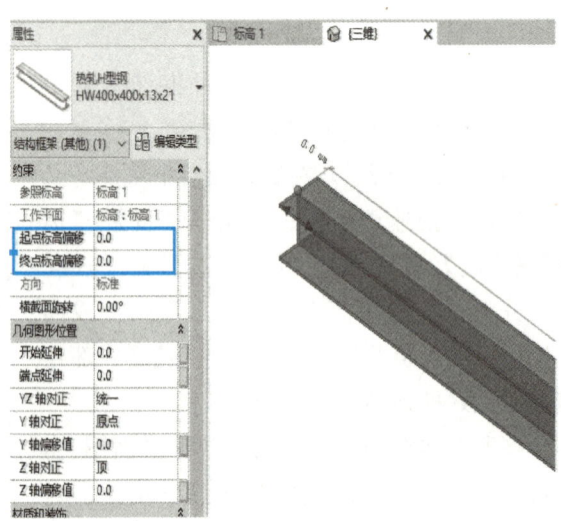

图 5-234

5.5.3　结构基础的创建

基础是建筑物的重要组成部分，是建筑物埋在地面以下的部分，主要承受建筑上部传来的荷载。Revit 中常用较多的是独立基础和条形基础，独立基础常用于柱基，条形基础常用于墙基。

1. 独立基础

打开 Revit 项目浏览器，如图 5-235 所示，单击【结构】>【基础】>【独立基础】；在【独立基础】对应的属性面板上，单击【类型选择器】，选择需要的独立基础类型；单击编辑类型进入类型属性对话框，在如图 5-236 所示类型属性对话框中单击复制可以复制生成新的独立基础类型。

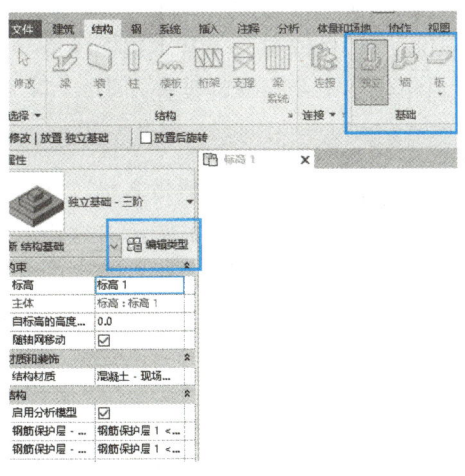

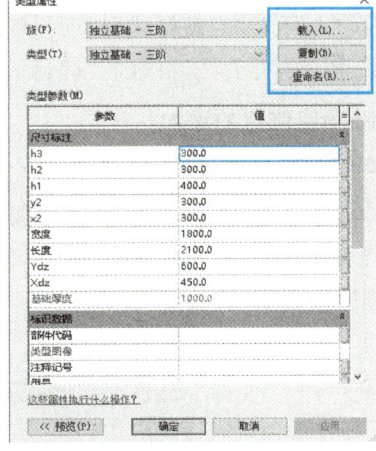

图 5-235　　　　　　　　　　　　　图 5-236

切换到平面图或者三维视图中的俯视图，在绘图区域进行点布。

2. 条形基础

条形基础的绘制是依托绘制好的挡土墙或承重墙。

打开 Revit 项目浏览器，单击【结构】>【基础】>【条形基础】，在【条形基础】对应的属性面板上，单击【类型选择器】，在【编辑类型】>【材质与装饰】可对条基的材质进行修改，在【编辑类型】>【尺寸标注】可对条基的厚度等尺寸进行修改，后点击【复制】>【重命名】。

定义好后，切换到平面或三维，选择要绘制条形基础的墙，完成绘制。可在三维视图状态下校核绘制的条基。

项目 6　建筑综合

本项目中，我们将运用前几个项目的知识，以某别墅项目为例，在 Revit 中进行该项目建筑模型的创建，通过本章节内容的学习，读者将对运用 Revit 进行实际项目建筑模型的创建及操作流程有一个基本的认识。

任务 6.1　建模环境的设置

在开始建模之前，首先我们需要对 Revit 的建模环境进行设置，在【管理】选项卡下包含了"材质""对象样式""项目信息""项目单位""项目位置"等基本建模环境参数的设置，本节主要介绍常用的"项目信息"和"项目单位"两个参数的设置方法。

1. 项目信息的添加

项目信息包含了本项目的组织名称、建筑名称、项目发布日期、项目名称、项目编号等基本信息，在 Revit 中选择【管理】>【项目信息】命令，按如图 6-1 所示内容输入本项目的基本信息，此类信息一部分（如项目名称、项目编号等）会同步显示在图纸的标题栏中，如图 6-2 所示。

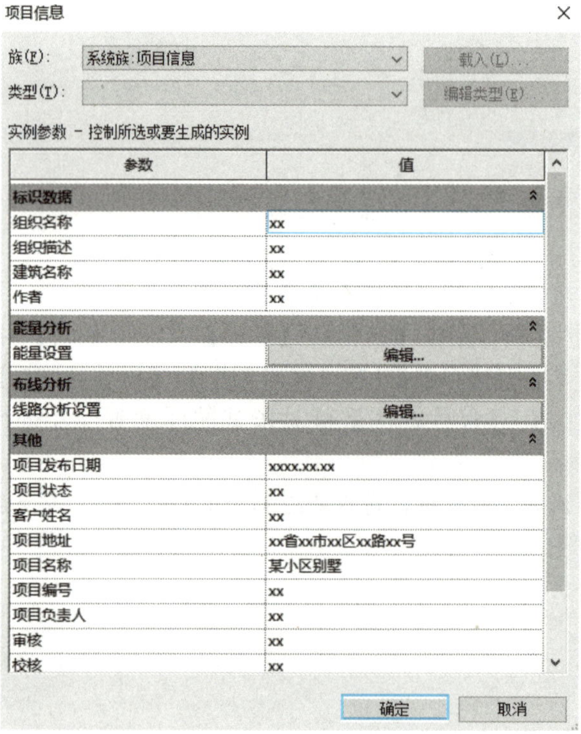

图 6-1

XX 某小区别墅	未命名	
	项目编号　　　　　　　XX	**A101**
	日期　　　　　xxxx.xx.xx	
	绘图员　　　　　　作者	
	校核　　　　　审图员　　比例	

图 6-2

2. 项目单位的设置

项目单位在建模过程中具有举足轻重的作用，它直接影响了软件对数据尾数的敏感度，例如，在尺寸标注时显示是整数的构件往往带有细小的尾数，由于项目单位设置过程中对小数位的舍入位数不同，这部分尾数就存在着被忽略的情况，进而影响我们模型的建模精度，同时在输出成施工图的时候，这些尾数也会直接影响出图表达，所以在建模前进行项目单位的设置尤为重要。在 Revit 中选择【管理】>【项目单位】命令，在规程的下拉菜单中可以切换选择"公共""结构""HVAC"等不同类别的单位格式，按如图 6-3 所示对公共规程下的长度、面积、体积等项目单位格式进行设置，并设置各个单位格式的舍入小数位。

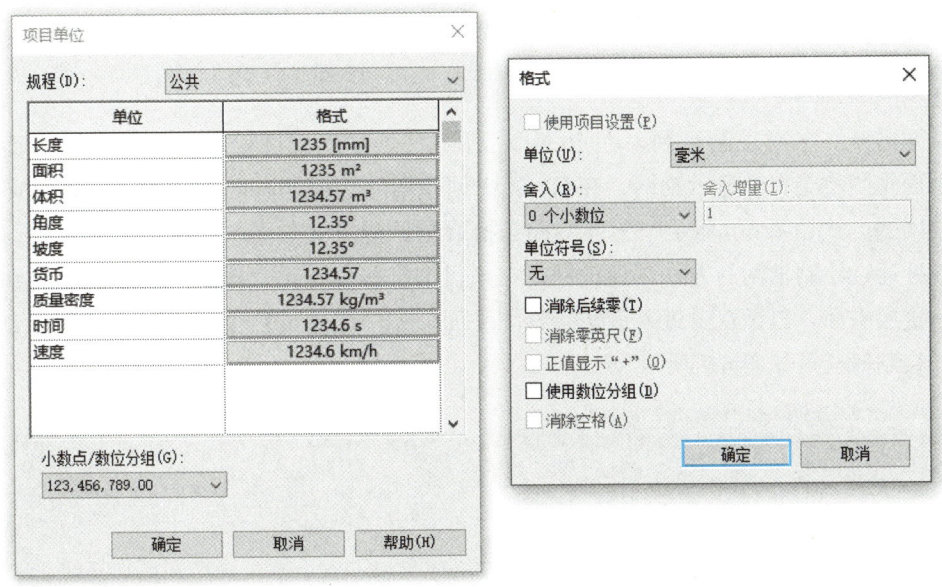

图 6-3

任务 6.2　标高与轴网的绘制

标高和轴网是建筑物的重要定位信息，通过标高和轴网可以反映建筑模型中各构件水

平和垂直方向上的空间定位关系，在 Revit 中绘制此类基准图元的命令分别是【建筑】>
【标高】和【建筑】>【轴网】，这里需要注意的是，我们一般绘制的顺序是先绘制项目标高
再绘制项目轴网，如果先绘制轴网再绘制标高，则在新建标高的楼层平面上无法自动显示
轴网，需要我们手动到立面视图将横轴和竖轴的图元拖拽至新建标高的图元范围内轴网才
能显示出来，这样会造成不必要的操作时间。

1. 创建项目标高

在项目浏览器中展开"立面"视图类别，选择"东西南北"任意立面视图，鼠标双击
进入视图绘图平面，选择【建筑】>【标高】命令创建如图 6-4 所示项目标高。

图 6-4

2. 创建项目轴网

轴网需要在平面视图绘制，在 Revit 中任意楼层平面视图绘制轴网，其余平面、立
面、剖面视图均会自动显示轴网。在 Revit 中创建轴网常用的有两种方式，一种是通过线
绘制轴网的方式如图 6-5 所示，另外一种是拾取轴网的方式如图 6-6 所示。首先我们先介
绍第一种通过绘制轴网的方式创建轴网，在项目浏览器中展开"楼层平面"视图类别，选
择任一楼层平面，鼠标双击进入该楼层绘图平面，使用【建筑】>【轴网】>【线】命令绘制
轴网，绘制完成后如图 6-7 所示。

图 6-5

图 6-6

我们也可以通过第二种方式，导入 CAD 拾取图层来创建轴网，选择【插入】>【导入
CAD】命令，在弹出的对话框中选择文件中的"1F"平面 CAD 图纸，并在下方设置导入
单位为"mm"，勾选仅当前视图。如图 6-8 所示。

使用【建筑】>【轴网】>【拾取线】命令拾取 CAD 的轴线图层依次创建轴网。如图 6-9
所示。

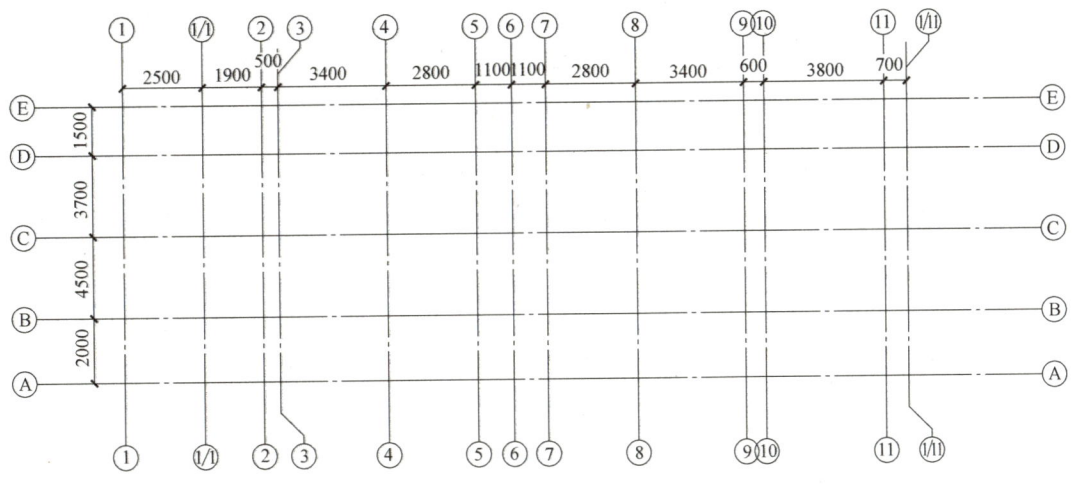

图 6-7

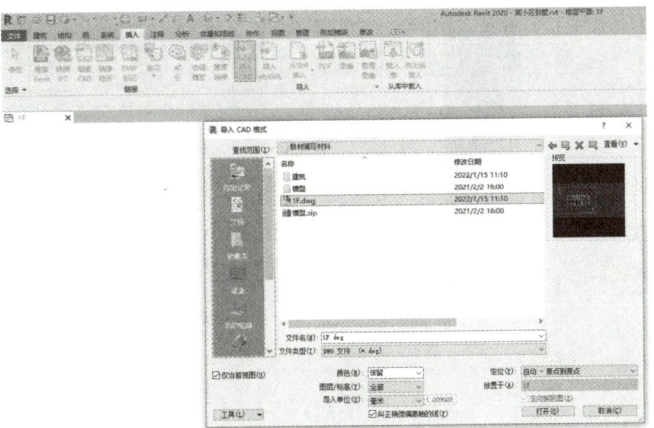

图 6-8

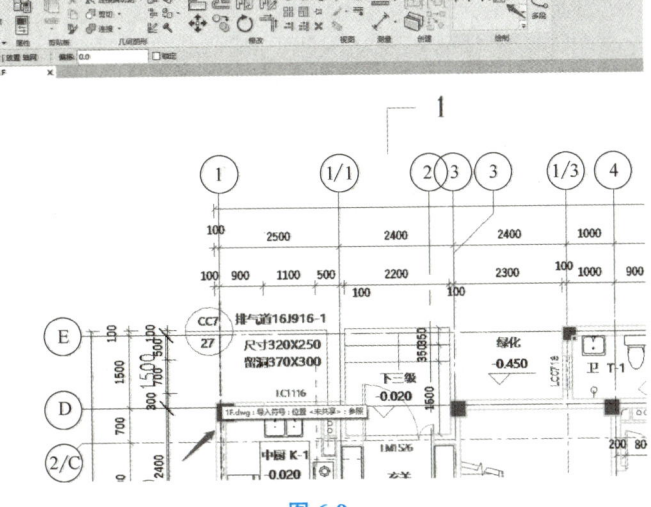

图 6-9

任务 6.3　建筑模型主要构件的绘制

建筑模型主要构件包括内外墙体、楼板、门窗、楼梯等，以下依此介绍本项目建筑模型的一般绘制过程。

1. 绘制墙体

根据 CAD 文件中的建筑构造做法在 Revit 中新建"干挂石材外墙"墙类型，定义好内外墙构造做法。图 6-10 为一层外墙，其余墙体构造做法与之相同。

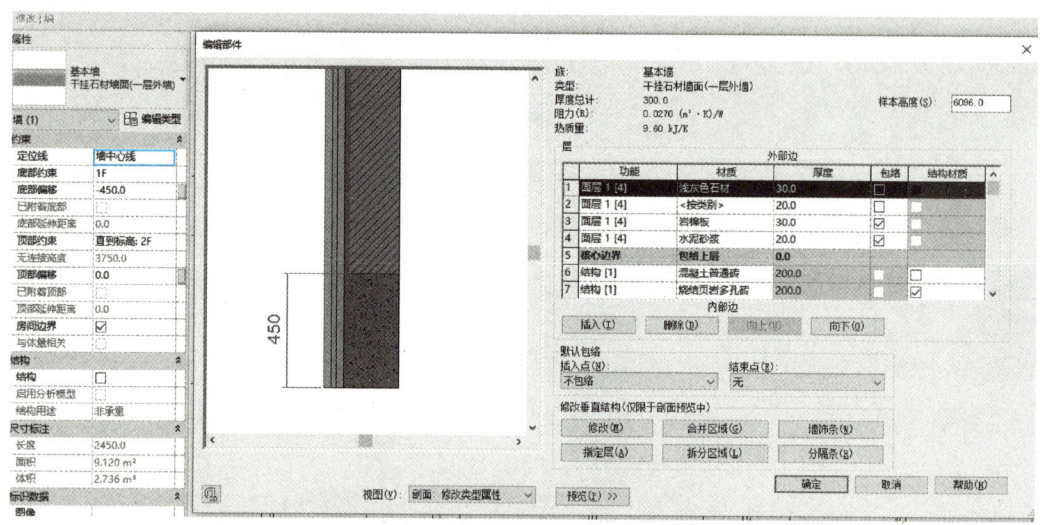

图 6-10

一层墙体绘制完成如图 6-11 所示。

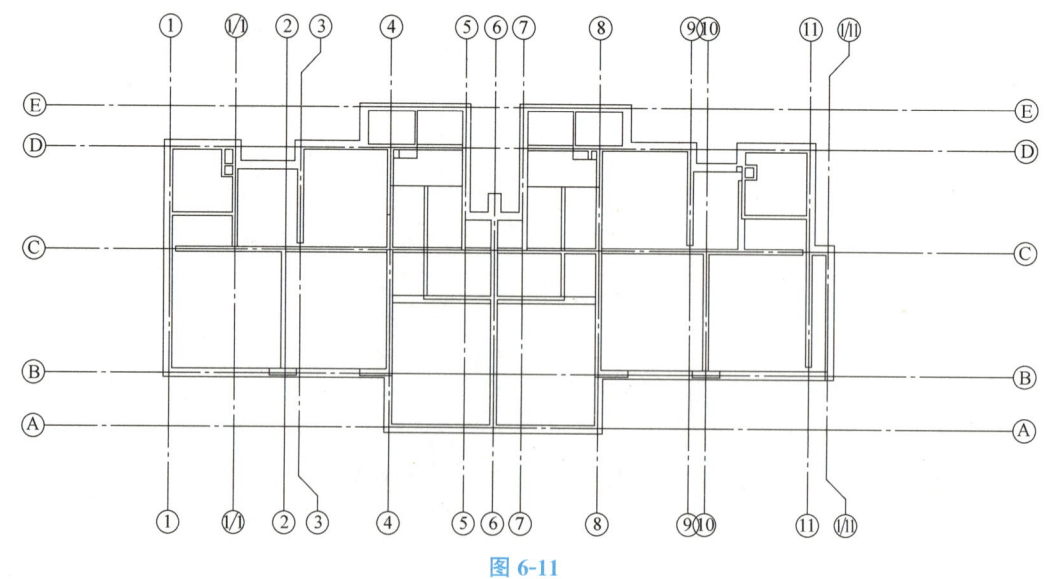

图 6-11

依此绘制完成其余楼层墙体，完成后三维视图如图 6-12 所示。

2. 添加楼板

选择【建筑】>【楼板】命令为各个区域添加楼板，楼板添加完成后如图 6-13 所示。

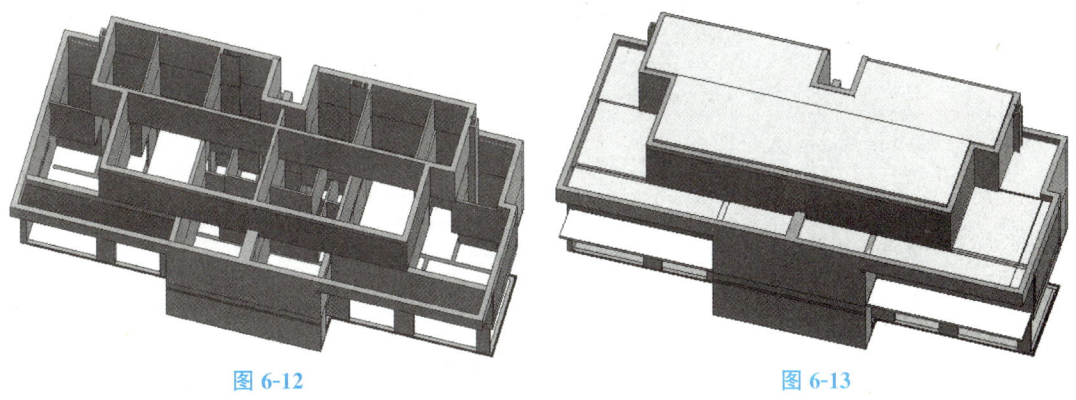

图 6-12　　　　　　　　　　　　　　　　图 6-13

3. 放置门窗

根据 CAD 图纸中的门窗详图使用公制门和公制窗族样板建立门窗族模型，如图 6-14、图 6-15 所示。门窗放置完成后的三维视图如图 6-16 所示。

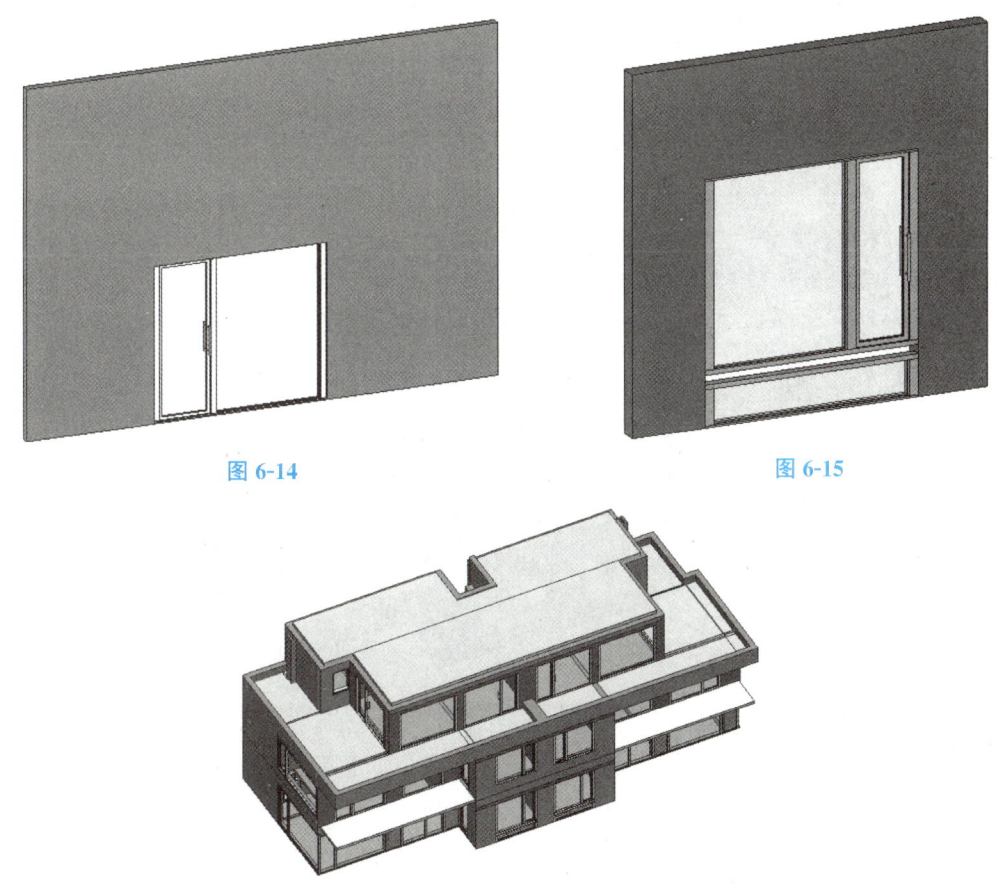

图 6-14　　　　　　　　　　　　　　　　图 6-15

图 6-16

4. 绘制楼梯

选择【建筑】>【楼梯】命令创建楼梯，绘制如图 6-17 所示梯段，修改梯段宽度为 900mm，踏步深度为 220mm，所需题面数为 19 个。

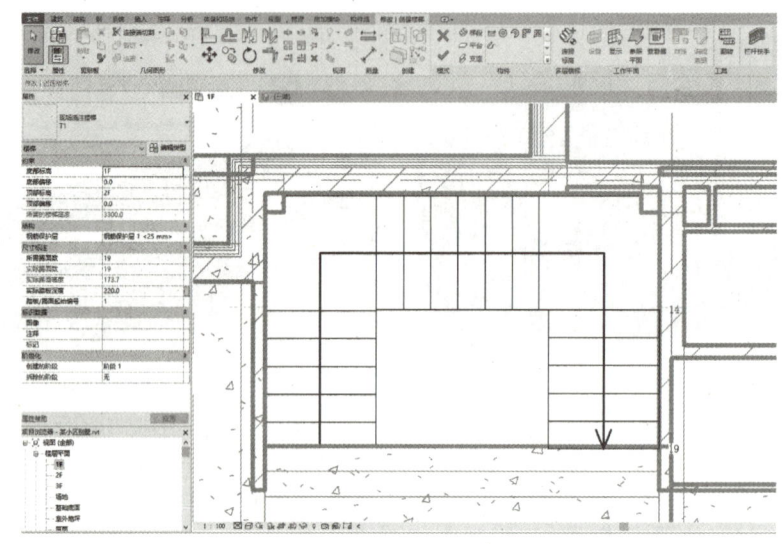

图 6-17

依次完成其余楼层楼梯绘制，绘制完成后如图 6-18 所示。

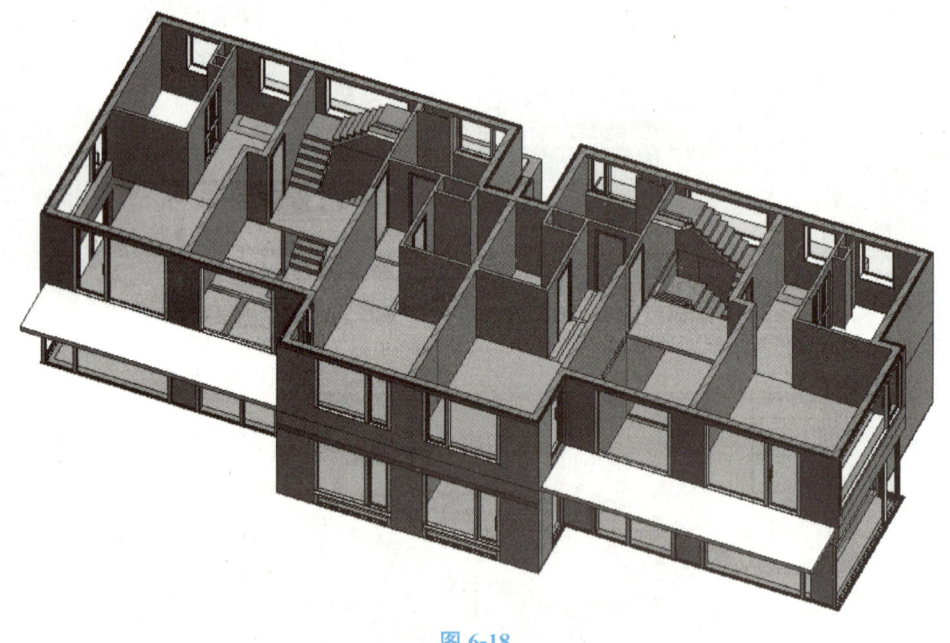

图 6-18

5. 绘制屋顶

屋顶由屋面板和挑檐组成，屋面板可使用【建筑】>【屋顶】命令绘制，挑檐部分可使用【建筑】>【构件】>【内建模型】命令绘制如图 6-19 所示放样路径与轮廓。

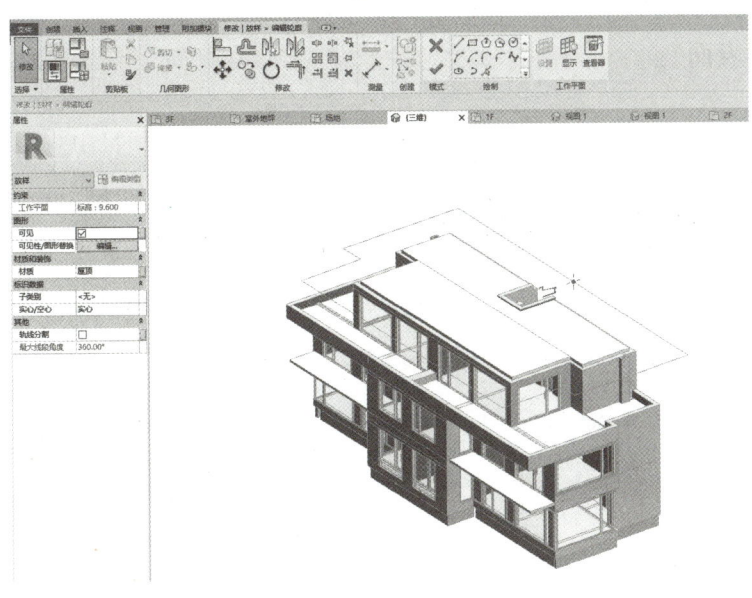

图 6-19

6. 家具、盆景等其他族构件放置。

选择【建筑】>【构件】>【放置构件】命令，放置沙发、电视、盆栽等装饰构件，丰富模型的三维表现。放置完成后三维模型如图 6-20 所示。

建筑模型绘制完成后如图 6-21 所示。

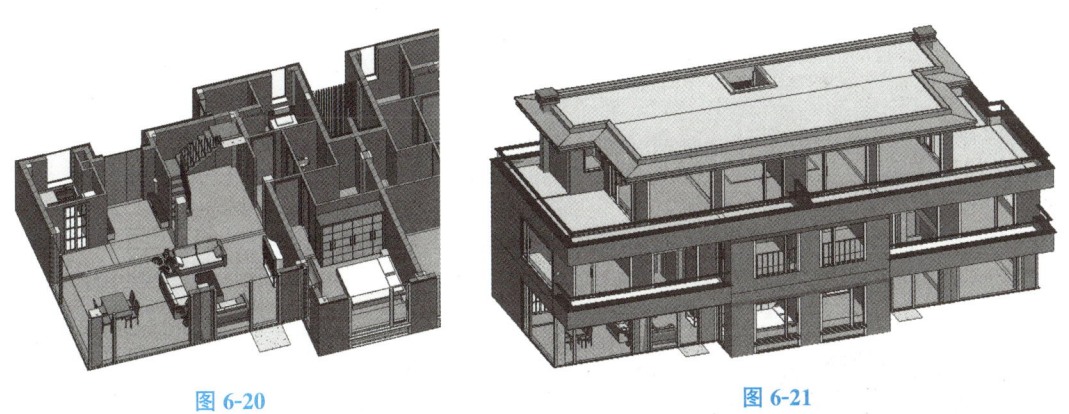

图 6-20　　　　　　　　　　　　　　　　图 6-21

任务 6.4　场地的创建

在 Revit 中创建场地有三种基本方法：第一，通过创建点来生成场地模型；第二，可以根据以 DWG、DXF 或 DGN 格式的三维等高线数据生成场地模型；第三，通过导入测量点，Revit 会自动计算导入的测量点进行计算从而生成场地。这里我们只介绍第一种生成场地模型的方法。

6.4.1 地形表面

在 Revit 中可以通过创建点的方式生成地形表面，只需要在项目中放置指定点的高程，即可完成对场地模型的创建，这种方法比较适合简单的场地模型，使用【体量和场地】>【地形表面】>【放置点】命令，设置高程为"−450.0"，放置点位置如图 6-22 所示，当创建超过三个放置点时，Revit 将自动生成地形预览，放置点完成后生成的地形表面如图 6-23 所示。

微课

26. 场地的创建

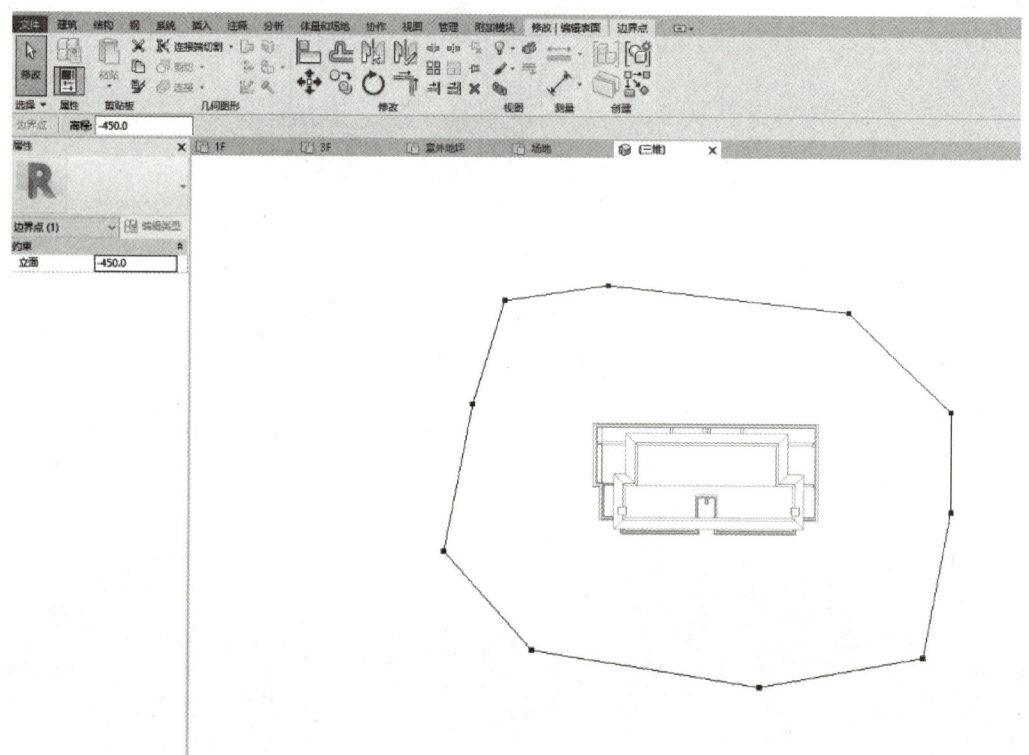

图 6-22

图 6-23

6.4.2 地形子面域

在 Revit 中可以利用"子面域"功能对地形进行划分，用于创建场地的道路等，在项目浏览器中进入"场地"楼层平面视图，选择【体量和场地】>【子面域】命令绘制任意形式的封闭区域，注意封闭区域必须全部包含在地形表面范围之内，在属性选项卡中将材质设置为"沥青"，如图 6-24 所示。

点击"完成编辑模式"按钮完成子面域的编辑，切换至三维视图，添加道路后的场地模型如图 6-25 所示。

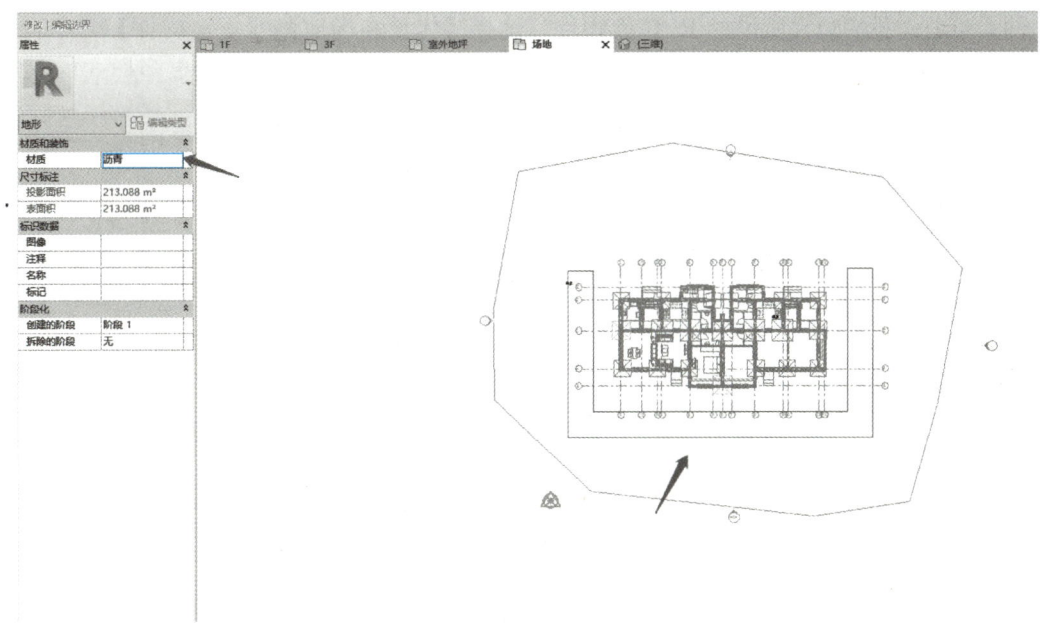

图 6-24

6.4.3　建筑地坪

由于 Revit 中地形表面没有厚度，我们在进行建筑模型创建的时候还需要绘制建筑地坪，从而能够在三维状态下更好地表现出室内外的高差关系。选择【体量和场地】>【建筑地坪】命令，根据在地形表面上绘制闭合的环来添加建筑地坪，需要注意的是建筑地坪不能脱离地形表面而单独存在，所以在添加地坪之前需要先绘制好地形表面，绘制完地坪轮廓后，可以通过定义坡度箭头并控制其距标高的高度偏移。建筑地坪添加完成后如图 6-26 所示。

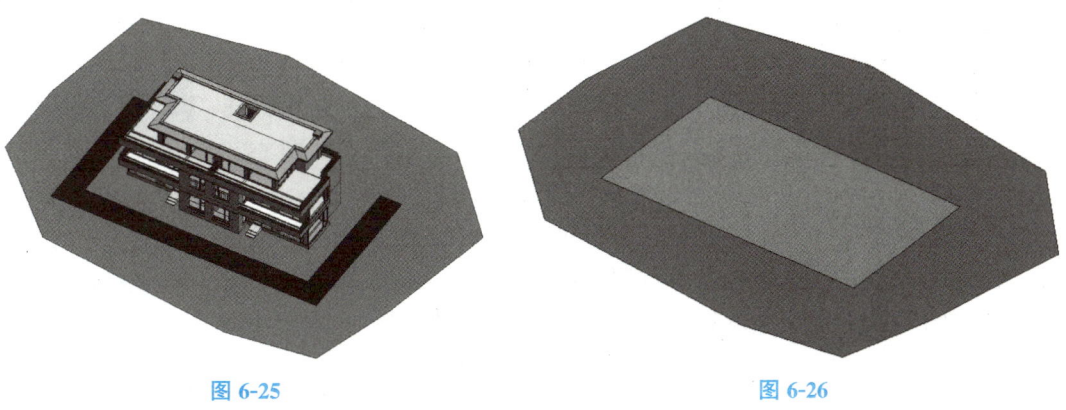

图 6-25　　　　　　　　　　　　　　图 6-26

6.4.4　场地构件

为了获得更好的三维表现，我们可以在场地上添加相应的人物、植物、车辆等室内外构件，也就是我们通常所说的 RPC 族构件，选择【体量和场地】>【场地构件】命令可以添加这些 RPC 族构件。同时我们也可以载入 Revit 自带的族库，来放置更多样式的 RPC 族构件。

在场地上添加构件后的三维视图如图 6-27 所示。

图 6-27

任务 6.5 后 期 处 理

至此，我们已经完成了本项目建筑模型的创建，Revit 还给我们提供了更多基于模型的衍生功能，我们可以通过模型输出相应的平面图、立面图和剖面图，统计项目的工程量，通过颜色方案标记房间不同功能以及在三维视图下输出表现更真实的渲染图等，这些功能往往更能展现出模型在实际工程中的价值。

6.5.1 平面图、立面图、剖面图的创建

项目最终的图纸交付基本还是采用二维图纸的方式，Revit 提供给我们创建二维图纸的功能，选择【视图】>【图纸】命令，在弹出的对话框中选择图框的大小，软件默认给我们提供了 A0 到 A4 的图框类型，当时我们也可以通过载入族的方式选择其他类型的图框标题栏，这里我们选择如图 6-28 所示的图框。

微课

27. 创建并导出图纸

点击确定按钮，软件会自动跳转到图框界面，在属性面板中可以填写图纸名称、图纸编号、图纸发布日期等信息，例如我们想要创建一层平面图，则在属性面板中图纸名称那一栏输入"一层平面图"，如图 6-29 所示。

在项目浏览器中进入 1F 楼层平面，在属性面板下勾选"裁剪视图"和"裁剪区域可见"将裁剪范围框拖拽至如图 6-30 所示位置，完成后取消勾选"裁剪区域可见"。

最后在项目浏览器中展开图纸类别，选择 A105 一层平面图，双击回到刚才的图纸视图，将项目浏览器下楼层平面中 1F 的平面视图拖拽至图框区域，并修改视口属性面板下图纸上的标题为"一层平面图"，如图 6-31 所示。

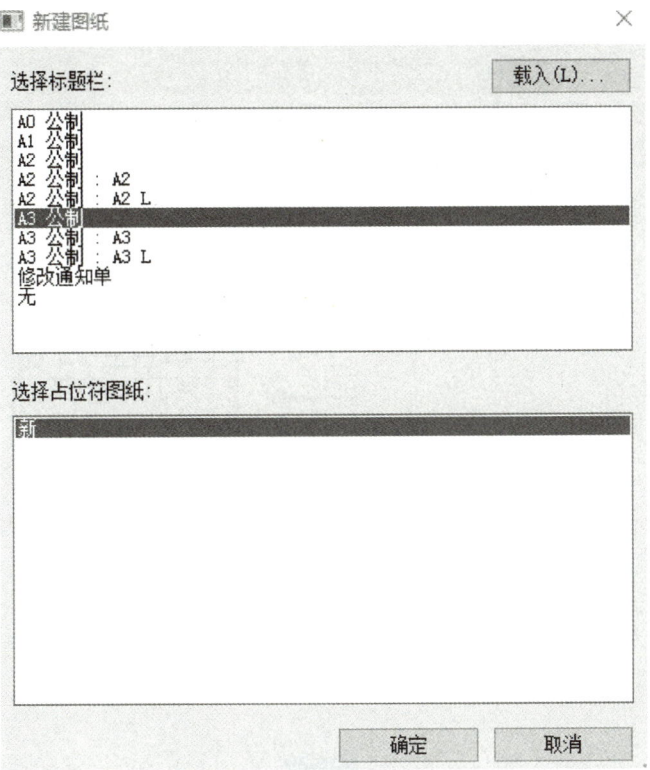

图 6-28

图 6-29

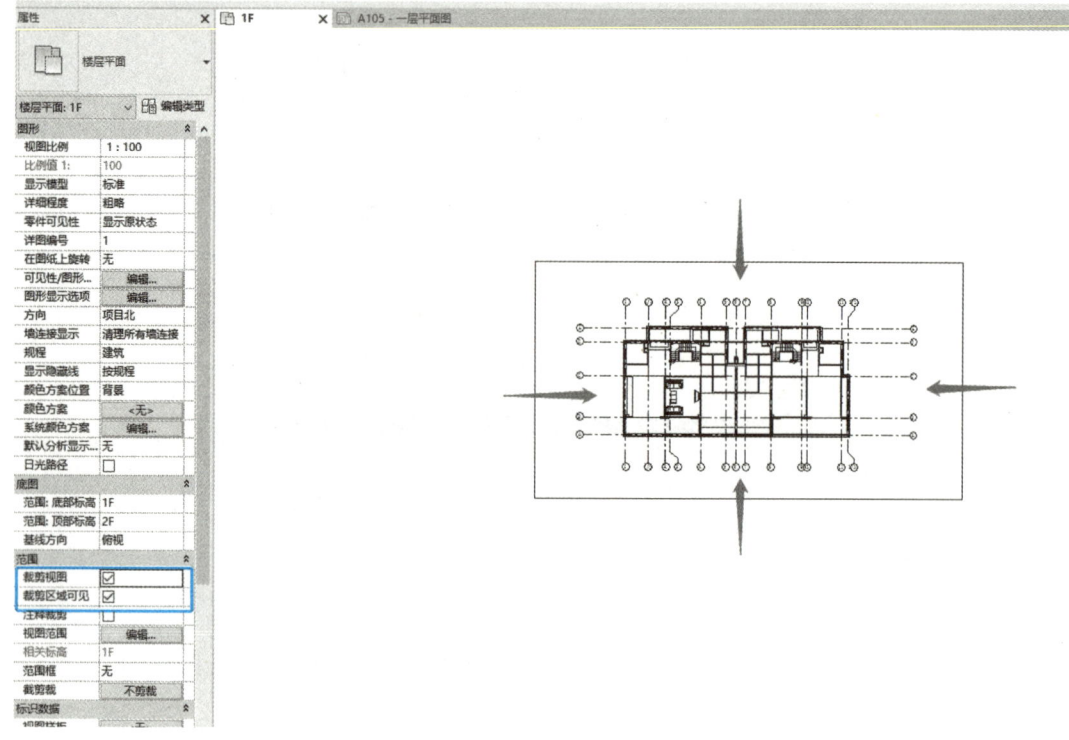

图 6-30

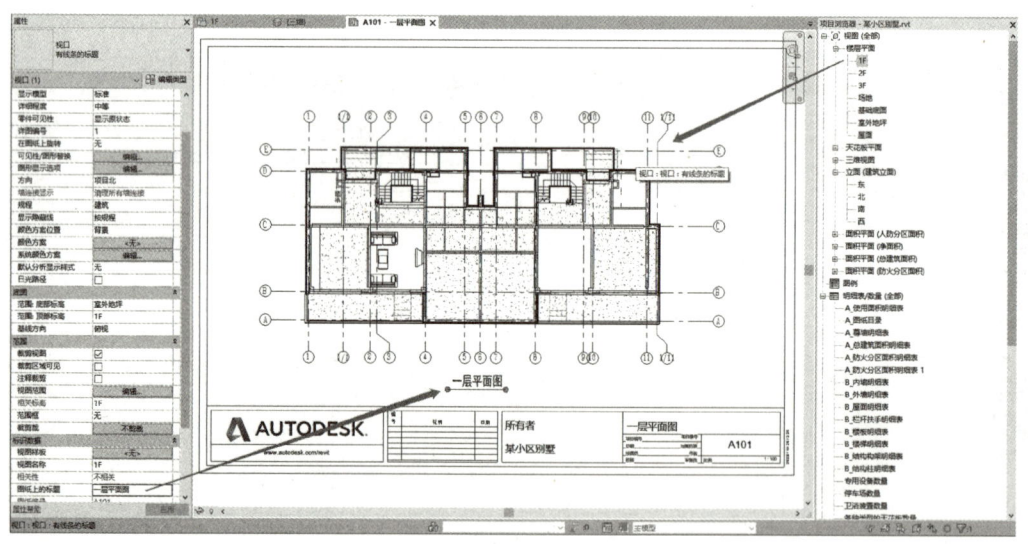

图 6-31

立面图的创建方式与平面图相似，将项目浏览器下的东西南北立面视图拖拽至图框区域即可创建完成，而剖面图需要先在平面图上创建剖面生成剖面视图后，再将剖面视图拖拽至相应的图框，这里不作过多赘述，创建完成的平面图、立面图、剖面图如图 6-32～图 6-34 所示。

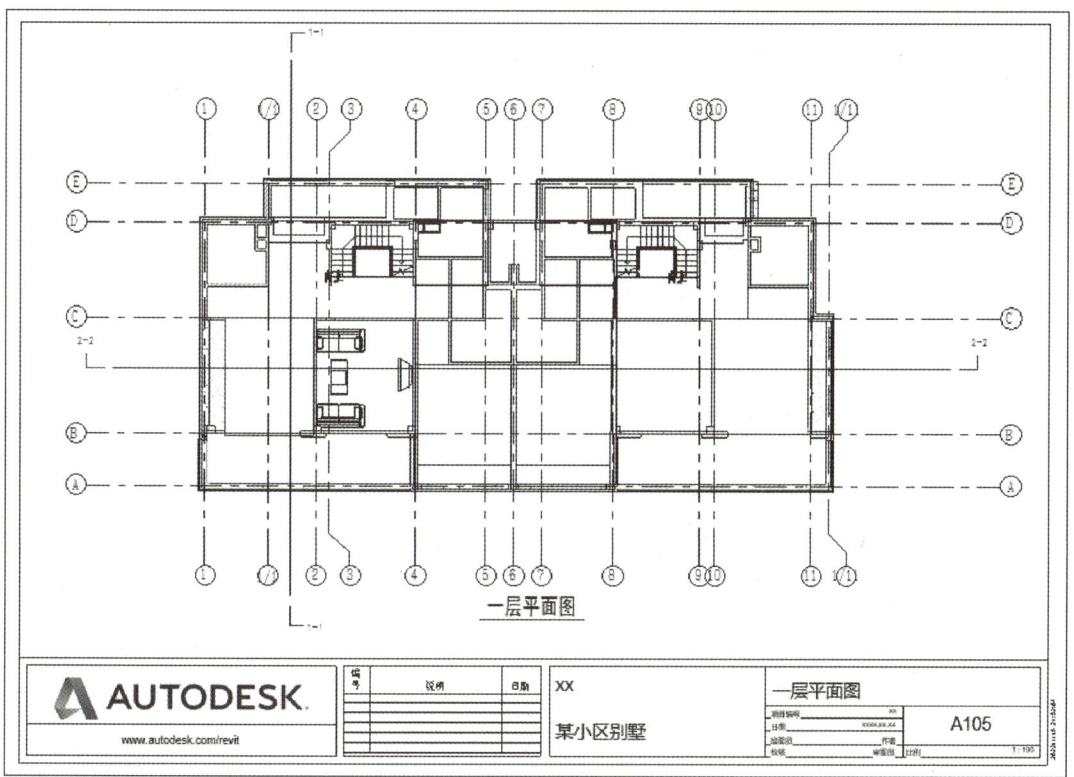

图 6-32

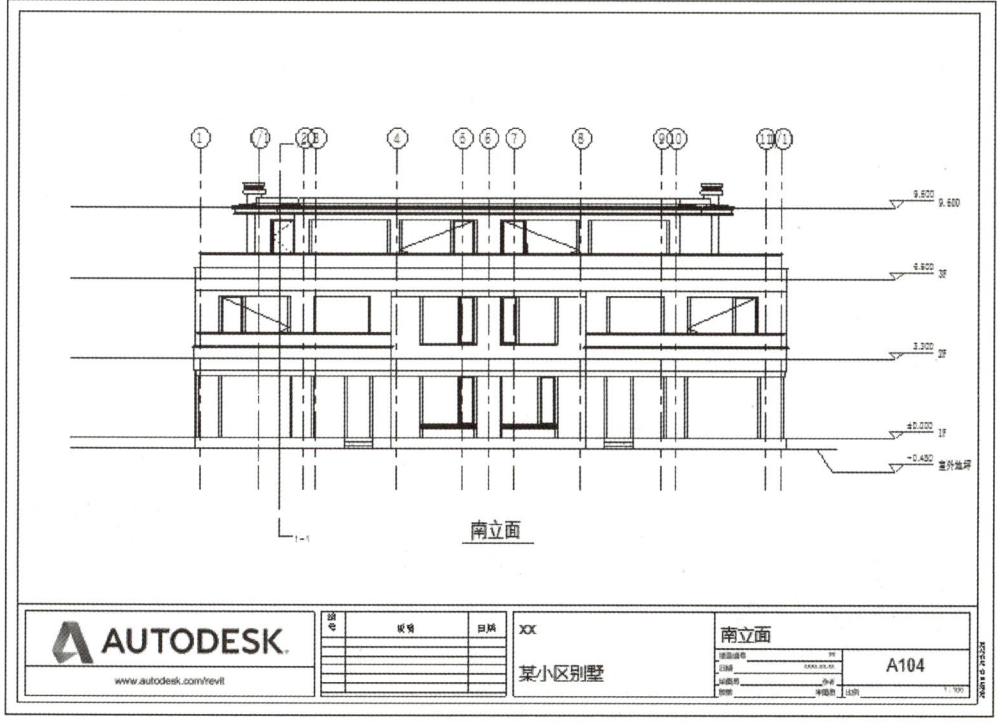

图 6-33

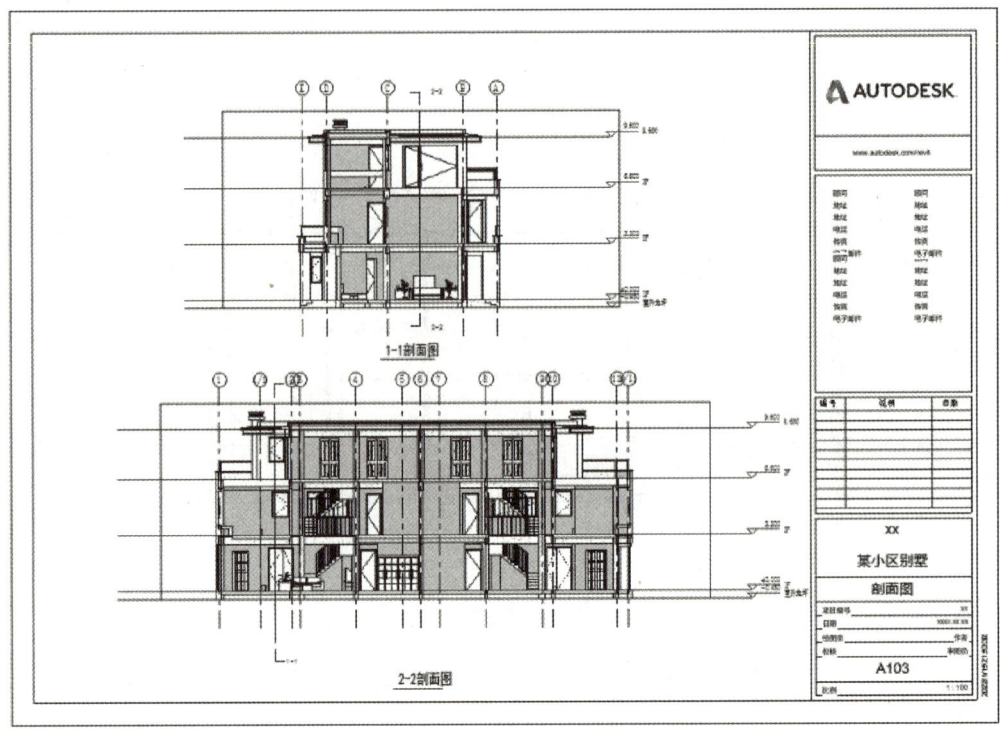

图 6-34

6.5.2 明细表的创建

Revit 明细表可以自动提取各种建筑构件、房间和面积构件、注释、修订、视图、图纸等图元的属性参数，并以表格的形式显示图元信息，从而自动创建门窗等构件明细表、材质明细表等各种工程量表格，本节通过创建门明细表讲解明细表的创建方法。

选择【视图】>【明细表】>【明细表/数量】，在弹出的对话框中找到门类别，如图 6-35 所示。

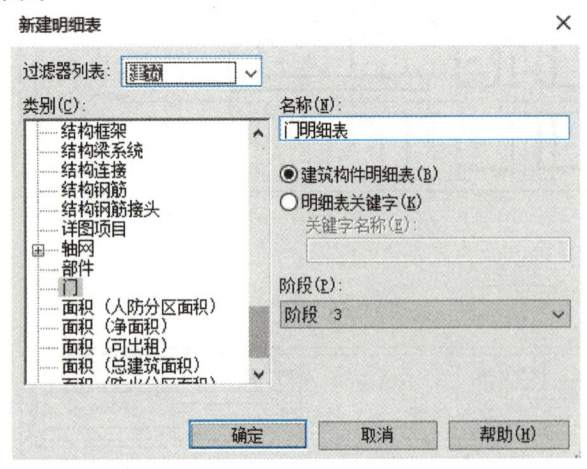

图 6-35

微课

28. 创建并导出
明细表

点击确认按钮后添加字段，这里我们选择"族与类型""宽度""高度""合计"这四个常用参数，如图 6-36 所示；同时更改排序/成组方式，如图 6-37 所示；勾选"总计"，取消勾选"逐个列举每个实例"。

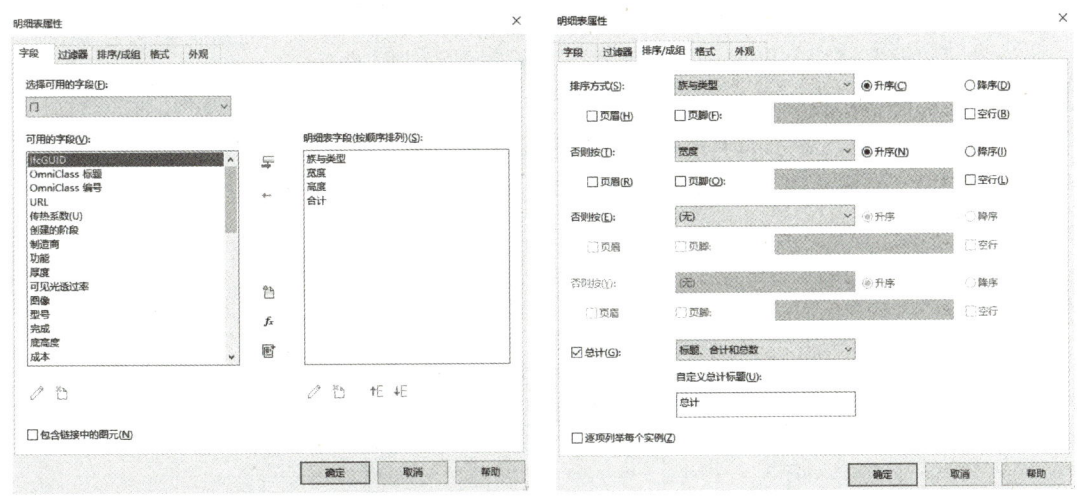

图 6-36　　　　　　　　　　　图 6-37

创建完成的门明细表，如图 6-38 所示。

<门明细表>

A	B	C	D
族与类型	宽度	高度	合计
LC1126: LC1126	1100	2600	2
LC5326: LC5326	5300	2600	1
单扇 - 与墙齐: 650x 2400mm	650	2400	2
单扇 - 与墙齐: 800x 2400mm	800	2400	12
单扇 - 与墙齐: 900x 2400mm	900	2400	6
双扇推拉门1: 1000 x 2400 mm	1000	2400	1
双扇推拉门1: 1200 x 2400 mm	1200	2400	1
双面嵌板木门 3: 1200 x 2400mm	1200	2400	6
子母门: LM1526	1500	2600	2
族2: MLC3026	3000	2600	2
族2: MLC3325	3300	2500	4
总计: 39			

图 6-38

6.5.3　房间配色与图片输出

为了区分不同房间有不同的使用功能，可以通过房间配色按照不同颜色来区分房间功能，使用房间配色，首先需要进行房间标记，这里我们选择 3F 的房间进行标记，根据文件里的 CAD 三层平面图选择【建筑】>【房间】命令对房间进行标记，并更改房间标记名称，如图 6-39 所示。

29. 房间配色与图片输出

选择【建筑】>【房间和面积】>【颜色方案】命令，如图 6-40 所示。在弹出的对话框中编辑颜色方案，设置方案类别为房间，标题为"房间名称"，颜色的下拉菜单中选择"名称"，如图 6-41 所示。点击确定按钮，完成颜色方案的编辑。

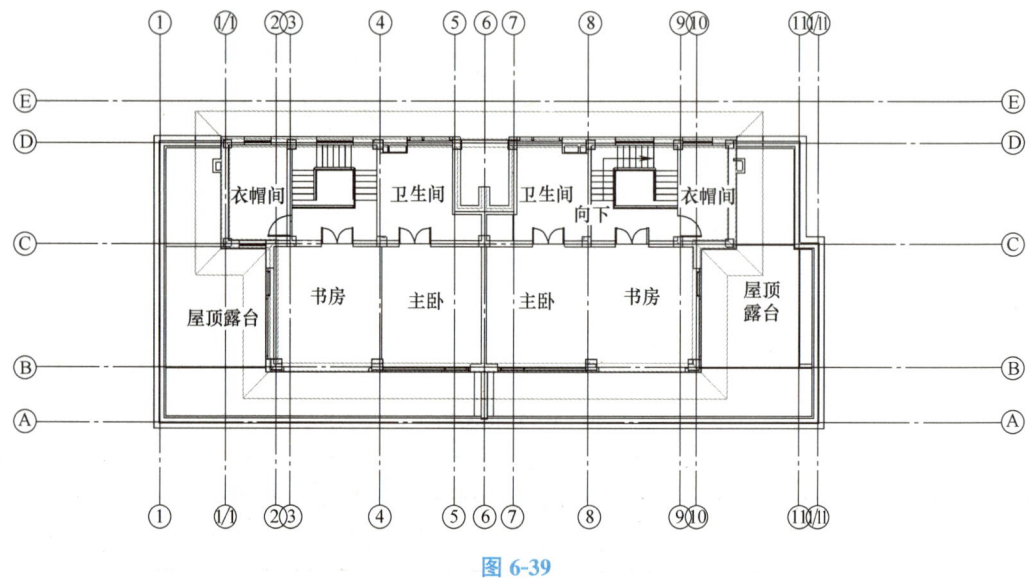

图 6-39

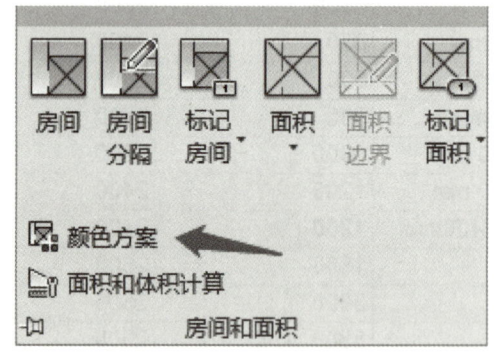

图 6-40

在属性面板中修改楼层平面的颜色方案为"方案 1"，此时房间会根据我们方案 1 设置的颜色进行填充，选择【注释】>【颜色填充图例】命令，放置房间功能颜色填充图例，如图 6-42 所示。

选择【文件】>【导出】>【图像和动画】>【图像】命令可将当前视图输出成图片文件格式。

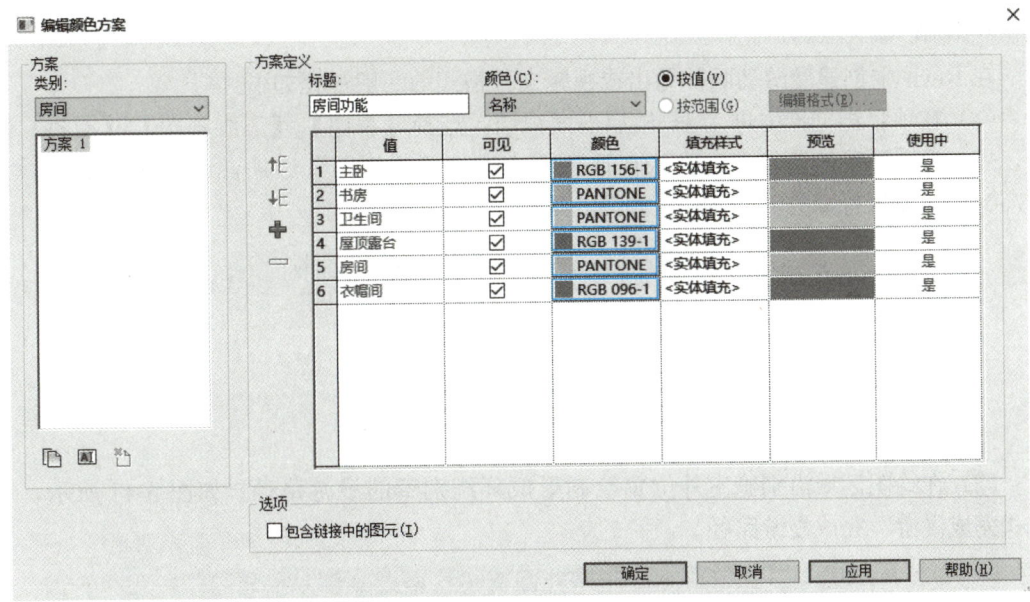

图 6-41

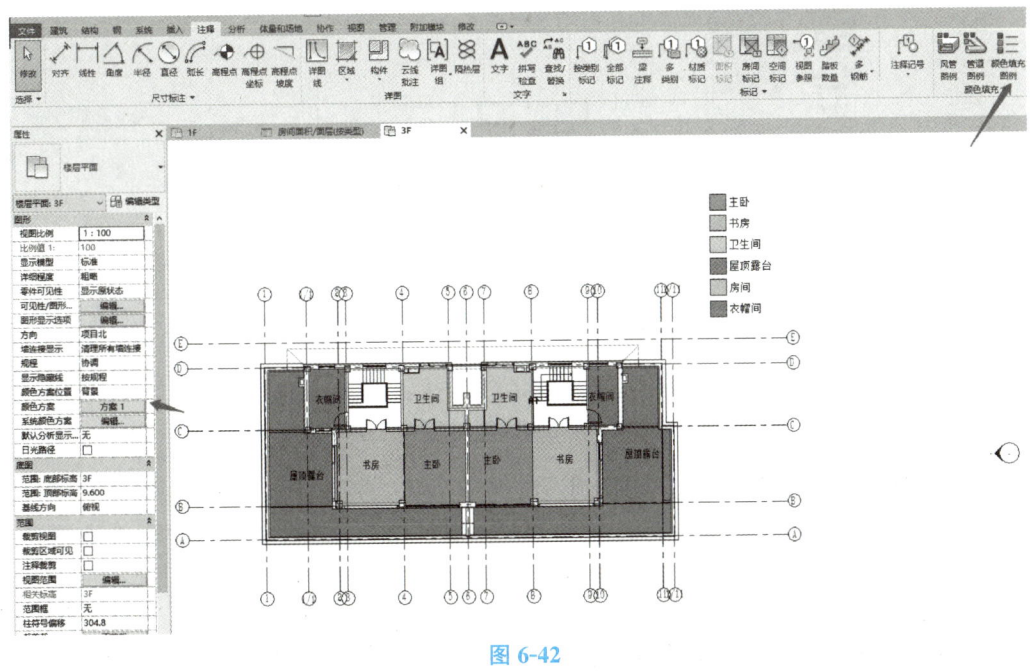

图 6-42

6.5.4　漫游和渲染

Revit 提供了丰富的建筑表现方式，我们可以在项目模型中使用"相机"添加单帧图片，或者通过设置行进路径来添加动态的漫游动画，还可以对模型进行渲染，生成渲染图。下面我们结合项目模型跟大家介绍一下"漫游"和"渲染"两个功能。

微课

30. 漫游和渲染方法

1. 漫游

在 Revit 中创建漫游动画并导出成视频文件格式的一般过程如下：

（1）在项目浏览器中进入 1F 楼层平面视图。选择【视图】>【三维视图】>【漫游】命令，进入漫游路径绘制状态，确认在选项栏中勾选"透视图"选项，设置相机偏移量为"1750.0"，设置标高为"自 1F"。如图 6-43 所示。

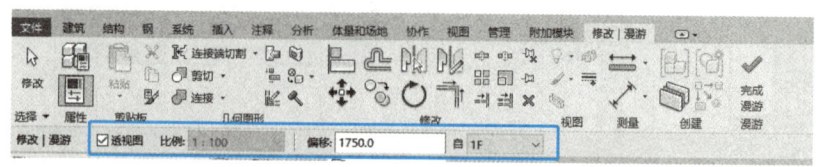

图 6-43

（2）在绘图区域沿别墅室外位置绘制形成环绕别墅的漫游路径，如图 6-44 所示，单击"完成漫游"完成漫游路径。

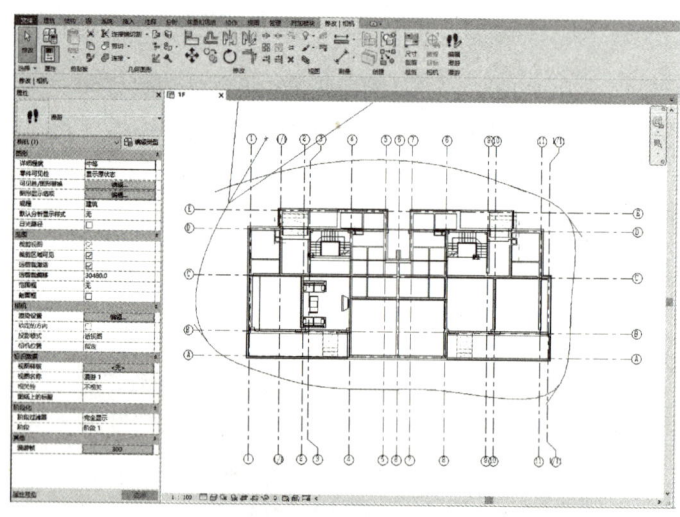

图 6-44

（3）单击"编辑漫游"工具，切换到漫游编辑界面。取消勾选【属性】面板中【远裁剪激活】选项，并拖拽相机的目标位置由"1"朝向"2"，即朝向建筑模型的方向，如图 6-45 所示。点击下一关键帧依此将相机朝向拖拽至模型方向。

（4）点击"打开漫游"切换至漫游视图，修改选项栏"帧"值为"1.0"，回到第一帧的位置点击"播放"按钮，即可预览漫游的效果，如图 6-46 所示。

（5）点击左上角应用程序菜单按钮，选择【文件】>【导出】>【图像和动画】>【漫游】，如图 6-47 所示，在弹出的对话框中可设置动画视频的输出长度、视觉样式、尺寸标注等参数，如图 6-48 所示，设置完成点击确认按钮即可输出视频格式文件。

2. 渲染

可以在 Revit 中对模型进行渲染，Revit 中本身内置了 Mental Ray 渲染器，可以对创建好的模型或者视图进行渲染从而获得更真实的建筑表现，下面通过别墅模型为例，介绍在 Revit 中创建渲染图的一般过程。

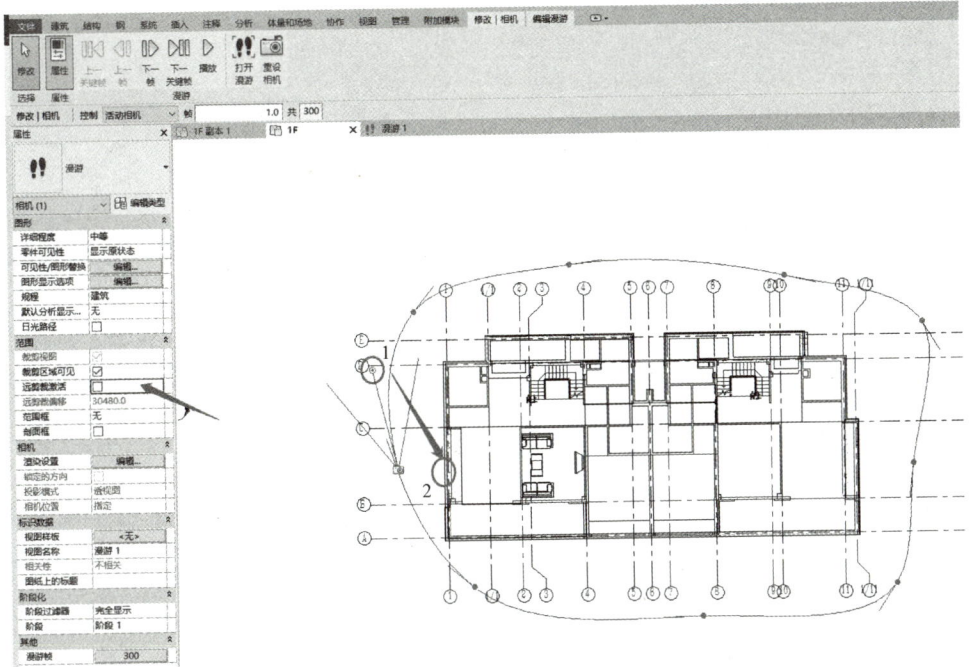

图 6-45

图 6-46

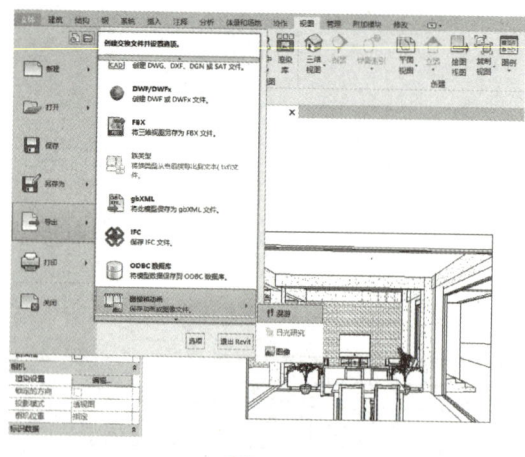

图 6-47

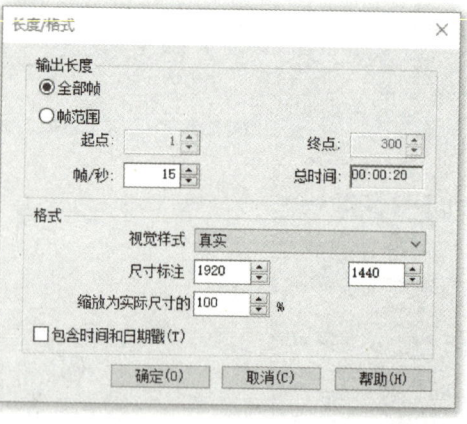

图 6-48

切换至三维视图，选择一个合适的视角，选择【视图】>【三维视图】>【渲染】命令，在弹出的对话框中可对渲染的区域与其他参数进行设置，具体设置方法如图 6-49 所示。

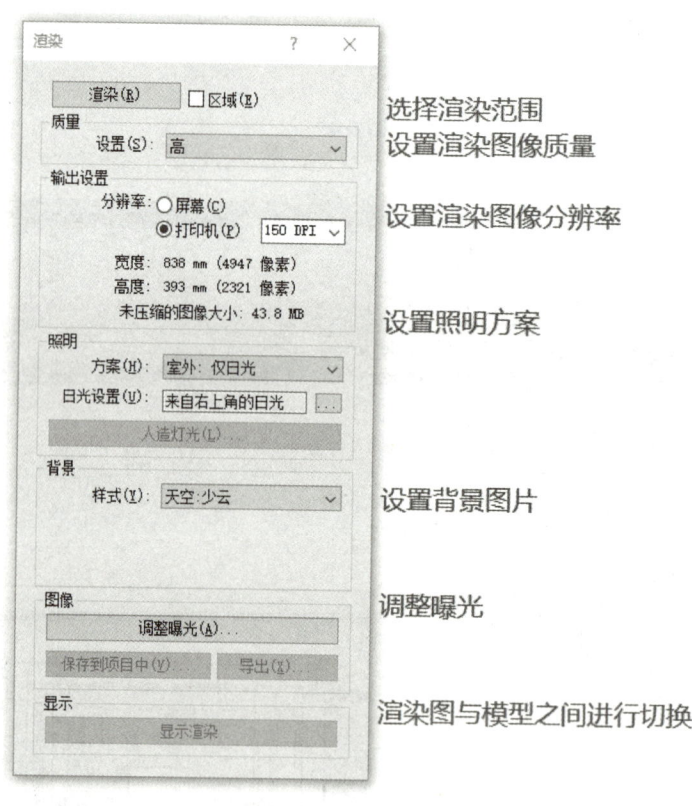

图 6-49

点击对话框中的"渲染"按钮，软件进入渲染模式，渲染完成后，单击对话框中的"保存到项目中"，可将渲染图保存至 Revit 项目中，Revit 将会在项目浏览器中创建一个渲染类别，我们可以在此查看渲染的图片，我们也可以点击"导出"按钮，将渲染图保存为单独的图片格式文件。模型渲染图如图 6-50 所示。

图 6-50

参 考 文 献

［1］ 史瑞英. Rebit Architecture——BIM 实用实战教程［M］. 北京：化学工业出版社，2018.

［2］ 朱溢镕，焦明明. BIM 概论及 Revit 精讲［M］. 北京：化学工业出版社，2018.

［3］ 广东省城市建筑学会编著. Revit 族参数化设计宝典［M］. 北京：机械工业出版社，2020.

［4］ 孙仲健. BIM 技术应用——Revit 建模基础［M］. 北京：清华大学出版社，2018.

［5］ 周佶，王静. 建筑信息模型（BIM）建模技术［M］. 北京：高等教育出版社，2020.

［6］ 王君峰，娄琮昧，王亚男. Revit 建筑设计思维课题［M］. 北京：机械工业出版社，2019.